"十二五"职业教育国家规划教材

经全国职业教育教材审定委员会审定

高等职业教育教学改革系列精品教材

U0290802

传感器及检测技术应用
（第 3 版）

杨少春　主　编

万少华　高友福　支崇珏　副主编

电子工业出版社

Publishing House of Electronics Industry

北京·BEIJING

内 容 简 介

本书主要介绍了常用传感器的工作原理、特性及检测技术应用。全书主要内容有传感器基础知识、力敏传感器及其应用、湿度传感器及其应用、温度传感器及其应用、气体传感器及其应用、光电式传感器及其应用、磁敏传感器及其应用、微波和超声波传感器及其应用、生物传感器及其应用、智能传感器及其应用、传感器接口电路与检测系统的干扰抑制技术，以及传感器技术综合应用实例。

本书共 12 个模块，除模块一介绍传感器的基本知识外，各模块均具有相对独立性，以便供不同专业、不同学时的教学选用，参考学时为 56~60。

本书突出高职教育的特点，注重实用技术，可作为应用电子技术、电子信息工程技术、机电一体化技术、工业过程自动化技术等相关专业的高职高专教材，也可作为相关工程技术人员的参考书。

图书在版编目（CIP）数据

传感器及检测技术应用／杨少春主编 . —3 版 . —北京：电子工业出版社，2021. 5
ISBN 978-7-121-37925-3

Ⅰ . ①传…　Ⅱ . ①杨…　Ⅲ . ①传感器–高等学校–教材　Ⅳ . ①TP212

中国版本图书馆 CIP 数据核字（2019）第 259285 号

责任编辑：王艳萍
印　　刷：北京捷迅佳彩印刷有限公司
装　　订：北京捷迅佳彩印刷有限公司
出版发行：电子工业出版社
　　　　　北京市海淀区万寿路 173 信箱　邮编 100036
开　　本：787×1 092　1/16　印张：14　字数：358.4 千字
版　　次：2011 年 1 月第 1 版
　　　　　2021 年 5 月第 3 版
印　　次：2024 年 8 月第 5 次印刷
定　　价：49.00 元

凡所购买电子工业出版社图书有缺损问题，请向购买书店调换。若书店售缺，请与本社发行部联系，联系及邮购电话：(010) 88254888，88258888。

质量投诉请发邮件至 zlts@phei. com. cn，盗版侵权举报请发邮件至 dbqq@ phei. com. cn。

本书咨询联系方式：(010) 88254574，wangyp@ phei. com. cn。

前　言

　　高等职业教育是我国高等教育的重要组成部分，担负着培养面向基层，面向生产、服务和管理一线职业岗位的高素质技术技能专门人才的任务。本书是根据高职高专教学基本要求在第 2 版的基础上进行修订编写的，教材力图体现现代教育所要求的先进性、科学性和教育、教学适用性，供高等职业院校应用电子技术、电子信息工程技术、机电一体化技术、工业过程自动化技术等相关专业使用。

　　现代社会离不开信息技术，而信息的采集离不开传感技术，传感技术作为信息系统的"感官"，被各国视为一种与多种现代技术密切相关的尖端技术，其技术应用已渗透到国家的各个领域。为了适应传感技术迅速发展的需要，本次教材的改版，立足高职教育培养高素质技术技能人才的目标，突出实用性和针对性，以工程实用为主，介绍常用传感器的基本工作原理和相应的检测线路及应用实例。教材力求详细、通俗地说明传感器将非电量转换成电信号的过程，而其过程中的数学关系则不作为重点，即强化定性分析，淡化定量计算，突出实用技术，增强可读性。考虑到传感器之间互相独立的特点，本教材仍采用深受学生欢迎的任务驱动式，重点强调"模块—课题—任务"三者之间的关系，以课题为单元编排格式，每个课题后都有对应的任务，每个任务都突出了传感器在工程实践中的应用，尽量结合日常生活，对传感器检测技术应用实例和工作原理进行了较详细的分析。学生学完以后，会感到传感器在实践中的应用离我们生活并不远，从而激发学生的学习兴趣，在较轻松的环境中学好这门课程。

　　本书介绍了力敏、湿度、温度、气体、光电式、磁敏、微波、超声波、生物、智能传感器，以及传感器技术的综合应用实例，重点介绍传感器的原理、结构、性能与应用，并介绍了传感器接口电路与检测系统的干扰抑制技术。

　　本书模块一、五、八、九、十、十二由武汉职业技术学院杨少春教授编写，模块二、十一由武汉职业技术学院万少华高级工程师编写，模块三、四、七由苏州大学阳澄湖校区电子信息系高友福副教授编写，模块六由武汉铁路职业技术学院支崇珏老师编写。本书由杨少春担任主编。

　　高等职业教育要走工学结合之路，要与企业实行深度融合。本书在编写过程中，得到了杭州山可能源科技公司总经理李郁丰先生的大力支持，在百忙中对本书进行了审定，并提供了最新技术资料，提出许多宝贵意见，在此表示最诚挚的感谢。

　　由于传感器技术发展较快，加上时间紧迫，编者水平有限，书中难免存在遗漏和不妥之处，恳请广大读者批评指正。我们热忱希望本书能对从事和学习传感器技术的广大读者有所帮助，并欢迎对本书提出宝贵意见和建议。

编　者

目　　录

模块一 传感器基础知识

 任务目标

★ 了解传感器的定义和组成方框图；
★ 了解传感器的特点及应用；
★ 掌握传感器的分类；
★ 了解传感器的主要参数。

 知识积累

一、传感器的作用

随着电子信息技术的发展，现代测量、自动控制等方面的技术在国民经济和人们的日常生活中发挥着越来越重要的作用，但是这些先进的电子设备只能处理电信号，而自然界中的物质有着不同的形态。表征物质特性或其运动形式的量很多，如电、磁、光、声、热、力等，从大的方面可分为电量和非电量两类。电量一般是指物理学中大家熟悉的电压、电流、电容、电感等；非电量是指电量以外的量，如大家在自然界中经常接触到的温度、压力、距离、流量、质量、速度、加速度、浓度、酸碱度、湿度、光强度、磁场强度等。人们要认识物质及其本质，需要对上述非电量进行测量，却不能直接使用一般的电工仪表和电子仪器，因为一般的仪器和仪表要求输入的信号必须为电信号，所以需要先将非电量转换成电量，再运用电子设备和仪器进行测量，实现这种转换的器件就是传感器。

二、传感技术的特点

传感器在自动检测、自动控制中表现出非凡的能力，总的来说有以下特点。

1. 用传感技术进行检测，响应速度快，准确度、灵敏度高

在一些特殊场合下，如测量飞机的强度时，要在机身、机翼上贴几百片应变片，在试飞时还要利用传感器测量发动机的参数（转速、转矩、振动），以及飞机上有关部位的各种参数（应力、温度、流量）等，这就要求传感器能够快速反映上述参数的变化，灵敏度高。现在，传感器检测温度的范围可达 $-273 \sim 1000℃$，压力传感器的检测精度可达 $0.001\% \sim 0.1\%$。

2. 能在特殊环境下连续进行检测，便于自动记录

传感器能在人类无法生存的高温、高压及其他恶劣环境中，对人类五官不能感觉到的信息（如超声波、红外线等）进行连续检测，记录变化的数据。在一些极端技术领域，如超高

温、超低温、超强磁场、超弱磁场等，要获取大量人的感官无法获取的信息，没有相应的传感器是无法实现的。

3. 可与计算机相连，进行数据的自动运算、分析和处理

传感器将非电量转换成电信号后，通过接口电路转换成计算机能够处理的信号，进行运算、分析和处理。

4. 品种繁多，应用广泛

现代信息系统中待检测的信息很多，一种待检测信息可由几种传感器来测量，一种传感器也可测量多种信息。因此传感器的种类繁多，应用广泛，从航空航天、兵器、交通、机械、电子、冶炼、轻工、化工、煤炭、石油、环保、医疗、生物工程等领域，到农、林、牧、渔业，以及人们的衣、食、住、行等生活的方方面面，几乎无处不在使用传感器，无处不需要传感器。

三、传感技术的发展趋势

传感技术在今后的社会中将会占据越来越重要的地位，各发达国家都将传感技术视为现代高新技术发展的关键，我国从 20 世纪 80 年代以来也已将传感技术列入国家高新技术发展的重点。随着现代科学的进步，新的物理、化学与生物效应等将会被发现，新的功能材料也将诞生，更多的新型传感器会陆续出现。

下面从六个方面谈谈传感技术的发展趋势。

1. 新材料的开发、应用

半导体材料在传感技术中占有较大的优势，半导体传感器的灵敏度高，响应速度快，体积小，质量轻，便于实现集成化，在今后的一个时期内，仍将占有主要地位。

由一定的化学成分组成、经过成型及烧结的功能陶瓷材料，其最大特点是耐热性好，在传感技术的发展中具有很大的潜力。

此外，采用功能金属、功能有机聚合物、非晶态材料、固体材料及薄膜材料等，都可进一步提高传感器的产品质量，降低生产成本。

2. 新工艺、新技术的应用

将半导体的精密细微加工技术应用在传感器的制造中，可大大提高传感器的性能指标，并为传感器的集成化、超小型化提供技术支撑。借助半导体的蒸镀技术、扩散技术、光刻技术、静电封闭技术、全固态封接技术，也可取得类似的功效。

3. 向小型化、集成化方向发展

随着航空航天技术的发展，以及医疗器件和一些特殊场合的需要，传感器必须向小型化、微型化的方向发展，以减小体积和质量。利用集成加工技术，将敏感元件、测量电路、放大电路、各种调节和补偿电路及运算电路等集成在一起，可使传感器具有体积小、质量小、生产自动化程度高、制造成本低、稳定性和可靠性高、电路设计简单、安装调试时间短等优点。

4. 向多功能化方向发展

传感器多功能化也是传感器今后发展的一个重要方向。在一块集成传感器上综合多个传感器的功能，可以同时测量多个被测量。借助敏感元件中的不同物理结构或化学物质，及其不同的表征方式，可以用单独一个传感器系统来同时实现多种传感器的功能。

5. 传感器的智能化

将传统的传感器和微处理器及相关电路组成一体化的结构就是智能传感器。它本身带有微型计算机，具有自动校准、自动补偿、自动诊断、数据处理、远距离双向通信、信息存储和数字信号输出等功能。

6. 传感器的网络化

传感器网络化是指采用标准的网络协议和模块化结构，将传感器和计算机与网络技术有机结合，使传感器成为网络中的智能节点。这可使多个传感器组成网络直接通信，可实现数据的实时发布、共享，以及网络控制器对节点的控制操作。另外，通过互联网，传感器与用户之间可异地交换信息，厂商能直接与异地用户交流，能及时完成传感器的故障诊断，指导用户进行维修或更新数据、升级软件等工作。传感器的操作过程更加简化，功能更新和扩展更加方便。另外，在微机电技术、自组织网络技术、低功耗射频通信技术及低功耗微型计算机技术的共同促进下，传感器朝微型化和网络化的方向迅速发展，产生了无线传感器网络，给传感器和检测技术的发展带来了新的机遇和挑战。

四、传感器需求与开发的重点方向

传感器目前已快速进入汽车、飞机、医疗产品、办公机器、个人计算机、家用电器及污染控制等众多领域。最近几年世界传感器行业的市场规模保持了约10%甚至更高的年增长率，对新兴领域的高新产品的需求更多，并逐年增加。传感器需求和开发的方向主要集中在以下方面。

1. 工业过程控制与汽车传感器

需重点开发新型压力、温度、流量、距离等智能传感器和具有协议功能的传感器，以及具有电喷系统、排气循环装置和自动驾驶功能的传感器。现代高级轿车需要传感器对温度、压力、位置、距离、转速、加速度、姿态、流量、湿度、电磁、光电、气体、振动等进行准确的测量，而所采用的传感器的质量和数量是决定其电气自动化控制系统水平的关键。

2. 环保传感器

需重点开发水质监测、大气污染和工业排污测控传感器。人们越来越重视对自身所居住自然环境的保护和治理，传感技术在重点区域、流域、海域及大气环境的监测方面将发挥重大的作用。

3. 医疗卫生与食品监测传感器

需重点开发诊治各种疾病的生物和化学传感器、食品发酵与酶传感器，以及适用于家庭医疗服务相关的传感器及生物传感器。

4. 微小型传感器及微电子机械系统（MEMS）

MEMS起源于微型硅传感器，而当MEMS技术发展以后，反过来又大大促进了微型硅传感器的技术进步，并使各种类型的传感器向微型化发展。如微型压力传感器是MEMS器件中最成熟、最早实现商品化的一种传感器，可用来监测环境、测量航空数据（航速、大气数据、高度）、测量医疗数据（血管压力）等参数。

以MEMS技术为基础的传感器已逐步实用化，在工业、农业、国防、航空航天、航海、医学、生物工程、交通、家庭服务等各个领域都有巨大的应用前景。

5. 生物、医学研究急需的新型传感器

当前，医用传感器主要有图像诊断领域用传感器及临床化验领域用传感器。生命科学的发展需要检测酶、免疫、微生物、细胞、DNA、RNA、蛋白质、嗅觉、味觉和体液组分等生物量的传感器，还需要诸如血气、血压、血流量、脉搏等生理量检测的实用传感器。

6. 生态农业传感器

生态农业是知识密集和技术密集的领域。目前作为"电子感官"的传感技术在农业生产、生物学研究、农药残留量检测等方面得到了广泛的应用。

五、传感器的定义与组成

通过前面的介绍，我们对传感器有了一定的认识，但仍然需要进一步理解传感器的工作原理，进而正确使用它，使它发挥作用。

根据国家标准《传感器通用术语》（GB/T 7665—2005）的规定，传感器是指能感受被测量并按照一定的规律转换成可用输出信号的器件或装置，通常由敏感元件和转换元件组成。其中，敏感元件是指传感器中能直接感受或响应被测量的部分，如应变式压力传感器中的弹性膜片就是敏感元件；转换元件是指传感器中能将敏感元件感受或响应的被测量转换成适于传输或测量的电信号部分，如电阻应变片就是转换元件。

根据以上定义可画出传感器的组成的框图，如图1-1所示。

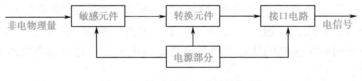

图1-1　传感器的组成结构框图

六、传感器的分类与特点

传感器常用的分类方法有两种，一种是按被测物理量划分，另一种是按传感器的工作原理划分。

1. 按被测物理量划分

这种方法是根据被测量的性质进行分类的，如被测量分别为温度、湿度、压力、位移、流量、加速度，则对应的传感器分别为温度传感器、湿度传感器、压力传感器、位移传感器、流量传感器、加速度传感器。常见的被测量还有力矩、质量、浓度等，其相应的传感器一般以被测量命名。这种分类方法的优点是能比较明确地表达传感器的用途，为使用者提供了方便，可根据测量对象来选择所需要的传感器；其缺点是没有区分每种传感器在转换原理上的共性和差异，不便于使用者掌握其基本原理及分析方法。

2. 按传感器工作原理划分

这种分类方法是根据工作原理来划分的，将物理、化学、生物等学科的原理、规律和效应作为分类的依据，据此可将传感器分为电阻式、电感式、电容式、阻抗式、磁电式、热电式、压电式、光电式、超声波式、微波式等。这种分类方法有利于传感器的专业工作者从原理与设计上做归纳性的分析研究。

七、传感器的基本特性

传感器的基本特性一般是指传感器的输出与输入之间的关系，有静态和动态之分，通常以建立数学模型来体现。为了简化传感器的静态、动态特性，可以分开来研究。

1. 传感器的静态特性

静态特性是指在静态信号作用下，传感器输出量 y 与输入量 x 之间的一种函数关系，其静态特性可表示为

$$y = a_0 + a_1 x + a_2 x^2 + \cdots + a_n x^n \tag{1-1}$$

在理想情况下，传感器输出量 y 与输入量 x 之间为线性关系，也是通常我们所希望其具有的特性，即

$$y = a_1 x \tag{1-2}$$

常用的静态特性指标包括灵敏度、线性度、重复性、迟滞、精确度、分辨力、稳定性、漂移等。

（1）灵敏度

传感器的灵敏度 K 是指达到稳定状态时，输出增量与输入增量的比值，即

$$K = \frac{\Delta y}{\Delta x} \tag{1-3}$$

线性传感器的灵敏度就是其静态特性的斜率，而非线性传感器的灵敏度则是其静态特性曲线某点处切线的斜率。

（2）线性度

线性度是传感器输出量与输入量的实际关系曲线偏离直线的程度，又称非线性误差，如图1-2所示，即在垂直方向上最大偏差 $|\Delta y_{max}|$ 与最大输出量 y_{max} 的百分比，图中 a_0 称为零位输出，即被测量为零时传感器的指示值。线性度的计算公式为

$$\gamma_L = \frac{|\Delta y_{max}|}{y_{max}} \times 100\% \qquad (1-4)$$

非线性误差越小，则线性度越高，在使用时测量精度也就越高。非线性误差大的传感器一般要采用线性化补偿电路或机械式的非线性补偿机构，其电路及机构均较复杂，调试也较烦琐。

（3）重复性

重复性表示传感器在输入量按同一方向做全量程连续多次变动时所得到的特性曲线的不一致程度，如图1-3所示，用公式表示为

$$\gamma_x = \frac{|\Delta m_{max}|}{y_{max}} \times 100\% \qquad (1-5)$$

式中，Δm_{max} 为 Δm_1、$\Delta m_2 \cdots$ 中的最大值，y_{max} 为满量程输出值。

传感器的输出特性为不重复性，主要是由传感器的机械部分的磨损、间隙、松动、部件内摩擦、积尘、电路元件老化、工作点漂移等导致的。

（4）迟滞

迟滞是指传感器在正向行程（输入量增大）和反向行程（输入量减小）期间输出和输入曲线不重合的程度，如图1-4所示。

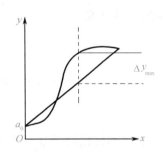
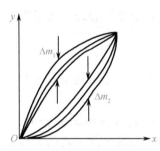
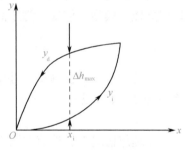

图1-2　传感器的线性度　　　图1-3　传感器的重复性　　　图1-4　传感器的迟滞

对应于同样大小的输入信号，传感器正、反向行程的输出信号大小不相等。在行程环中同一输入量 x_i 对应的不同输出量 y_i 和 y_d 的差值叫滞环误差，最大滞环误差用 Δh_{max} 表示。

用最大滞环误差或最大滞环误差的一半与满量程输出量的百分比来表示传感器的迟滞，即

$$\gamma_H = \pm \frac{\Delta h_{max}}{y_{max}} \times 100\% \qquad (1-6)$$

或

$$\gamma_H = \pm \frac{1}{2} \frac{\Delta h_{max}}{y_{max}} \times 100\% \qquad (1-7)$$

迟滞反映了传感器在机械结构和制造工艺上存在的缺陷，如轴承摩擦、间隙、螺钉松动、元件腐蚀等。

（5）精确度

传感器的精确度是指传感器的输出指示值与被测量约定真值的一致程度，反映了传感器测量结果的可靠程度。在工程应用中，为了简单表示测量结果的可靠性程度，引入精确度这

个等级概念,用 A 表示,它表示测量范围内允许的最大绝对误差与满量程输出量的百分比,即

$$A = \frac{\Delta A}{y_{max}} \times 100\% \qquad (1-8)$$

式中 A——精确度;

      ΔA——测量范围内允许的最大绝对误差;

      y_{max}——满量程输出量。

精确度常用的挡次为 0.1、0.2、0.5、1.0、1.5、2.5、4.0、5.0。例如,0.5 级的仪表表示其允许的最大使用误差为 0.5%。

(6)分辨力

传感器的分辨力是指在规定测量范围内所能检测的输入量的最小变化量的能力,通常以最小量程单位值表示。当被测量的变化值小于分辨力时,传感器对输入量的变化无任何反应。

(7)稳定性

传感器的稳定性是指在室温条件下经过一定的时间间隔,传感器的输出量与起始标定时的输出量之间的差异,通常有长期稳定性(如年、月、日)和短期稳定性(如时、分、秒)之分。传感器的稳定性常用长期稳定性表示。

(8)漂移

传感器的漂移是指在外界的干扰下,输出量发生与输入量无关的不需要的变化。漂移包括零点漂移和灵敏度漂移等。漂移又可分为时间漂移和温度漂移。时间漂移是指在规定的条件下,零点或灵敏度随时间缓慢变化;温度漂移是指因环境温度变化而引起的零点或灵敏度的变化。

2. 传感器的动态特性

传感器的动态特性是指传感器在测量快速变化的输入信号时,输出量对输入量的响应特性。传感器在测量静态信号时,由于被测量不随时间变化,测量和记录的过程不受时间限制。但是在工程实践中,检测的是大量随时间变化的动态信号,这就要求传感器不仅能精确地测量信号的幅值大小,而且还能显示被测量随时间变化的规律,即正确地再现被测量的波形。传感器测量动态信号的能力用动态特性来表示。

动态特性与静态特性的主要区别:动态特性中输出量与输入量的关系不是定值,而是时间的函数,它随输入信号频率的变化而改变。

在动态测量中,当被测量做周期性变化时,传感器的输出量随着做周期性变化,其频率与前者相同,但输出幅值和相位随频率的变化而变化,这种关系称为频率特性。输出信号的幅值随频率变化而改变的特性称为幅频特性;输出信号的相位随频率的变化而改变的特性称为相频特性;改变频率使输出信号下降到最大值的 0.707 时所对应的频率称为截止频率。

阶段小结

本模块主要介绍传感器的基本概念和传感器的组成框图,使学生在开始学习时,首先对传感器有一个清楚的认识。对传感器将非电量转换成电信号的原理要弄懂,有些是直接将非

电量转换成电信号，而有些要经过中间环节。对这些基本原理要了解，会分析由传感器组成的基本测量电路的特点。

接下来对传感器按被测物理量来分类，主要是我们在日常生活中经常接触的物理量。另外，传感器也可按工作原理来分类，各有所长。传感器静态特性是指输入信号不随时间变化时的输出量与输入量之间的一种函数关系。传感器的动态特性是输入信号随时间变化时的输出量与输入量之间的关系。要重点理解静态特性指标：灵敏度、线性度、重复性、迟滞、精确度、分辨力、稳定性和漂移。

 习题与思考题

1. 传感器的定义是什么？它由哪些部分组成？
2. 传感器是如何分类的？各有什么优点和缺点？
3. 什么是传感器的静态特性？它有哪些技术指标？
4. 传感器在自动测控系统中起什么作用？
5. 思考一下你所看到的哪些地方用到了传感器，是什么类型的传感器？应用了什么工作原理？

模块二　力敏传感器及其应用

课题一　力敏传感器的工作原理与分类

任务：电子秤的工作原理与设计

 任务目标

★ 掌握电阻应变式传感器的工作原理；
★ 掌握电感式传感器的工作原理；
★ 了解电阻应变式和电感式传感器之间的区别；
★ 使用电阻应变式传感器设计一种能超限报警的电子秤。

 知识积累

一、力敏传感器概述

力敏传感器，顾名思义就是能对各种力或能转换为力的物理量产生反应，并能将其转变为电信号的装置或器件。很显然，要成为真正实用意义上的力敏传感器，这个由力转换为电信号的过程最好是线性关系。根据由力到电信号参数转变方式的不同，力敏传感器一般有电阻应变式传感器、电位器式传感器、电感式传感器、压电式传感器、电容式传感器等，它们也可用来测量力值。

二、电阻应变式传感器

电阻应变式传感器是目前工程测力传感器中应用最普遍的一种传感器，它测量精度高，范围广，频率响应特性好，结构简单，尺寸小，易实现小型化，能在高温、强磁场等恶劣环境下使用，并且工艺性好，价格低廉。它的主要应用为，在力的作用下，将材料应变转变为电阻值的变化，从而实现力值的测量。组成电阻应变片的材料一般为金属或半导体材料。

1. 电阻应变式传感器工作原理

（1）应变效应

由物理学可知，电阻丝的电阻 R 与电阻丝的电阻率 ρ、长度 l 及截面积 S 的关系为

$$R = \rho \frac{l}{S} \tag{2-1}$$

当电阻丝受到拉力作用时，长度伸长 Δl，截面积收缩 ΔS，电阻率也将变化为 $\Delta\rho$，如图 2-1 所示，此时电阻值产生 ΔR 变化。

图 2-1　电阻丝应变效应

将上述电阻的变化 ΔR 表示为

$$\Delta R = \Delta\rho \cdot \Delta l/\Delta S$$

（2）电阻应变式传感器的结构及特性

金属电阻应变片分为金属丝式和金属箔式两种。

① 金属丝式电阻应变片。金属丝式电阻应变片的基本结构图如图 2-2 所示，其由敏感栅、基底和盖层与引线几个基本部分组成。其中，敏感栅是应变片最重要的部分，栅丝直径一般为 0.015~0.05mm。敏感栅的纵向轴线称为应变片轴线，根据用途不同，栅长可为 0.2~200mm。基底和盖层用来保持敏感栅及引线的几何形状和相对位置，并将被测件上的应变迅速、准确地传递到敏感栅上，因此基底要做得很薄，一般为 0.02~0.4mm。盖层起保护敏感栅的作用。基底和盖层如用专门的薄纸制成，称为纸基；如用各种黏结剂和有机树酯膜制成，称为胶基，现多采用后者。

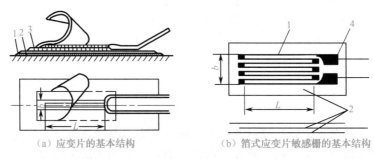

（a）应变片的基本结构　　　　　　（b）箔式应变片敏感栅的基本结构

1—敏感栅；2—基底；3—盖层；4—引线；L—栅长；b—基宽

图 2-2　金属丝式电阻应变片的基本结构图

② 金属箔式应变片。如图 2-3 所示，它与金属丝式电阻应变片相比，有如下优点：用光刻技术能制成各种复杂形状的敏感栅；横向效应小；散热性好，允许通过较大电流，可提高相匹配的电桥电压，从而提高输出灵敏度；疲劳寿命长，蠕变小；生产效率高。

（a）箔式单向应变片　　　（b）箔式转矩应变片　　　（c）箔式压力应变片　　　（d）箔式花状应变片

图 2-3　各种金属箔式应变片

但是，金属箔式应变片的电阻值的分散性要比金属丝式应变片的大，有的能相差几十欧姆，需要调整阻值。金属箔式应变片因其一系列优点而将逐渐取代金属丝式应变片，并占主要地位。

2. 电阻应变片传感器基本应用电路

将电阻应变片粘贴于待测构件上，应变片电阻将随构件应变而发生改变，将应变片电阻接入相应的电路中，使其转换为电流或电压输出，即可测出力值。通常将应变片接入电桥来实现电阻至电压或电流的转换。根据电桥电源不同，又分为直流电桥和交流电桥。这里主要介绍直流电桥，如图 2-4 所示为直流电桥，由计算可知

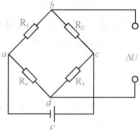

图 2-4　直流电桥

$$\Delta U = \frac{R_1 R_3 - R_2 R_4}{(R_1 + R_2)(R_3 + R_4)} E \qquad (2\text{-}2)$$

若使此电桥平衡，即 $\Delta U = 0$，只要 $R_1 R_3 - R_2 R_4 = 0$。一般取 $R_1 = R_2 = R_3 = R_4 = R$ 即可实现。现将 R_1 换成电阻应变片，即组成半桥单臂电桥，随构件产生应变造成传感器电阻变化 ΔR 时，式（2-2）变成

$$\Delta U = \frac{\Delta R}{4R + 2\Delta R} E$$

一般 $\Delta R \ll R$，可忽略，可得

$$\Delta U \approx \frac{1}{4} \frac{\Delta R}{R} E \qquad (2\text{-}3)$$

可见，输出电压与电阻变化率为线性关系，即和应变成线性关系，由此即可测出力值。由式（2-3）可得半桥单臂工作输出的电压灵敏度为

$$k_u = \frac{\Delta U}{\Delta R / R} = \frac{E}{4} \qquad (2\text{-}4)$$

为了提高输出电压灵敏度，可以采用半桥双臂电路或全桥电路。如图 2-5（a）所示为半桥双臂电路，如图 2-5（b）所示为全桥电路。

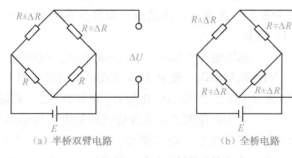

（a）半桥双臂电路　　　　　　　（b）全桥电路

图 2-5　直流电桥的连接方式

图中 $R+\Delta R$ 和 $R-\Delta R$ 为应变片在构件上对称布置，"+"表示应变片受拉，"-"表示应变片受压，分别用式（2-2）计算可得下式。

对于半桥双臂电路有

$$\Delta U = \frac{1}{2} \frac{\Delta R}{R} E \qquad (2\text{-}5)$$

对于全桥电路有

$$\Delta U = \frac{\Delta R}{R} E \qquad (2-6)$$

即半桥双臂电路可使电压灵敏度比半桥单臂电路电压灵敏度提高一倍，而全桥电路电压灵敏度又比半桥双臂电压灵敏度提高一倍。可见，利用全桥电路并提高供电电压 E，可提高电压灵敏度。式（2-3）是当 $\Delta R \ll R$ 时，忽略 ΔR 而得出的近似线性关系。应变片的全桥差动连接可以很好地消除由此而引入的非线性误差。如果半桥单臂电路采用交流电源 $\dot{U}$，则计算可得输出电压为

$$\Delta \dot{U} \approx \frac{1}{4} \frac{\Delta Z}{Z} \dot{U} \qquad (2-7)$$

式中，Z 为电桥平衡时四个桥臂的阻抗；ΔZ 为由于应变而产生的阻抗变化值。

式（2-7）同样是在 $\Delta Z \ll Z$ 的情况下得出的，在采用交流供电源时，连接导线的分布参数必须予以重视。

在以上的讨论中，并没有考虑环境温度变化对测量结果的影响。事实上，当环境温度改变时，由于构件和应变片均会产生附加应变，两种应变的共同作用，会使应变片产生附加应变，从而使应变片在被测应力作用下产生 ΔR 的基础上附加了 ΔR_i，使测力结果发生误差。实际中为了消除这一影响，一般采用桥路补偿法、应变片补偿法或热敏电阻补偿法。

所谓桥路补偿法，如图 2-4 所示，当 ab 间接入应变片，bc 间也接入同样的应变片，但 bc 间接入的应变片不受构件应变力的作用，将它用同样的方法粘贴在与 ab 间应变片所贴构件材料相同的材料上，并与 ab 间应变片处于同一温度场中，这样 ab、bc 间应变片的阻温效应相同，电阻的变化量 ΔR_i 也相同，由电桥理论可知，它们起了互相抵消的作用，对输出电压没有影响。

应变片补偿法分为自补偿和互补偿两种。自补偿法的原理是合理选择应变片阻温系数及线膨胀系数，使之与被测构件线膨胀系数匹配，使应变片温度变化 Δt 时，由热造成的输出值为零。互补偿法的原理：检测用的应变片敏感栅由两种材料组成，在温度变化 Δt 时，它们的阻值变化量 ΔR 相同，但符号相反，这样就可抵消由于温度变化而造成的传感器误输出。使用中要注意选配敏感栅电阻丝材料。

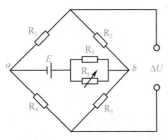

图 2-6　热敏电阻补偿法

热敏电阻补偿法如图 2-6 所示，图中 R_5 为分流电阻，R_t 为 NTC 热敏电阻，使 R_t 与应变式传感器处在同一温度场中，适当调整 R_5 的值，可使 $\Delta R/R$ 与 U_{ab} 的乘积不变，热输出为零。

采用电位器方式来改变阻值的电阻传感器主要由绕制在各种骨架（直线型、角位移型、各种非线性）上的电阻丝及电刷组成。它主要用来测位移，但若将电刷的位移与作用力结合起来也可用来测量力值。由于受电阻丝直径的限制，以及电刷和电阻丝的长期磨损及灰尘腐蚀等因素，测量精度受到极大限制，现已较少使用，在这里不多做介绍。

电阻应变式传感器广泛应用在测力及可以转换为力值的量（如加速度等）。如图 2-7 所示为测重传感器。

图中 1、2、3、4 为四个相同的应变片，沿同一高度圆周均布，接入全桥测量电路。在外

力 F 的作用下应变片 1、3 的电阻变大，应变片 2、4 的电阻变小。

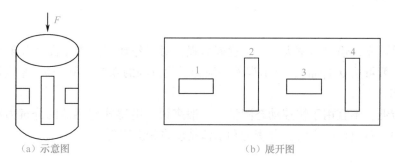

（a）示意图　　　　　　　　（b）展开图

图 2-7　测重传感器

若 F 为圆筒所承受的力，U 为馈电电源，ΔU 为输出电压，则可推出测量电路输出电压为

$$\Delta U = U \frac{\Delta R}{R} = kF \tag{2-8}$$

可见电路输出电压与所称重量成线性关系，将 ΔU 经过放大等一系列处理，可由显示仪表直接读出所称重量。

如图 2-8 所示为应变式加速度传感器原理图。

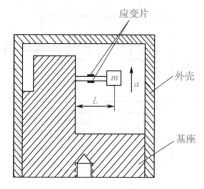

图 2-8　应变式加速度传感器原理图

加速度传感器就是将被测加速度 a 通过一个悬臂梁将力 $F=ma$ 转换成应变片的应力，从而达到测量加速度 a 的目的。

三、电感式传感器

1. 工作原理

电感式传感器是利用线圈自感或互感的变化来实现测量的一种装置，可以用来测量位移、振动、压力、流量、重量、力矩和应变等多种物理量。电感式传感器的核心部分是可变自感或可变互感，在被测量转换成线圈自感或互感的变化时，一般要利用磁场作为媒介或利用铁磁体的某些现象。这类传感器的主要特征是具有绕组。

2. 优点和缺点

（1）优点

结构简单可靠，输出功率大，抗干扰能力强，对工作环境要求不高，分辨力较高（如在测量长度时一般可达 $0.1\mu m$），示值误差一般为示值范围的 $0.1\% \sim 0.5\%$，稳定性好。

（2）缺点

频率响应低，不宜用于快速动态测量。一般来说，电感式传感器的分辨力和示值误差与示值范围有关。示值范围大时，分辨力和示值精度将相应降低。

3. 种类

电感式传感器种类很多，有利用自感原理的自感式传感器（通常称为电感式传感器），有利用互感原理的差动变压器式传感器。此外，还有利用涡流原理的涡流式传感器，利用压磁原理的压磁式传感器和利用互感原理的感应同步器等。

下面简单介绍其中一种较为常见的传感器：变压器式传感器。

变压器式传感器工作原理：变压器式传感器是将非电量转换为线圈间互感的一种磁电动机构。其与变压器的工作原理相似，因此称为变压器式传感器。这种传感器多采用差动形式。

气隙型差动变压器式传感器的典型结构如图2-9所示。

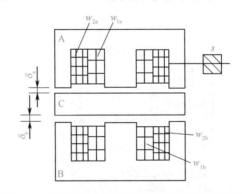

图 2-9　气隙型差动变压器式传感器的典型结构

其中，A、B 为两个"山"字形固定铁芯，在其中各绕有两个绕组，w_{1a} 和 w_{1b} 为一次绕组，w_{2a} 和 w_{2b} 为二次绕组，C 为衔铁，s 为绕组截面积。当没有非电量输入时，衔铁 C 与铁芯 A、B 的间隔相同，则绕组 w_{1a} 和 w_{2a} 间的互感 m_a 与绕组 w_{1b} 和 w_{2b} 间的互感 m_b 相等。

当衔铁的位置发生改变时，则 m_a 不等于 m_b，m_a 和 m_b 的差值即可反映被测量的大小。

为反映差值互感，将两个一次绕组的同名端顺向串联，并施加交流电压 u，二次绕组的同名端反向串联，同时测量串联后的合成电动势为

$$e_2 = e_{2a} - e_{2b}$$

式中　　e_{2a}——二次绕组 w_{2a} 的互感电动势；

　　　　e_{2b}——二次绕组 w_{2b} 的互感电动势。

e_2 值的大小取决于被测位移的大小，e_2 的方向取决于位移的方向。

如图2-10所示为截面积型差动变压器式传感器，输入非电量为角位移 Δa。它是在一个

"山"字形铁芯 A 上绕有三个绕组，w_1 为一次绕组，w_{2a} 及 w_{2b} 为两个二次绕组。衔铁 B 以 O 点为轴转动，衔铁 B 转动时由于改变了铁芯与衔铁间磁路上的垂直有效截面积 s，也就改变了绕组间的互感，使其中一个互感增大，另一个互感减小，因此两个二次绕组中的感应电动势也随之改变。将绕组 w_{2a} 和 w_{2b} 同名端反向串联并测量合成电动势 e_2，就可以判断出非电量的大小及方向。

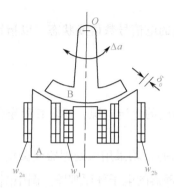

图 2-10　截面积型差动变压器式传感器

一般来说，较小位移量的测量采用差动变压器式传感器，图 2-11 列出了其应用实例。如图 2-11（a）所示为测物体重量的电子秤，用差动变压器式传感器把弹簧的位移变为电信号，换算为重量即可；如图 2-11（b）所示为偏心测量仪，以起始点作为基准，用正负量来显示转体的偏心程度。

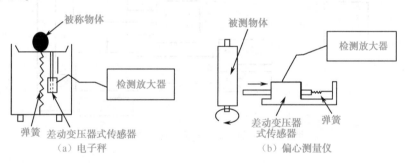

图 2-11　差动变压器式传感器应用实例

任务分析

电子秤的工作原理分析：

电子秤是直接将重量转换成电信号的装置，同时将信号进行放大、转换，用十进制数字的形式显示。一般来说电子秤主要由以下几部分组成。

1. 承重和传力机构

它是将被称物体的重量或力传递给称重传感器的全部机械系统，包括承重台面、秤桥机构、吊挂连接单元和安全限位装置等。

2. 称重传感器

它将作用于传力机构的重量或力按一定的函数关系（一般为线性关系）转换为电量（电压、电流和频率等）输出，也称其为一次变换元件。

3. 显示记录仪表

它用于测量称重传感器输出的电信号数值或状态，以指针或数码形式显示出来，这部分也称为二次显示仪表。

4. 电源

用于向称重传感器测量桥馈电的直流电源，要求其稳定性高，可以采用交流转换为直流的稳压电源或蓄电池。

现在许多电子秤（功能较强的）均采用微处理器或微型、小型计算机作为控制和处理中心。如图 2-12 所示是采用微处理器的电子秤原理图。图中 $\boxed{1}$ 为称重传感器。

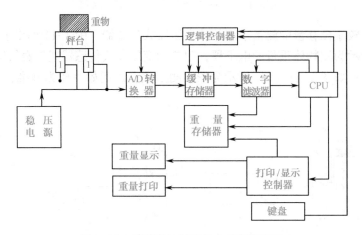

图 2-12　采用微处理器的电子秤原理图

任务设计

如图 2-13 所示为实用的带有声光报警的电子秤电路，可用于各种场合的重量、拉力、压力的测量，还可用于起重机、吊车等起重设备的超载保护和钢丝绳的受力控制，并可任意设定报警值，自动切断动力源，实现自动控制，因此用途广泛。

该电子秤的力敏传感器由弹性体和粘贴在弹性体上的箔电阻应变片组成。图中用虚线框起来的为直流电桥，当传感器受力时应变片产生形变，其阻值发生变化，在应变片桥臂上施加电压，将有电压输出，即可获得与受力成正比的电压信号。此信号经 A_1 放大器放大，再经 A/D 转换器转换成数字信号进行显示，经比较器 A_2 和 A_3 比较后进行声光报警。

任务实现

测量不同范围的力值，可选用量程不同的传感器，但传感器的输出信号范围均为 $0\sim20\text{mV}$。

电路中，RP_1是调满载输出电位器，RP_2用于调零或去皮。ICL7660 是电压变换器，图中接法是将+6V 电压转换为-6V 作为传感器供桥电压，以提高抗干扰能力。

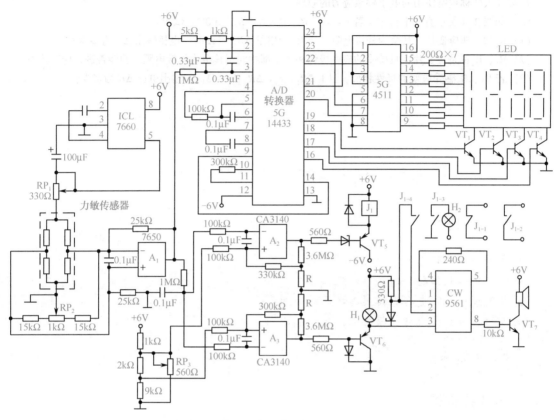

图 2-13 实用的带有声光报警的电子秤电路

A_2 和 A_3 分别是 110% 和 90% 比较器。当 A_1 输出电压高于 A_3 的同相输入端时，A_3 输出低电平，VT_6 导通，灯 H_1（黄）亮，扬声器发出预报声；当 A_1 输出电压高于 A_2 的同相输入端时，A_2 输出低电平，VT_5 导通，继电器 J_1 吸合，常开触点 J_{1-3} 和 J_{1-4} 闭合，灯 H_2（红）亮，扬声器发出报警声，继电器 J_1 的常闭触点 J_{1-1} 和 J_{1-2} 断开，提供给外部设备，用以切断动力源。CW9561 为声音集成块，2 端接法不同可发出不同声音。

阶段小结

力敏传感器是将动态或静态力的大小转换成便于测量的电量的装置。本模块介绍了电阻应变式传感器，其将外力转换成电阻值的变化，再利用电桥电路检测出电阻值的变化值，从而得出对应力的变化量。还讲述了电感式传感器，其将外力引起的微小位移量转换成电感参数的变化，从而得出相应力的变化量。如位移量很小，可采用差动变压器式传感器来放大信号，以提高灵敏度。

 习题与思考题

1. 电阻应变片式传感器测力的原理是什么？请举例说明。

2. 举例说明变压器式传感器测力的基本原理。

3. 利用电阻应变的知识解释铂电阻 Pt100 检测温度的原理。

4. 简述人体称重所使用的电子秤感应力的原理。

5. 在如图 2-4 所示直流电桥中，若 $E=4V$，$R_1=R_2=R_3=R_4=100\Omega$，试求：

（1）R_1 为金属应变片，其余为外接电阻，当 R_1 的增量 $\Delta R_1 = 1\Omega$ 时，电桥输出 ΔU 为多少？

（2）R_1、R_2 都是应变片，且感受的应变极性和大小都相同，其余为外接电阻，问能否进行应变测量？

（3）若 R_1、R_2 感受应变的极性相反，且 $|\Delta R_1| = |\Delta R_2| = 1\Omega$，问输出电压 ΔU 为多少？

课题二　压电式传感器的转换原理

任务：压电式玻璃破碎报警器的设计

任务目标

★ 掌握压电式传感器的工作原理；

★ 掌握电容式传感器的工作原理；

★ 了解压电式和电容式传感器之间的区别；

★ 掌握压电式玻璃破碎报警器的工作原理。

知识积累

一、压电式传感器

压电式传感器是利用某些半导体材料的压电效应来实现由力至电量转换的，属于有源传感器。由于其具有灵敏系数高、信噪比高、使用频带宽、体积小、方便耐用等优点，已广泛应用在工业、军事及民用等方面。

1. 压电转换元件的工作原理

（1）压电效应

某些晶体或有机薄膜，当其沿着一定方向受到外力作用时，内部发生极化，某两个面产生符号相反的电荷；当外力去掉后，又恢复到不带电状态；当作用力方向改变时，电荷的极性也发生改变。晶体受力所产生的电量 Q 与外力 F 的大小成正比，即

$$Q = dF$$

（2-9）

式中，d 是压电常数，它反映了压电效应的强弱。

上述现象称为正压电效应。反之，如对晶体施加一个交变电场，晶体本身将产生变形，称为电致伸缩现象，也称为逆压电效应，如图 2-14 所示。压电式传感器一般是利用压电材料的正压电效应制成的。晶体之所以有此效应，主要是由其特殊的内部结构决定的。

（2）压电式传感器材料及特性

常用来制作压电式传感器的材料一般有压电单晶（一般用石英晶体）、压电陶瓷和有机压电薄膜。

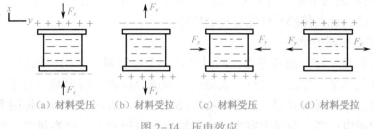

（a）材料受压　　　（b）材料受拉　　　（c）材料受压　　　（d）材料受拉

图 2-14　压电效应

① 石英晶体分为人工石英和天然石英。它们是单晶中使用频率最高的一种传感器。其特点是介电和压电常数的温度稳定性好，如图 2-15 所示。它适用的工作温度范围宽，动态响应快，机械强度大，弹性系数高，稳定性好。

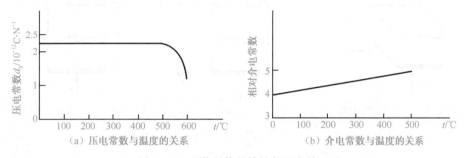

（a）压电常数与温度的关系　　　　　　（b）介电常数与温度的关系

图 2-15　石英晶体的特性与温度关系

② 压电陶瓷是多晶体，最常见的有钛酸钡、锆钛铅系列等。原始的压电陶瓷并没有压电特性，必须在经过人工极化后，保留很强的剩余极化的情况下才能作为压电材料使用，如图 2-16所示。

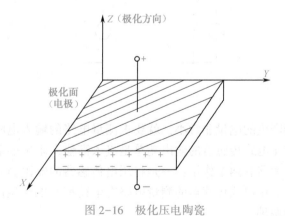

图 2-16　极化压电陶瓷

具有剩余极化的陶瓷也不是在任何方向上都有压电效应的。压电陶瓷具有压电常数和介电常数高的特点，如钛酸钡的 $d = 190 \times 10^{-12}$ C/N，且压电陶瓷的居里点要比石英晶体低 $200 \sim 400℃$。另外，压电陶瓷还有热释电效应，性能没有石英晶体稳定，主要应用在声学、电子检测技术中。

③ 有机压电薄膜随着科技的进步发展也较快。它既具有高分子材料的柔软性又具有压电陶瓷的特性，可以做成较大面积产品，主要用于微压测量和机器人的触觉识别，以聚偏二氟

传感器及检测技术应用（第3版）

乙烯（PVdF）材料最为常见。目前又出现了一种将压电陶瓷粉末加入高分子压电化合物中制成的压电薄膜产品，此类传感器性能也日趋稳定。

（3）压电式传感器的结构

压电式传感器是一种有源传感器，同时又是一个电容器，其结构如图2-17（a）所示。它是在压电晶片的两个工作面上进行金属蒸镀，形成金属膜，引出两个电极。实际应用中常将两个以上晶片进行串联或并联，如图2-17（b）、（c）所示，就如同将两个电容器串联或并联。串联输出的电压高，自身电容小；并联输出的电荷量大，电容量大。串联主要用在以电压为输出量及测量电路输入阻抗很高的场合，而并联由于时间常数大，主要用于以电荷为输出量的场合，适于测量缓变信号。

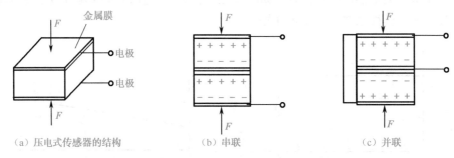

图2-17　压电式传感器的结构及串、并联

（4）压电式传感器基本应用电路

根据后续放大电路是电压放大还是电荷放大，可将压电式传感器等效为电荷源电路和电压源电路，如图2-18所示，C_a为等效电容。

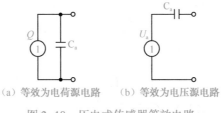

图2-18　压电式传感器等效电路

由于压电式传感器产生的电量非常小，就要求测量电路的输入电阻尽可能大，这样才能减小测量误差，因此在压电式传感器的输出端总是接入高输入阻抗的前置放大器，再接入一般的放大电路。前置放大器有两个作用：一是将压电传感器的输出信号放大；二是将高阻抗输出变换为低阻抗输出。压电式传感器的测量电路有电荷型与电压型两种，相应的前置放大器也有电荷型与电压型两种。

下面简单介绍压电式传感器电荷型放大电路，如图2-19所示。

图2-19（a）中R_a为压电式传感器的绝缘电阻，C_c为连接电缆的传输电容，R_i为前置放大器的输入电阻，C_i为前置放大器输入电容；图2-19（b）中C为等效综合电容，$C=C_i+C_a+C_c$，$R=R_aR_i/(R_a+R_i)$为等效综合电阻，R_f、C_f为反馈电阻和电容，由分析计算可得输出电压为

$$\Delta U = -\frac{Q}{C_f} \tag{2-10}$$

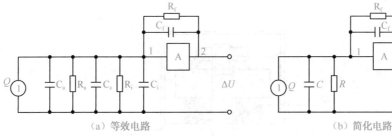

（a）等效电路　　　　　　　　　（b）简化电路

图2-19　压电式传感器电荷型放大电路

可见输出电压值主要决定于 Q 和 C_f，因此要得到必要的测量精度，反馈电容 C_f 的温度和时间稳定性要好。在实际应用中，考虑到不同的量程，C_f 的容量一般做成可调式，范围为 $100 \sim 10000\text{pF}$。电荷放大器工作频带的上限主要与两种因素有关：一是运算放大器的频率响应；二是若连接电缆过长，杂散电容和电缆电容增加，导线自身电阻也增加，会对电荷放大器的高频特性有一定影响。电荷传感器不能测静态信号。

2. 几种常见的压电式传感器

（1）压电式单向测力传感器

压电式单向测力传感器结构如图2-20所示，其主要由石英晶片、绝缘套、电极、上盖及基座等组成。传感器上盖3为传力元件，其外缘壁厚为 $0.1 \sim 0.5\text{mm}$，当受外力 F 作用时，它将产生弹性变形，将力传递到石英晶片上。石英晶片采用 xy 型，以利用其纵向压电效应。石英晶片的尺寸为 $8\text{mm} \times 1\text{mm}$，该传感器的测力范围为 $0 \sim 50\text{N}$，最小分辨率为 0.01，固有频率为 $50 \sim 60\text{kHz}$，整个传感器质量为 10g。

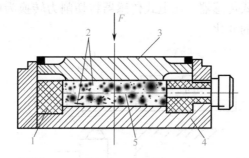

1—绝缘套；2—石英晶片；3—上盖；4—基座；5—电极

图2-20　压电式单向测力传感器结构图

（2）压电式加速度传感器

压电式加速度传感器结构如图2-21所示，其主要由螺栓、压电元件、质量块、预压弹簧、基座及外壳等组成，整个部件装在外壳内，并用螺栓加以固定。当压电式加速度传感器和被测物体一起受到冲击振动时，压电元件2受质量块5产生的惯性力的作用，根据牛顿第二定律，此惯性力 f 是加速度 a 的函数，即

$$f = ma \tag{2-11}$$

式中 f——质量块产生的惯性力；

m——质量块的质量；

a——加速度。

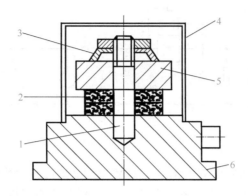

1—螺栓；2—压电元件；3—预压弹簧；4—外壳；5—质量块；6—基座

图2-21 压电式加速度传感器结构图

惯性力 f 作用于压电元件上而产生电荷 q，当传感器被选定后，质量块的质量 m 为常数，则传感器输出电荷为

$$q = df = dma \tag{2-12}$$

式中 d——压电常数。

由式（2-12）可见，压电式加速度传感器输出电荷 q 与加速度成正比。因此，测得压电式加速度传感器输出的电荷便可知加速度的大小。

（3）压电式金属加工切削力测量

图2-22是利用压电陶瓷传感器测量刀具切削力的示意图。压电陶瓷元件的自振频率高，特别适合测量变化剧烈的载荷。图中压电式传感器位于车刀前部的下方，当进行切削加工时，切削力通过刀具传给压电式传感器，压电式传感器将切削力转换为电信号输出，记录下电信号的变化便可测得切削力的变化。

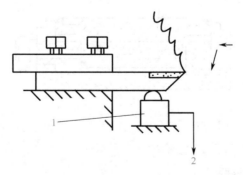

1—压电式传感器；2—输出信号

图2-22 测量刀具切削力示意图

二、电容式传感器

电容式传感器能将被测量变化转换为电容量变化，再通过一定的电路将此电容量的变化

转换为电压、电流或频率等信号输出，从而实现对物理量的测量。电容式传感器具有如下优点：结构简单、轻巧、易于制造，功率小、阻抗高、灵敏度高，动态特性好，能在高低温及强辐射的恶劣环境中工作，能进行非接触测量等。当然，电容式传感器也有其不足之处，如负载能力差，寄生电容影响较大，输出为非线性等。随着电子技术的发展，电容式传感器的性能已得到了很大的改善，在位移、压力、液位等物理量测量中得到广泛应用。

1. 电容式传感器工作原理

电容式传感器的工作原理可以用平板电容器加以说明，如图 2-23 所示。由物理学可知，两平板组成的电容器，如不考虑边缘效应，其电容量可表示为

$$C = \frac{\varepsilon S}{\delta} \tag{2-13}$$

式中　S——两极板相互遮盖的面积；

　　　δ——两极板间的距离；

　　　ε——两极板间介质的介电常数。

由式（2-13）可见，ε、S、δ 中任一量发生变化都将造成电容量 C 发生变化，此即电容式传感器的工作原理。根据 ε、S、δ 三个值是否变化，将电容式传感器分为三类：变介电常数（ε）型、变面积（S）型及变极距（δ）型，下面对前两类予以介绍。

2. 变介电常数型电容式传感器

通过改变板间介质（即改变介电常数），可改变电容量，下面用一实例加以说明。如图 2-24 所示是在一密封铅罐中测量液态氮液位高度的原理图，在被测介质中放入两个同心圆柱形极板 1 和 2。若容器内液体介质的介电常数为 ε_1，液体介质上面气体介质的介电常数为 ε_2，当容器内液面高度发生变化时，则电容量 C 将变化（假设液体介质为不导电液体，若导电，则电极板必须绝缘）。

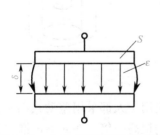

图 2-23　电容式传感器工作原理

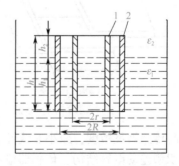

图 2-24　电容式液位传感器原理图

电极板间电容 C 等于气体介质间电容 C_2 与液体介质间电容 C_1 之和，相当于两个电容器并联，即

$$C = C_1 + C_2 \tag{2-14}$$

式中

$$C_1 = \frac{2\pi h_1 \varepsilon_1}{\ln (R/r)} \tag{2-15}$$

$$C_2 = \frac{2\pi h_2 \varepsilon_2}{\ln(R/r)} = \frac{2\pi(h-h_1)\varepsilon_2}{\ln(R/r)} \qquad (2-16)$$

$$C = C_1 + C_2 = \frac{2\pi h \varepsilon_2}{\ln(R/r)} + \frac{2\pi(\varepsilon_1-\varepsilon_2)}{\ln(R/r)}h_1 \qquad (2-17)$$

式（2-17）表明传感器电容量 C 与高度 h_1 成线性关系。

3. 变面积型电容式传感器

变面积型电容式传感器结构原理如图 2-25 所示。下面利用图 2-25（a）进行分析，当上部平板向左位移 x 后，电容量由 $C_0 = \dfrac{\varepsilon ab}{d}$ 变为

$$C_x = \frac{\varepsilon(a-x)b}{d} = \left(1-\frac{x}{a}\right)C_0 \qquad (2-18)$$

$$\Delta C = C_x - C_0 = -\frac{xC_0}{a} \qquad (2-19)$$

将电容变化的增量与移动距离 x 的比值定义为灵敏度 K_x，则

$$K_x = \frac{\Delta C}{x} = -\frac{\varepsilon b}{d} \qquad (2-20)$$

由以上分析可知，变面积型传感器的电容变化是线性的，灵敏度 K_x 为一常数。

如图 2-25（b）所示采用了旋转型电容结构，如图 2-25（c）所示采用了圆柱形电容结构，也具有上述特点。

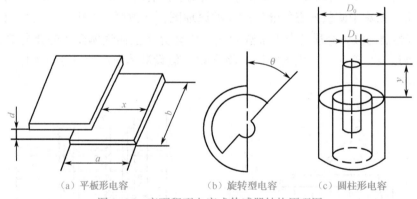

（a）平板形电容　　　　（b）旋转型电容　　　　（c）圆柱形电容

图 2-25　变面积型电容式传感器结构原理图

为了提高传感器灵敏度，减小非线性误差，实际应用中大都采用差动式结构，如图 2-26 所示是变面积型差动电容结构，传感器输出和灵敏度均提高一倍，在此不再推导公式。

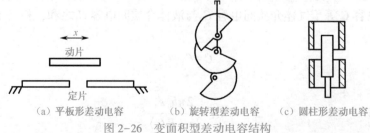

（a）平板形差动电容　　　（b）旋转型差动电容　　　（c）圆柱形差动电容

图 2-26　变面积型差动电容结构

压电式振动传感器是专门用于检测玻璃是否破碎的一种传感器,适用于一些特殊场合的报警,如对银行以及保管文物、存放贵重物品单位的窗户玻璃的检测。压电式振动传感器利用压电元件对振动敏感的特性来感知玻璃受到撞击和破碎时产生的振动波。传感器把振动波转换成电压信号输出,输出电压经放大、滤波、比较等处理后提供给报警系统。压电式玻璃破碎报警器电路框图如图2-27所示。

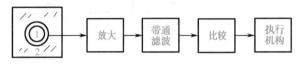

1—传感器;2—玻璃

图2-27 压电式玻璃破碎报警器电路框图

如图2-28所示是压电式玻璃破碎传感器BS-D2的外形图及内部电路。传感器的最小输出电压为100mV,内阻抗为15~20kΩ。使用时将传感器用胶粘贴在玻璃上,然后通过电缆和报警器相连。为了提高报警器的灵敏度,信号经放大后,需经带通滤波器进行滤波,要求它对选定的频谱通带内衰减要小,而对外衰减落差要大。由于玻璃振动的波长在音频范围内,这就使带通滤波器成为电路中的关键器件。当传感器输出信号高于设定的阈值时,比较器才会输出报警信号驱动报警执行机构工作。

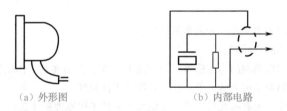

(a)外形图   (b)内部电路

图2-28 压电式玻璃破碎传感器BS-D2的外形图和内部电路

随着技术的发展,新型振动传感器的性能越来越好,如图2-29所示的振动报警电路中选用了Z02B集成高灵敏度的振动传感模块,Z02B工作电压为DC 5V(典型应用为3V,极限情况为12V),由于该模块输出幅度可达到模块端电源电压,满足数字模块的触发电压,所以使用时通过与非门整形后和三极管9014相连,三极管9014集电极通过扬声器BL接电源电压。

该传感器的灵敏度极高,能检测极其微弱的振动波;抗冲击强度高,能承受同类传感器不能承受的强烈振动工作条件;防水性能好,能适应湿度较大的工作环境。因此,Z02B非常适用于汽车防盗的振动信号采集,安装在汽车门窗、后备箱盖等一些对振动敏感的地方,也可用于玻璃破碎报警,安装时需将模块安装面与玻璃表面紧贴上。

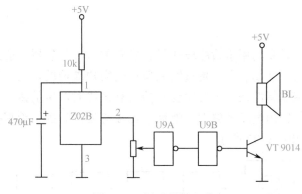

图 2-29　振动报警电路

为了避免玻璃轻微振动产生误报警，采用了分压比较电路，通过调整可调电阻来获得玻璃破碎所要达到的报警电压，使门电路刚好可以被驱动，从而使三极管进入饱和状态，实现扬声器 BL 报警，起到防盗功效。

阶段小结

压电式传感器利用压电材料本身固有的压电效应，将外加的压力转换成电荷变化量，将电荷（或电压）放大后，检测其对应的压力。电容式传感器将被测量转变成传感器电容量的变化，再通过一定的电路将此电容的变化转换为电压、电流或频率等信号输出，从而实现对物理量的测量。

习题与思考题

1. 简述电容式传感器的测力原理，分别举例说明。
2. 简述压电式传感器的测力原理。
3. 在生活中还有没有其他类型的力传感器？请举出 1~2 例，并简述其工作原理。
4. 查资料，设计一个测量手握力的电子产品，并简述工作原理。
5. 查资料，简述燃气灶点火有哪几种方式。压电式点火的工作原理是什么？

模块三　湿度传感器及其应用

课题一　湿度传感器的分类及特性

任务：土壤湿度测量仪的设计

 任务目标

★ 熟悉湿度的表示方法和湿度传感器的主要特性；
★ 熟悉陶瓷湿度传感器、高分子湿度传感器的基本结构，掌握其感湿特性；
★ 能应用湿敏电阻制作简单的土壤湿度测量仪。

 知识积累

一、湿度传感器概述

湿度是指物质中所含水分的量，可通过湿度传感器进行测量。现代化的工农业生产及科学实验对空气湿度的重视程度日益提高，要求也越来越高，如果湿度不能满足要求，将会造成不同程度的不良后果。

① 电子厂、半导体厂、程控机房、防爆工厂等场所的湿度要求一般为 40% ~60%RH，如果相对湿度不满足要求则会造成静电增高、产品的成品率下降、芯片受损，甚至在一些防爆场所会发生爆炸。

② 纺织厂、印刷厂、胶片厂等场所的湿度要求一般都很高，一般都要求大于 60%RH。如纺织厂的湿度要求达不到会影响材料纤维强度和生产工艺质量；在印刷及胶片生产过程中湿度不符合要求会造成套色不准、纸张收缩变形、纸张黏连、产品质量下降等问题。

③ 精密机械加工车床、各种计量室的湿度要求一般为 40% ~65%RH。例如，精密轴承精加工、高精度刻线机、力学计量室、电学计量室等，湿度过高或过低会造成加工产品精度下降、计量数据失真。

④ 医药厂房、手术室等对环境的温度、湿度、洁净度均有较高的要求，而湿度要求是优先的，如果湿度超过允许范围会造成药品等级下降、细菌增多、伤口不易愈合等问题。

其他如在卷烟保存、冷库保鲜、食品防潮、老化实验、文物保存、重力测试、保护装修、疗养中心等场所，对湿度的要求都是很高的。可见，湿度的检测和控制是极其重要的。

1. 湿度的表示方法

狭义的湿度是指空气中水汽的含量，常用绝对湿度、相对湿度和露点（或露点温度）等来表示。

（1）绝对湿度

绝对湿度是指在一定温度及压力条件下，单位体积待测气体中水蒸气的质量，即水蒸气的密度，其数学表达式为

$$H_a = \frac{M_v}{V} \tag{3-1}$$

式中　M_v——待测气体中水蒸气的质量；

　　　V——待测气体的总体积；

　　　H_a——绝对湿度，单位为 g/m^3。

（2）相对湿度

相对湿度为待测气体中的水蒸气气压与同温度下水的饱和蒸气压的比值的百分数，其数学表达式为

$$RH = \frac{P_v}{P_w} \times 100\% \tag{3-2}$$

式中　P_v——某温度下待测气体中的水蒸气气压；

　　　P_w——与待测气体温度相同时水的饱和蒸气压；

　　　RH——相对湿度，单位为%RH。

水的饱和蒸气压与气体的温度和气体的压力有关。当温度和压力发生变化时，因水的饱和蒸气压变化，气体中的水蒸气气压即使相同，其相对湿度也会发生变化，温度越高，水的饱和蒸气压越大。日常生活中所说的空气湿度，实际上就是指相对湿度而言的。凡谈到相对湿度，必须同时说明环境温度，否则，所说的相对湿度就失去确定的意义。

（3）露点

保持压力不变，将含水蒸气的空气冷却，当降到某温度时，空气中的水蒸气达到饱和状态，开始从气态变为液态而凝结成露珠，这种现象称为结露，这一特定的温度称为露点温度，简称露点，其单位为℃。如果这一特定的温度低于0℃，水蒸气将凝结成霜，此时的温度称为霜点温度，简称霜点。通常对两者不予区分，统称为露点。

空气中的水蒸气气压越小，露点温度就越低，因而可用露点温度表示空气中湿度的大小。

2. 湿度传感器的主要特性

湿度传感器是将环境湿度转换为电信号的装置，使用时应考虑以下几项特性参数。

（1）感湿特性

感湿特性为湿度传感器的感湿特征量（如电阻、电容、频率等）随环境湿度变化的规律，常用感湿特征量和相对湿度的关系曲线来表示，如图3-1所示。

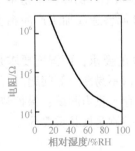

图3-1　湿敏元件的感湿特性曲线

按曲线的变化规律，感湿特性曲线可分为正特性曲线和负特性曲线，前者的感湿特征量随湿度增大而增大，后者的感湿特征量随湿度增大而减小。感湿特性曲线可以反映出湿度传感器最佳使用范围的大小及灵敏度的高低。性能良好的湿度传感器要求在所测相对湿度范围内，感湿特征量的变化

为线性变化，其斜率大小要适中。

（2）湿度量程

湿度传感器能够比较精确地测量的相对湿度的最大范围称为湿度量程。一般来说，使用时不得超过湿度量程规定值。所以在应用中，希望湿度传感器的湿度量程越大越好，以 0～100%RH 为最佳。

湿度传感器按其湿度量程可分为高湿型、低湿型及全湿型三大类。高湿型适用于相对湿度大于 70%RH 的场合，低湿型适用于相对湿度小于 40%RH 的场合，而全湿型则适用于相对湿度为 0～100%RH 的场合。

（3）灵敏度

灵敏度是指湿度传感器的感湿特征量随相对湿度变化的程度。即在某一相对湿度范围内，相对湿度改变 1%RH 时，湿度传感器的感湿特征量的变化值，也就是该湿度传感器感湿特性曲线的斜率。

由于大多数湿度传感器的感湿特性曲线是非线性的，在不同的湿度范围内具有不同的斜率，因此常用湿度传感器在不同环境湿度下的感湿特征量之比来表示其灵敏度，如 $R_{1\%}/R_{10\%}$ 表示器件在 1%RH 下的电阻值与在 10%RH 下的电阻值之比。

（4）响应时间

当环境湿度增大时，湿敏元件有一吸湿过程，并产生感湿特征量的变化。而当环境湿度减小时，为检测当前湿度，湿敏元件原先所吸的湿度要消除，这一过程称为脱湿。所以湿敏器件检测湿度时会发生吸湿或脱湿过程。

在一定环境温度下，当环境湿度改变时，湿敏传感器完成吸湿过程或脱湿过程（感湿特征量达到稳定值的规定比例）所需要的时间，称为响应时间。感湿特征量的变化滞后于环境湿度的变化，所以实际多采用感湿特征量的改变量达到总改变量的 90% 所需要的时间，即以相应的起始湿度和终止湿度这一变化区间 90% 的相对湿度变化所需的时间来计算。

（5）感湿温度系数

湿度传感器除对环境湿度敏感外，对温度也十分敏感。湿度传感器的感湿温度系数是表示湿度传感器的感湿特性曲线随环境温度而变化的特性参数。在不同环境温度下，湿度传感器的感湿特性曲线是不同的，如图 3-2 所示，X 为感湿特征量。

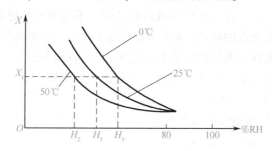

图 3-2　湿敏元件的感湿特性曲线（不同环境温度下）

湿度传感器的感湿温度系数定义：湿度传感器在感湿特征量恒定的条件下，当温度变化时，其对应相对湿度将发生变化，这两个变化量之比（参见式（3-3）），称为感湿温度系数，即在感湿特征量恒定的条件下，环境湿度相对环境温度的变化率。

如图3-2所示，在感湿特征量为 X_1 的条件下，当温度由25℃变化到50℃时，相对湿度由 H_1 变为 H_2，其感湿温度系数的表达式为

$$\frac{\Delta H}{\Delta T} = \frac{H_2 - H_1}{T_2 - T_1}$$

$(3-3)$

感湿温度系数的单位常用%RH/℃来表示。

显然，湿度传感器感湿特性曲线随温度的变化越大，由感湿特征量所表示的环境湿度与实际的环境湿度之间的误差就越大，即感湿温度系数越大。因此，环境温度的不同将直接影响湿度传感器的测量误差。故在环境温度变化比较大的地方测量湿度时，必须进行修正或外接补偿。

湿度传感器的感湿温度系数越小越好。传感器的感湿温度系数越小，在使用中受环境温度的影响也就越小，传感器就越实用。一般湿度传感器的感湿温度系数为（0.2 ~ 0.8）%RH/℃。

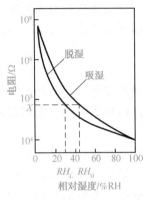

图3-3 湿度传感器的湿滞特性

（6）湿滞特性

一般情况下，湿度传感器不仅在吸湿和脱湿两种情况下的响应时间有所不同（大多数湿敏元件的脱湿响应时间大于吸湿响应时间），而且其感湿特性曲线也不重合。在吸湿和脱湿时，两种感湿特性曲线形成一个环形线，称为湿滞回线。湿度传感器这一特性称为湿滞特性，如图3-3所示。

表示湿度传感器湿滞特性的参数是湿滞回差，湿滞回差表示在湿滞回线上，在同一感湿特征量下，吸湿和脱湿两种感湿特性曲线所对应的两湿度的最大差值。

如图3-3所示，在电阻为 X 时，$\Delta RH = RH_H - RH_L$，显然湿度传感器的湿滞回差越小越好。

（7）老化特性

老化特性是指湿度传感器在一定温度、湿度环境下，存放一定时间后，由于尘土、油污、有害气体等的影响，其感湿特性将发生变化的特性。

（8）互换性

传感器的互换性是指用同样的传感器进行替换时，不需要对传感器尺寸和参数进行调整，仍能保证误差不超过规定范围的特性。湿度传感器的一致性和互换性差。当使用中的湿度传感器被损坏时，即使换上同一型号的传感器也需要再次进行调试。

综上所述，一个理想的湿度传感器应具备以下性能和参数：

① 使用寿命长，长期稳定性好。

② 灵敏度高，感湿特性曲线的线性度好。

③ 使用范围宽，感湿温度系数小。

④ 响应时间短。

⑤ 湿滞回差小，测量精度高。

⑥ 能在恶劣环境下使用。

⑦ 一致性、互换性好，易于批量生产，成本低。

⑧ 感湿特征量应在易测范围以内。

二、湿度传感器的分类及工作原理

湿度传感器种类很多，没有统一的分类标准。按探测功能来分，可分为绝对湿度型、相对湿度型和结露型，绝对湿度型为数甚少；按传感器的输出信号来分，可分为电阻型、电容型和电抗型，电阻型最多，电抗型最少；按湿敏元件工作机理来分，又分为水分子亲和力型和非水分子亲和力型两大类，其中水分子亲和力型应用更广泛；按材料来分，可分为陶瓷型、有机高分子型、半导体型和电解质型等。下面按材料分类分别加以介绍。

1. 陶瓷湿度传感器

陶瓷湿度传感器具有很多优点，主要如下：测湿范围宽，基本上可实现全湿范围内的湿度测量；工作温度高，常温湿度传感器的工作温度在150℃以下，而高温湿度传感器的工作温度可达800℃；响应时间短，多孔陶瓷的表面积大，易于吸湿和脱湿；湿滞小、抗沾污、可高温清洗和灵敏度高、稳定性好等。

陶瓷湿度传感器按其制作工艺不同可分为：烧结型、涂覆膜型、厚膜型、薄膜型和MOS型。

陶瓷湿度传感器中较成熟的产品有 $MgCr_2O_4-TiO_2$（铬酸镁-二氧化钛）系、$ZnO-Cr_2O_3$（氧化锌-三氧化二铬）系、ZrO_2（二氧化锆）系、Al_2O_3（三氧化二铝）系、$TiO_2-V_2O_5$（二氧化钛-五氧化二钒）系和 Fe_3O_4（四氧化三铁）系等。它们的感湿特征量大多数为电阻，除 Fe_3O_4 系外，都为负特性湿度传感器，即随着环境湿度的增加电阻值降低。下面介绍其典型品种。

（1）$MgCr_2O_4-TiO_2$ 系湿度传感器

$MgCr_2O_4-TiO_2$ 系湿度传感器为烧结型，其结构如图 3-4 所示。

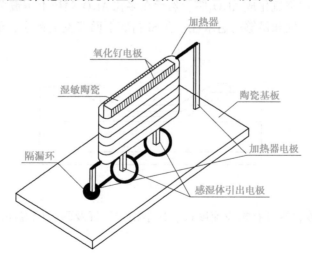

图 3-4　$MgCr_2O_4-TiO_2$ 系湿度传感器结构

其感湿体为 $MgCr_2O_4-TiO_2$ 多孔陶瓷。制作方法：以 $MgCr_2O_4$ 为基础材料，加入适量的 TiO_2，在 1300℃ 左右烧结而成，切割成所需薄片，在 $MgCr_2O_4-TiO_2$ 陶瓷薄片两面涂覆氧化钌（RuO_2）多孔电极，并于 800℃ 下烧结，制成感湿体，电极与引出线烧结在一起，引线为 Pt-

Ir（铂-铱）丝。在感湿体外设置由镍铬丝烧制而成的加热清洗线圈，此线圈的作用主要是通过加热排除附着在感湿片上的有害物质（如水分、油污、有机物和灰尘等），以恢复对水汽的吸附能力。常用450℃/min的条件对陶瓷表面进行热清洗。

$MgCr_2O_4$-TiO_2湿度传感器的感湿特性曲线如图3-5所示，该湿度传感器的特点是体积小，感湿灵敏度适中，电阻率低，阻值随相对湿度的变化特性好，测量范围宽，可测量值为0~100%RH，响应速度快，响应时间可短至几秒。

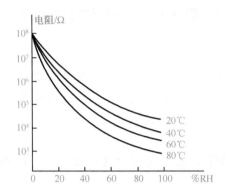

图3-5　$MgCr_2O_4$-TiO_2湿度传感器的感湿特性曲线

（2）硅MOS型Al_2O_3湿度传感器

Al_2O_3湿度传感器根据湿敏元件制作方法的不同，可分为多孔Al_2O_3湿度传感器、涂覆膜状Al_2O_3湿度传感器和硅MOS型湿度传感器。下面介绍硅MOS型湿度传感器。

硅MOS型Al_2O_3湿度传感器的结构如图3-6所示，它是在Si单晶上制成MOS晶体管，其栅极是用热氧化法生长厚度为80nm的SiO_2膜，再在此SiO_2上面蒸发上一层高纯度铝，用阳极氧化法使整个铝层都氧化成Al_2O_3膜，然后在多孔Al_2O_3膜层上蒸镀多孔金（Au）膜，使感湿膜具有良好的导电性和足够的透水性，在Si衬底下面蒸发上铝层，最后在上下引出电极即可。

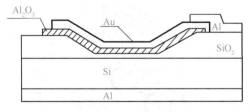

图3-6　硅MOS型Al_2O_3湿度传感器的结构

硅MOS型湿度传感器具有响应速度快、化学稳定性好及耐高低温冲击的性能。

2. 高分子湿度传感器

高分子湿度传感器包括高分子电解质薄膜湿度传感器、电阻式高分子湿度传感器、电容式高分子湿度传感器、结露传感器和石英振子式湿度传感器等，下面对后面几种加以介绍。

（1）电阻式高分子湿度传感器

这种传感器的湿敏层为可导电的高分子，强电解质，具有极强的吸水性。水吸附在有极性基的高分子膜上，在低湿下，因吸附量少，不能产生电离子，所以电阻值较高；当相对湿度增加时，吸附量也增大。高分子电解质吸水后电离，正负离子对主要起载流子的作用，使高分子湿度传感器的电阻下降。吸湿量不同，高分子介质的阻值也不同，根据阻值变化可测量相对湿度。

这类传感器具有重复性好、滞后小的优点。

（2）电容式高分子湿度传感器

图3-7所示为电容式高分子薄膜电介质湿度传感器的结构，它是在洁净的玻璃基片上蒸镀一层极薄（50nm厚）的梳状金质作为下部电极，然后在其上薄薄地涂上一层高分子聚合物（1nm厚），干燥后，再在其上蒸镀一层多孔透水的金质作为上部电极，两极间形成电容，最后上下电极焊接引线，就制成了电容式高分子薄膜电介质湿度传感器。

当高分子聚合物介质吸湿后，元件的介电常数随环境相对湿度的变化而变化，从而引起电容量的变化。

由于高分子膜可以做得很薄，所以元件能迅速吸湿和脱湿，故该类传感器有湿滞小和响应速度快等特点。

（3）结露传感器

结露传感器是一种特殊的湿度传感器，它与一般的湿度传感器不同之处在于它对低湿不敏感，仅对高湿敏感，感湿特征量具有开关式变化特性。

结露传感器分为电阻型和电容型，目前广泛应用的是电阻型。

电阻型结露传感器是在陶瓷基片上制成梳状电极，在其上涂一层电阻式感湿膜，感湿膜采用掺入碳粉的有机高分子材料，在高湿下，感湿膜吸湿后膨胀，体积增加，碳粉间距变大，引起电阻突变；而低湿时，电阻因感湿膜收缩而变小。其特性曲线如图3-8所示，在（75~80）%RH以下时很平坦，而在超过（75~80）%RH时陡升。

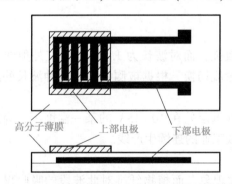

图3-7 电容式高分子薄膜电介质湿度传感器的结构

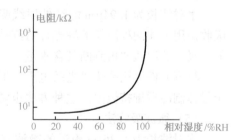

图3-8 结露传感器的感湿特性

结露传感器响应时间短，体积较小，对高湿极其敏感，能在直流电压下工作。其吸湿作用不在感湿膜的表面，而在其内部，这就使它的特性不受灰尘和其他气体对其表面污染的影响，因而长期稳定性好，可靠性高。

结露传感器一般不用于测湿，而作为提供开关信号的结露信号器，用于自动控制或报警，主要用于磁带录像机、照相机和高级轿车玻璃的结露检测及除露控制。

（4）石英振子式湿度传感器

该类传感器是在石英振子的电极表面涂覆高分子材料感湿膜，当膜吸湿时，由于膜的重量变化而使石英振子共振频率发生变化，从而检测出环境湿度，传感器工作在0~50℃温度时，湿度检测范围为 0~100%RH，误差为±5%RH。

石英振子式湿度传感器还能检测露点，当石英振子表面结露时，振子的共振频率会发生变化，同时共振阻抗增加。

3. 含水量检测

通常将空气或其他气体中的水分含量称为"湿度"，将固体物质中的水分含量称为"含水量"。

固体物质中所含水分的质量与总质量之比的百分数，就是含水量的值。固体中的含水量可用下列方法检测。

（1）称重法

测出被测物质烘干前、后的质量 G_H 和 G_D，含水量的百分数为

$$W = \frac{G_H - G_D}{G_H} \times 100\% \tag{3-4}$$

这种方法很简单，但烘干需要时间，检测的实时性差，而且有些产品不能采用烘干法。

（2）电导法

固体物质吸收水分后电阻变小，用测定电阻率或电导率的方法便可判断含水量。如用专门的电极安装在生产线上，可以在生产过程中得到含水量数据。但要注意被测物质的表面含水量可能与内部含水量不一致，电极应设计成测量纵深部位电阻的形式。

（3）电容法

水的介电常数远大于一般干燥固体物质，因此用电容法测物质的介电常数从而测出含水量是相当灵敏的。造纸厂的纸张含水量可用电容法测量。由于用电容法测量时极板间的电力线是贯穿被测介质内部的，所以表面水分引起的误差较小。至于电容值的测定，可用交流电桥电路、谐振电路及伏安法等。

（4）红外吸收法

水对波长为 1.94μm 的红外射线吸收能力较强，而对波长为 1.81μm 的红外射线几乎不吸收。用上述两种波长的滤光片对红外光进行轮流切换，根据被测物对这两种波长的红外光能量吸收的比值便可判断其含水量。

检测元件可用硫化铅光敏电阻，但应使光敏电阻处在 10~15℃ 的某一温度下，为此要用半导体制冷器维持恒温。这种方法也常用于造纸工业的连续生产线。

（5）微波吸收法

水对波长为 1.36cm 附近的微波有显著吸收现象，而植物纤维对此波段的吸收仅为水的几十分之一，利用这一原理可制成测量木材、烟草、粮食和纸张等物质中含水量的仪器。微波吸收法要注意被测物料的密度和温度对检测结果的影响，使用这种方法制成的设备稍微复杂一些。

 任务分析

一种利用湿敏电阻进行相对湿度测量的电路框图如图 3-9 所示。为了避免出现极化现象而导致其性能劣化，湿敏元件工作时需要采用交流电压供电；湿度传感器的感湿特性为非线性的，通过对数放大电路进行校正；通过整流，将交变的相对湿度信号转变成直流信号，最

后再放大输出一个电压信号，此电压可由直流电压表直接测量，其大小反映相对湿度的大小。由于相对湿度会随温度升高而下降，故在信号放大电路中或之前要进行温度补偿，根据精度需要还可设置专门的湿度校准电路。

图 3-9 一种利用湿敏电阻进行相对湿度测量的电路结构框图

为了简化电路，不考虑感湿特性非线性校正，并用低直流电压供电取代交流电压供电。根据任务目标，简单的土壤湿度测量仪原理如图 3-10 所示。电路由三部分组成：湿度检测电路、信号放大电路和高精度稳压电源电路。湿度检测电路将湿度信息转变成电压信号，信号放大电路放大由湿度转换的电压信号，而高精度稳压电源电路提供检测和放大所需的稳定电压。相对湿度大小使用直流电压表指示。

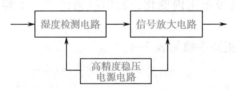

图 3-10 简单的土壤湿度测量仪原理图

 任务设计

简单的土壤湿度测量电路如图 3-11 所示。虚线框 1 是湿度检测电路，RH 表示湿敏电阻；虚线框 2、3 是电源电路；其他的构成信号放大电路。

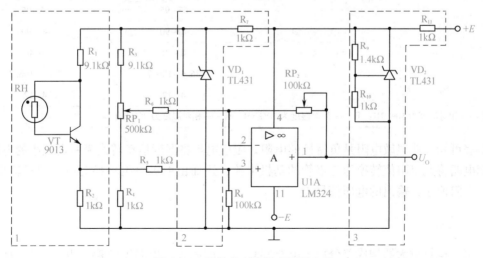

图 3-11 简单的土壤湿度测量电路

1. 湿度检测电路设计

选用 MS01 型硅湿敏电阻作为检测元件。硅湿敏电阻是在硅粉中掺入少量金属氧化物烧结而成的，具有电阻值随大气相对湿度变化而变化的特性。

其主要特点如下：

（1）体积小，质量小，寿命长，成本低，且具有优良的机械强度。

（2）抗水性好。可在相对湿度很大或很小（0~100%RH）的环境中重复使用，在100%RH的水蒸气里可照常工作，甚至短时间内浸入水中也不致完全失效。

（3）响应时间短。比如，在20℃时，把湿敏电阻从30%RH环境移入90%RH环境中，电阻值改变全程的63%，响应时间不大于5s。

（4）抗污染能力强。抗污染能力的好坏直接影响湿敏元件工作可靠性及使用寿命。硅湿敏电阻的抗污染能力极强，在含微量的碱、酸、盐及灰尘的空气中可正常工作，不会失效。

（5）阻值变化范围大。在环境温度为20℃的条件下，相对湿度在（30~90）%RH范围内变化时，元件的阻值在数量级范围内变化，常用阻值位于一个容易测量的范围内（70%RH时为40kΩ）。

MS01型硅湿敏电阻的主要参数见表3-1。

表3-1　MS01型硅湿敏电阻的主要参数

电 阻 型 号			A	B
20℃时标称阻值/kΩ		Ⅰ	770	1000
		Ⅱ	40	50
		Ⅲ	5.1	7
最高工作温度/℃			<100	<100
最高工作湿度/%RH			<100	<100
最佳测湿范围/%RH			65~95	65~95
工作条件	湿度/%RH		40~90	40~90
	温度/℃		0~40	0~40
	压强/kPa		86.6~106.7	86.6~106.7
工作电压（低频交流）/V			4~12	4~12

注：Ⅰ——相对湿度为50%RH；Ⅱ——相对湿度为70%RH；Ⅲ——相对湿度为90%RH。

由表可知，此湿敏电阻是负特性的电阻。湿敏电阻将湿度信息转换为一定大小的电阻值，由检测电路将此电阻值转换为三极管的基极电流，进而由射极电阻转换为电压信号输出。湿度大，电阻值小，输出的电压信号大。

2. 信号放大电路设计

由集成运算放大器构成差分放大电路实现信号的放大，由湿度转换的电压信号由同相输入端输入，而湿度校准电压信号由反相输入端输入。考虑到要进行增益的调整，反馈元件是可调电位器。输出5V表示土壤相对湿度达100%RH，输出0V表示土壤相对湿度为0%RH。运放可选用通用型运算放大器，如LM324或LM358，注意为双电源供电，大小取±9V。

3. 电源电路

要测量湿度大小，就要求相对湿度大小和由湿度转换的电流（或电压）信号大小——对应，从而就要求检测电路的电源电压稳定度非常高，考虑到电路的电流小，选用可调并联型稳压器 TL431 构成电源电路。TL431 的符号、原理框图、典型应用电路及其常用封装如图 3-12 所示。

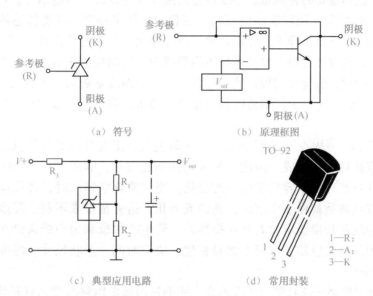

（a）符号　　　　　　　　　（b）原理框图

（c）典型应用电路　　　　　（d）常用封装

图 3-12　TL431 的符号、原理框图、典型应用电路、常用封装

由原理框图可知，TL431 内部有一个值近似为 $V_{ref}=2.5V$ 的基准电压源。该器件推荐的阴极至阳极的电压、阴极电流的工作条件分别为

$$V_{KA}=V_{ref}\sim 36V,\ I_K=1.0\sim 100mA \tag{3-5}$$

虽然参考端输入电流允许范围为 $I_{ref}=-0.5\sim 10mA$，但实际上该电流非常小，一般只有几个微安（μA）。因此在典型应用电路中输出电压为

$$V_{out}=\left(1+\frac{R_1}{R_2}\right)V_{ref}+I_{ref}R_1\approx\left(1+\frac{R_1}{R_2}\right)V_{ref} \tag{3-6}$$

如果 $R_1=0$，$R_2\rightarrow\infty$，则

$$V_{out}=V_{ref}=2.5V \tag{3-7}$$

 任务实现

（1）按图 3-11 所示安装电路，确认连接无误后，接通电源。

（2）调整输出电压为 5V：将 RH 插入水中（相当于湿度为 100%RH），调电位器 RP_2，使输出电压为 5V。

（3）调整输出电压为 0V：将 RH 从水中取出用电吹风吹干（相当于湿度为 0%RH），调电位器 RP_1，使输出电压为 0V。

（4）重复（2）、（3）两步，直到 RH 插入水中时输出电压为 5V，RH 从水中取出吹干时输出电压为 0V 而不需要调节电位器。

阶段小结

本课题主要介绍了湿度的概念、湿度传感器的特性参数、不同材料湿度传感器的结构和工作特点，设计了一个简单的土壤湿度测量电路。

湿度是一个极其重要的物理量。湿度信息由湿度传感器转变为电信号，通过湿敏元件的电信号（电阻、电容等）随环境湿度变化而变化的特性来检测。湿度传感器的分类方法繁多，种类各不相同，感湿机理千差万别。常用的湿敏元件及湿度传感器主要是电阻式湿敏元件。从发展来看，其湿敏材料主要是半导体陶瓷材料；从结构上来看，主要是厚膜型或薄膜型。它们工作范围宽，响应时间短；缺点是线性度差，温度系数大。电容式湿敏元件的特点是线性度好、响应快。为了更好地适应数字系统的要求，现在有许多数字式集成湿度传感器可供选用。

湿度较难检测，原因在于湿度信息的传递较复杂。湿度信息必须靠其信息物质——水对湿敏元件的直接接触来完成。因此，湿敏元件不能密封、隔离，必须直接暴露于待测的环境中，而水在自然环境中容易发生三态变化。当其液化或结冰时，往往使构成湿敏元件的高分子材料或电解质材料发生溶解、腐蚀或老化，给测量带来不利。湿度传感器目前最主要的技术问题就是长期稳定性差及互换性差，给生产单位和用户带来诸多不便，有时为得到长期可靠的湿度传感器，宁可在测量精度、响应时间、形状尺寸、湿度和温度特性等方面做出一些牺牲。

简单的土壤湿度测量仪对测量要求不高，故通过湿敏电阻将湿度信息转换成直流电压信号，放大后由电压表指示出相对湿度大小。

习题与思考题

1. 什么是湿度？它是如何表示的？
2. 常用的感湿特征量有哪些？感湿特性有哪几种？
3. 湿度传感器有哪些种类？简述它们各自的工作原理和特点。
4. $MgCr_2O_4-TiO_2$ 系陶瓷湿度传感器的陶瓷片外设置的加热器起何作用？
5. 说明含水量检测与一般的湿度检测有何不同。

课题二　环境湿度控制

任务：房间湿度控制装置的设计

任务目标

★ 熟悉环境湿度控制的常用方法；
★ 能应用湿敏电阻设计简单的房间湿度控制电路。

知识积累

空气相对湿度为（45～60）%RH 时人体感觉最为舒适，也不容易引起疾病。当空气湿度高于 65%RH 或低于 38%RH 时，微生物繁殖滋生最快；当相对湿度在（45～55）%RH 时，病菌的死亡率较高。为了使环境湿度满足要求，就要采用一定的控制方法来改变湿度。如果湿度过高，则要进行除湿；反之，如果湿度过低，则要进行加湿。日常生活中，常通过通风换气、室内摆放绿色植物来改变室内的湿度。为了满足更高的要求，可应用各种除湿设备和加湿设备来调节环境湿度，目前这些设备的应用越来越普及。

1. 除湿技术

空气除湿是一门涉及多个学科的综合性技术，目前已被广泛应用于仪器仪表、生物、环保、纺织、冶金、化工、石化、核能、航空航天等领域，并将日益在工业、农业、国防、医疗、商业和日常生活中发挥更大的作用。常用的空气除湿技术主要有冷却除湿、吸附除湿和吸收除湿等。一些新型的除湿技术（如膜除湿、热泵除湿、质子传导电化学除湿等）正在迅速发展和应用。

（1）冷却除湿

冷却除湿也常称为制冷除湿、冷凝除湿，有时也叫露点法。冷却除湿利用的原理是湿空气温度降低到露点温度以下时会析出水汽。在实现时，冷却除湿要使用制冷式冷源（包括空调机、半导体及其他冷源），先通过降低蒸发器表面温度使空气温度降到露点温度以下，从而析出水汽，降低空气的含湿量，再利用部分或全部冷凝热加热冷却后的空气，从而降低空气的相对湿度，达到除湿目的。空气的冷源可使用制冷机的制冷剂、冰水或卤水。除湿机需人工倒水或滴水以排除冷凝水。凡通过这种方式将密封空间内空气中的水分排出以降低湿度的除湿方式均属制冷除湿。

制冷除湿机一般由制冷系统和送风系统组成，典型结构如图 3-13 所示。制冷系统工作流程：制冷剂气体经压缩机 1 变成高温高压气体后进入再热器 6，将热量传给空气后冷凝成常温高压液体，经膨胀阀 4 节流后进入蒸发器 2，吸收通过蒸发器表面的空气的热量，变成低温低压气体，低温低压气体被吸入压缩机 1 进行压缩，如此往复循环。送风系统工作流程：湿空气被吸入后，在蒸发器 2 中被冷却到露点温度以下，水汽凝结成水被析出，含湿量下降，然后进入再热器 6，吸收制冷剂的热量而升温，相对湿度降低，由送风机 5 送入房间。

制冷除湿机具有除湿效果好、房间相对湿度下降快、对热源无要求、不需要冷却水、操作方便、使用灵活等优点，得到了广泛的应用。

（2）吸附除湿

吸附除湿利用的原理是某些固体（除湿剂，或称干燥剂）对水蒸气分子具有强烈的吸附作用。当空气与除湿剂接触时，空气中的水蒸气被吸附而解脱，从而达到除湿目的。常用的固体除湿剂有硅胶、氧化铝、分子筛、氯化钙等，使用后脱出吸附的水分可再次使用。吸附式除湿装置主要有两类：一类是固定床式除湿器，另一类是旋转式除湿器。

最原始的固定床式除湿是在密封的容器内放置除湿剂进行除湿，后来将固体吸附剂作为固定层填充于塔（筒）内进行空气除湿。该除湿方式为间歇方式，需要定期进行脱附处理，操作与控制都不方便。同时出现的还有硫化床式除湿器，体积大，动力消耗较大。为了能连续除湿，进一步提高除湿的效率和降低脱附所需能量，人们对固定床式除湿器不断地进行改进。

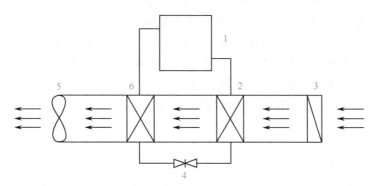

1—压缩机；2—蒸发器；3—过滤器；4—膨胀阀；5—送风机；6—再热器

图 3-13　制冷除湿机的典型结构

旋转式除湿器是指转轮除湿机，它是利用一种特制的吸湿纸来吸收空气中的水分的。吸湿纸是以玻璃纤维滤纸为载体将除湿剂和保护加强剂等液体均匀吸附在滤纸上烘干而成的，它固定在蜂窝状转轮上，转轮两侧由特制的密封装置分成两个区域：处理区域及再生区域。当需要除湿的潮湿空气通过转轮的处理区域时，湿空气的水蒸气被转轮的吸湿纸所吸附，干燥空气被处理风机送至需要处理的空间；而不断缓慢转动的转轮载着趋于饱和的水蒸气进入再生区域；再生区域内反向吹入的高温空气使得转轮中吸附的水分被脱附，被再生风机排出室外，从而使转轮恢复了吸湿的能力而完成再生过程。转轮不断地转动，上述的除湿及再生过程周而复始地进行，从而保证了除湿机持续稳定的除湿状态。

（3）吸收除湿

吸收除湿利用的是某些溶液（液体干燥剂）能够吸收空气中的水分。液体干燥剂具有很强的吸湿能力和容湿能力，当其表面水蒸气气压比周围环境中湿空气水蒸气气压低时，具有吸湿能力，吸收空气中的水分变成稀溶液，同时湿空气的含湿量下降。液体干燥剂在吸湿的过程中会放出热量，此热量是水分由气态变为液态时释放出来的。除湿设备常使用 LiCl、$CaCl_2$、$ZnCl_2$、二甘醇、丙三醇、聚乙烯醇和聚乙二醇等溶液作为吸收剂，由除湿器、再生器及循环泵构成主要系统。当空气在除湿器内与喷洒的吸收液接触时，空气中的水分被溶液吸收而除湿；吸收水分后的溶液由溶液循环泵送到再生器，和由加热盘管加热的再生空气接触，溶液中的水分蒸发并伴随再生空气排出室外，再生器内浓度被提高的溶液再由循环泵送入除湿器。

液体吸收除湿具有连续除湿、再生动作较快、可杀菌并洗涤空气、可获得稳定的干空气等优点，但由于溶液是以雾状与空气接触的，需防止溶液被带出或飞散。

2. 加湿技术

以日常生活为例，人们在寒冷时节常在室内进行采暖，即使温度处于舒适范围内，过低的湿度仍然会使人们感到不舒适：①室内相对湿度过低，对人的呼吸系统产生刺激，易引发哮喘、支气管炎、鼻炎及鼻出血等呼吸系统疾病。②当室内空气过于干燥时，极易产生静电，影响人们的正常生活；而木质地板、家具易干裂变形。③在低湿环境中，由于皮肤表面水汽蒸发，容易引起人冷的感觉。

空气加湿从大的方面来说有两类：一类是向空气中蒸发水，另一类是直接向空气中喷入水蒸气。从加湿原理上可分为水汽化式、水喷雾式和蒸汽式。目前常见的加湿方法中，浸湿面蒸发加湿属于水汽化式；高压喷雾加湿、超声波加湿属于水喷雾式；电极加热和干蒸汽喷雾属于蒸汽式。

超声波加湿原理为采用超声波高频振荡（振荡频率达到 1.7MHz，对人体及动物无伤害），通过雾化片的高频谐振，将水抛离水面而产生自然飘逸的水雾（1~5μm 大小的粒子），通过风动装置将水雾扩散到空气中，从而达到均匀加湿空气的目的。在雾化过程中释放的大量负离子可以有效杀死空气中悬浮的有害细菌和病毒，净化空气，减少疾病发生。

热蒸发型加湿器也叫电极加热式加湿器。其工作原理是将水在加热体中加热到100℃，产生蒸汽，用电机将蒸汽送出。所以电极加热式加湿器采用了最简单的加湿方式，缺点是能耗较大，不能干烧，安全系数较低，加热器上容易结垢等。

干蒸汽加湿器的结构原理如图 3-14 所示。

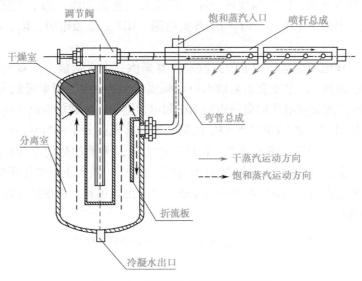

图 3-14　干蒸汽加湿器的结构原理

其工作原理：将饱和蒸汽导入饱和蒸汽入口，饱和蒸汽在蒸汽套杆中沿轴向流动，利用蒸汽的潜热将中心喷杆加热，确保中心喷杆喷出纯的干蒸汽，即不含冷凝水的蒸汽；饱和蒸汽经蒸汽套管后，进入分离室，分离室内设环形折流板，使蒸汽进入分离室后产生旋转，且垂直上升流动，从而高效地将蒸汽和冷凝水分离；分离出的冷凝水从分离室底部通过冷凝水出口排出；当需要加湿时，打开调节阀，干燥的蒸汽进入中心喷杆，从带有消声装置的喷孔中喷出，实现对空气的加湿。

任务分析

湿度控制是将环境湿度和参考湿度进行比较，根据比较结果开、关加湿设备或除湿设备，以保证环境湿度满足湿度要求的。根据设计目标，房间湿度控制电路的原理如图 3-15 所示。

低频振荡电路产生的低频交变电压作用在湿敏电阻上，湿敏电阻获得的电压大小与其电阻值有关，该电压经整流后取出直流分量送入比较电路进行比较，输出电压去控制开关电路的通或断，控制电器的输入回路因此被接通或断开，进而接通或断开除湿/加湿设备。在整流时如果湿度信号的电压太小需要先进行放大。

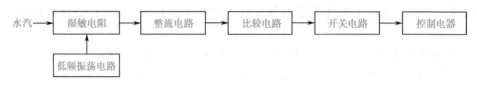

图3-15　房间湿度控制电路原理图

湿度控制电路如图3-16所示。集成运算放大器选用4运放的LM324，以运放U1A为核心构成方波发生器；VD_3、C_2实现整流滤波；U1B、U1D均构成比较电路，其中VD_4、VD_7分别用来提供湿度参考电压，U1C构成的电路实现放大兼整流功能，为了能获得高增益，用T形网络替代了反馈电阻R_f；VT_1、VT_2构成开关电路；RH是湿敏电阻，K_1、K_2是电磁式继电器的线圈。

湿敏电阻的工作电压由运放构成的方波发生器提供，由于运放采用双电源供电，所以输出电压平均值可以达到0。方波发生器输出电压幅度近似为±2V，频率近似为$f = 2R_1C_1\ln(1 + 2R_3/R_2) \approx 720\text{Hz}$。该交变电压向湿敏电阻RH和电位器$RP_1$串联的电路供电。

湿敏电阻选取HR23型。HR23型湿敏电阻是采用有机高分子材料制造的一种新型的湿度敏感元件，具有感湿范围宽，响应迅速，抗污染能力强，无须加热清洗及长期使用性能稳定可靠等诸多特点。其工作电压为500~2000Hz的交变电压，最大正弦电压不能超过1.5V。在25℃环境下，其相对湿度-电阻值对应关系见表3-2。由表可见，该敏感元件具有负特性，湿度越大其电阻值越小。

表3-2　HR23型湿敏电阻相对湿度-电阻值对应关系

相对湿度/%RH	30	40	50	60	70	80	90
电阻值$R/\text{k}\Omega$	930	218	64	23	9.3	4.1	1.8

当相对湿度较小时，如为30%RH，湿敏电阻因阻值很大而分得较大电压，可直接进行整流取出直流量，送入比较器进行比较，会高于参考电压而由U1B输出高电平，此高电平作用在VT_1基极，使VT_1饱和，从而继电器线圈得电，启动加湿器工作；在整流的同时，此较大电压信号送入U1C构成的放大器，使U1C饱和输出高电平，U1D因而输出低电平，VT_2截止，除湿器不能得电工作。当相对湿度较大时，湿敏电阻呈现的电阻值相对很小，湿敏电阻两端电压小，VD_3不会导通，信号送入U1C进行放大，在放大的同时由VD_6完成整流，最后送入比较器，由于信号电压小，比较器U1D输出高电平，VT_2饱和，继电器K_2的线圈得电，从而开启除湿器。比较器输出的负饱和电压会击穿晶体管的发射结，因此要进行保护。

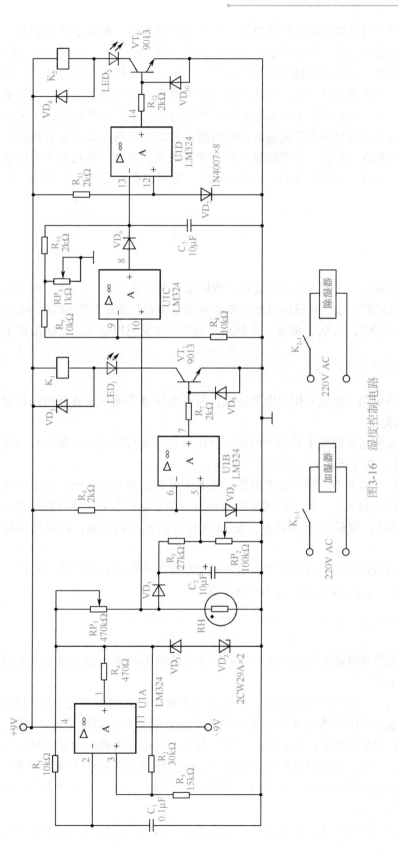

图3-16 湿度控制电路

根据需要控制电器或者选择接触器，或者选择继电器，两者主要差别是接触器通断大电流而继电器通断小电流。如果不在乎成本，可以选择固态开关（固态继电器），其内部包含了电气隔离电路。不论是接触器还是继电器，均包含电磁机构和执行机构。电磁机构主要由铁芯、线圈、衔铁等组成。线圈两端加上一定的电压，内部会流过一定的电流，进而会产生电磁力；衔铁会在电磁力作用下或在弹簧反作用力作用下产生机械位移，带动触点接触或分离。执行机构主要通过触点来接通或分断电路。常态（线圈没有通电的状态）下互相接触的触点称为常闭触点，常态下分离的触点称为常开触点，通电工作状态下常闭触点断开，常开触点闭合。以电磁式继电器为例，其常闭触点、常开触点、线圈的符号如图 3-17 所示。

图 3-17 电磁式继电器

本任务选取电磁式继电器进行模拟，线圈输入电压为直流 3~18V。由于线圈在断电瞬间会感应出比较高的电压，此感应电压会损坏开关晶体管，故在线圈两端反向并联一个二极管，如图 3-16 中的 VD_5、VD_8，提供一个回路，避免产生高感应电压，从而保护了开关晶体管。

**任务实现**

（1）安装电路，注意采用双电源连接，所有电位器动端均放置在中间位置，确认连接无误后接通电源。

（2）观察测量方波发生器输出电压：使用示波器观察测量，在两个稳压管两端应有频率近似为 720Hz，幅度近似为 ±2V 的方波电压。

（3）加湿控制调节：将湿敏电阻放入装有干燥剂的密封盒子中，盒子中相对湿度控制为 30%RH，用示波器观察湿敏电阻两端信号电压，调节电位器 RP_1 使其幅度在 ±1.3V 左右；再调节电位器 RP_2，观察 LED_1 的状态，使 LED_1 正好由不亮到点亮，此时可听到继电器动作的声音。

（4）除湿控制调节：将湿敏电阻放入相对湿度为 80%RH 的密闭空间中，观察 LED_2 的状态，调节 RP_3，直到 LED_2 正好由不亮到点亮。

阶段小结

本课题围绕环境湿度控制方法，介绍了主要的除湿技术和加湿技术，并给出了一个简单的湿度控制电路。

除湿方式、加湿方式多种多样，但是不可能每种形式都能满足所有的除湿、加湿需求。在实际工程或应用中要多方面综合考虑来选择适合的除湿、加湿设备。不管什么样的除湿、加湿设备，其要具备湿度检测和控制功能。湿度控制是指根据检测到的环境湿度与参考湿度的比较结果，来启、停除湿设备或加湿设备，保证环境的相对湿度满足要求。如果没有湿度控制，凭人的感觉来操作加、除湿器，不仅难以达到湿度要求，浪费人力，浪费能源，并且有些场合难以实现。

可以根据具体应用要求来设定参考相对湿度，简化湿度检测。设计控制装置时，要根据加、除湿器功率大小，选择不同类型的控制电器：大功率设备应选用接触器或固态继电器（又称固态开关）进行控制；小功率设备可直接用电磁式继电器控制。另外，还要考虑控制电路与主电路的电气隔离，固态开关内部包含了电气隔离电路。

 习题与思考题

1. 从原理上看，常用的加湿技术和除湿技术有哪几类？

2. 如果采用两台不同的除湿设备进行除湿，要求湿度高时启动两台设备除湿，而湿度不太高时只开一台设备除湿，试结合本课题的电路设计相应的控制电路。要求画出电路方框图并说明工作原理。

模块四　温度传感器及其应用

课题一　热敏材料的特性

任务：数字温度计的设计

 任务目标

★ 掌握常用热电阻的工作原理，理解热电阻的三线制接线方法；
★ 掌握热敏电阻的工作原理，了解其应用；
★ 掌握热电偶的工作原理、常用的三个基本定律，了解常用热电偶材料特性；
★ 能选择一种温度传感器设计一个测温范围为 0~100℃ 的数字温度计。

 知识积累

一、温度传感器概述

温度是表征物体冷热程度的物理量，是物体内部分子无规则运动剧烈程度的标志。自然界中任何物理、化学过程都与温度紧密相联系，温度也是直接影响生产安全、产品质量、生产效率和能源利用等的一个重要因素，因此温度的测量与控制具有重要意义。温度常用单位有℃（摄氏度）、℉（华氏度）、K（开尔文），分别对应摄氏温标、华氏温标、热力学温标三种温度表示方法。摄氏温标规定在标准大气压下纯水的冰融点为 0℃，水沸点为 100℃，中间分 100 等份，每一等份定义为 1℃；华氏温标规定在标准大气压下纯水的冰融点为 32 ℉，水沸点为 212 ℉，中间分 180 等份，每一等份定义为 1 ℉；热力学温标（又称绝对温标）规定分子运动停止时的温度为绝对零度，水的三相点（纯水、纯冰、水蒸气共存平衡状态，其摄氏温度为 0.01℃）为 273.16K，每 1K 的温度间隔与每 1℃ 的温度间隔相等。一般称 0~10K 为超低温，10~800K 为低温，800~1900K 为中温，1900~2800K 为高温，2800K 以上为超高温。本模块中用变量符号 t 表示摄氏温度，用变量符号 T 表示绝对温度。两种温标换算公式为 t（℃）$= T$（K）-273.15。

绝大部分物体的性能都随温度的改变而或多或少地改变。从这个意义上讲，可以通过检测物体某个随温度变化的参量确定物体的温度改变量，这些物体均可作为检测温度的传感器。但由于物体的某个物理性质随温度变化的改变量不能满足连续性、线性和单值性等要求，并且它们的复现性、灵敏度和工艺性不好的话，就不能将它作为温度传感器。考虑以上因素，当物体温度改变时，物体的某个性质变化满足上面的要求，而它的其他性质却对温度不敏感时，就可利用此性质作为标定量来将此物质作为检测温度的传感器。

温度传感器一般利用材料的热敏特性，实现由温度到电量的转换。根据使用方式，温度传感器通常分为接触式温度传感器和非接触式温度传感器。接触式温度传感器在使用时要求与被测物体有良好的接触，使两者达到热平衡，因此测温准确；但感温元件与被测物体接触，往往要破坏被测物体的热平衡状态，并可能受到被测介质的腐蚀。常用的有将温度变化转换为电阻变化的热电阻温度传感器，将温度变化转换为热电动势（简称热电势）变化的热电偶温度传感器，利用半导体材料电阻率随温度变化特性和集成电路技术制作的集成温度传感器，均属于接触式温度传感器。随着传感检测技术的发展，非接触式测温技术已在某些场合大量使用。非接触式温度传感器是利用被测对象的热辐射来测量温度的，常用来测量 1000℃ 以上物体表面温度，其主要特点是测温元件与被测对象不接触，不改变被测物体的温度分布，热惯性小，测温上限高等。

二、热电阻及热敏电阻温度传感器

热电阻温度传感器是利用金属材料或半导体材料的电阻值随温度变化这一特性来测定温度的，前一种材料称为热电阻，后一种材料称为热敏电阻，一般统称为热电阻。作为测量温度的热电阻材料应具备以下特点：

① 高的温度系数、高电阻率，以提高灵敏度及缩小传感器体积。

② 物理、化学性能稳定，以确保在温度检测范围内其电阻温度特性不变。

③ 良好的输出特性，即电阻值随温度的变化尽量接近线性。

④ 良好的加工工艺性。

目前作为热电阻的材料主要有铂、铜、镍、铁等。热敏电阻主要使用半导体材料，如锰、镍、钴等的氧化物及其烧结体。

1. 热电阻

实验发现热电阻材料的电阻率 ρ 与温度的关系近似为

$$\rho_t = a + bt + ct^2 \tag{4-1}$$

式中　ρ_t——温度为 t 时热电阻材料的电阻率；

　　t——温度（℃）；

　　a、b、c——由实验确定的常数。

对于电阻丝有

$$R_t = \rho_t \frac{l_t}{S_t} \tag{4-2}$$

式中　R_t——温度为 t 时电阻丝的阻值；

　　l_t——温度为 t 时电阻丝的长度；

　　S_t——温度为 t 时电阻丝的截面积。

又有

$$l_t = l_0 (1 + \beta t)；\quad S_t = S_0 (1 + 2\beta t) \tag{4-3}$$

式中　β——线膨胀系数，一般为 10^{-5} 数量级；

　　l_0——温度为 0℃ 时电阻丝的长度；

　　S_0——温度为 0℃ 时电阻丝的截面积。

可见 R_t 与 t 为近似线性关系，据此就可利用这些金属材料来做温度传感器。

在我国作为工业标准的铂热电阻温度计，它的电阻值和温度的关系如下：

在 $-200\sim0$℃范围内有

$$R_t = R_0 \left[1 + at + bt^2 + c(t-100)t^3 \right] \tag{4-4}$$

在 $0\sim850$℃范围内有

$$R_t = R_0 \left[1 + at + bt^2 \right] \tag{4-5}$$

式中　R_0——0℃时的热敏电阻阻值；

$\quad\quad a = 3.96847\times10^{-3}$；

$\quad\quad b = -5.847\times10^{-7}$；

$\quad\quad c = -4.220\times10^{-12}$。

由于铂是贵金属，因此工业上常用铜作为制作温度传感器的材料，在 $-50\sim150$℃温度范围内它的电阻值和温度几乎为线性关系。其他如镍、铁等材料电阻温度系数均较高，电阻率也较高，因此也适宜作为制作温度传感器的材料，不过要注意它们的使用温度区间，克服铜、铁等易氧化的缺点。近年来一些新型热电阻材料相继被采用，如铟电阻适宜在 $-269\sim258$℃温度范围内使用，锰电阻适宜在 $-271\sim210$℃温度范围内使用，而碳电阻则适宜在 $-273\sim268.5$℃温度范围内使用。在具体选用何种材料作为制作温度传感器的材料时，主要考虑它的阻温特性、灵敏度、热容量、稳定性及价格等。我国最常用的铂热电阻有 $R_0 = 10\Omega$ 和 $R_0 = 100\Omega$ 两种，它们的分度号分别为 Pt_{10} 和 Pt_{100}；铜热电阻有 $R_0 = 50\Omega$ 和 $R_0 = 100\Omega$ 两种，它们的分度号分别为 Cu_{50} 和 Cu_{100}。其中 Pt_{100} 和 Cu_{50} 的应用最为广泛。

常用热电阻材料的特性见表4-1。

表4-1　常用热电阻材料的特性

材　料	铂	铜	镍
使用温度范围/℃	$-200\sim+600$	$-50\sim+150$	$-100\sim+300$
0~100℃电阻温度系数 平均值/$10^{-3}\times$℃$^{-1}$	3.92~3.98	4.25~4.28	6.21~6.34
电阻率/$10^{-6}\times\Omega\cdot m$	0.0981~0.106	0.017	0.118~0.138
电阻丝直径/mm	0.05~0.07	0.01	0.05
特　性	近似线性，性能稳定，用于高精度温度测量，可做标准测温装置	线性，测量范围窄，超过100℃易氧化，适于测低温	近似线性，超过180℃易氧化，适宜测低温

热电阻可做成丝式，加上绝缘套管、保护套管和接线盒等组成温度传感器。热电阻温度传感器主要用于 $-200\sim+500$℃的低温温度测量，其主要特点是测量精度高、性能稳定。随着技术的发展，热电阻也可用于低至 $1\sim3K$ 高至 $1000\sim1300$℃的温度测量。

用热电阻测温时，需要电源，要求电源是恒流源，或者是恒压源，并且热电阻上的工作电流不能过大，否则其自热引起温度升高影响结果。在与仪表或放大器连接时主要有三种接线方法，其中三线制接线方法和四线制接线方法如图4-1所示。

二线制：在热电阻的两端各连接一根导线的接线方法叫二线制。这种接线方法很简单，但由于连接导线必然存在引线电阻 r，其大小与导线的材质和长度等因素有关，且随环境温度变化，易造成测量误差。因此这种接线方法只适用于测量精度较低的场合。

三线制：在热电阻根部的一端连接一根引线，另一端连接两根引线的方法称为三线制。这种方法通常与电桥配套使用，热电阻作为电桥的一个桥臂电阻，其连接导线也成为桥臂电阻的一部分。这种接线方法如图 4-1（a）所示，将一根导线接到电桥的电源端，其余两根导线分别接到热电阻所在的桥臂及与其相邻的桥臂上。这种方法可以较好地消除引线电阻的影响，是工业过程控制中最常用的接线方法。

四线制：在热电阻根部的两端各连接两根导线的方法称为四线制。接线方法如图 4-1（b）所示，其中两根引线为热电阻提供恒定电流 I，把 R_t 转换成电压信号 U，再通过另两根引线把 U 引至二次仪表。这种接线方式可完全消除引线电阻的影响，主要用于高精度的温度检测。

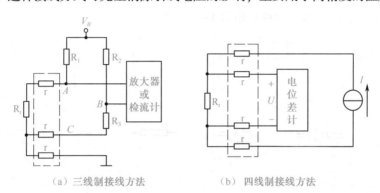

（a）三线制接线方法　　　　（b）四线制接线方法

图 4-1　三线制接线方法和四线制接线方法示意图（r 为引线电阻）

2. 热敏电阻

由金属氧化物的粉末按照一定比例烧结而成的热敏电阻，是近年来应用较广的一种半导体测温元件，它的工作原理和热电阻相似，即在一定温度的作用下，热敏电阻的阻值将随温度变化，将此变化转换为电量输出。不过热敏电阻的阻值随温度变化的关系不像热电阻成代数关系，而是成复杂的指数关系。按其对温度的不同反应特性，一般分为三类：

（1）电阻值随温度升高而下降的负温度系数（NTC）热敏电阻；

（2）电阻值随温度升高而升高的正温度系数（PTC）热敏电阻；

（3）电阻值在某一温度附近发生突变的临界温度系数（CTR）热敏电阻。

相对于热电阻，热敏电阻具有的主要特点是温度系数大，约为热电阻的 10 倍或更高；结构简单、体积小，可用来测量点的温度；电阻率高、热惯性小，适宜动态测量；工作温度范围宽，常温器件适用于 -55 ~ +315℃，低温器件适用于 -273 ~ +55℃；易于维护、制造简单、寿命长。主要缺点是阻温关系是非线性的。

负温度系数热敏电阻阻温关系一般表示为

$$R_t = R_{t0} e^{B_n(1/t - 1/t_0)} \tag{4-6}$$

正温度系数热敏电阻阻温关系一般表示为

$$R_t = R_{t0} e^{B_P(t - t_0)} \tag{4-7}$$

式中　R_t、R_{t0}——温度为 t、t_0 时热敏电阻的阻值；

B_n、B_P——负、正温度系数热敏电阻的材料常数。

热敏电阻的阻温特性曲线如图 4-2 所示。

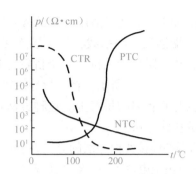

图 4-2 热敏电阻的阻温特性曲线

热敏电阻常用的结构形式和符号如图 4-3 所示。

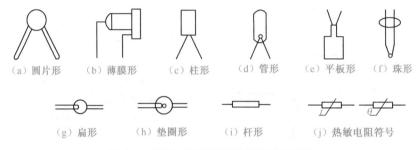

（a）圆片形　　（b）薄膜形　　（c）柱形　　（d）管形　　（e）平板形　　（f）珠形

（g）扁形　　　（h）垫圈形　　（i）杆形　　（j）热敏电阻符号

图 4-3 热敏电阻常用的结构形式和符号

除了以上氧化物热敏电阻材料，目前还开发了如四氰醌二甲烷等新型的有机热敏电阻材料。

热敏电阻的应用相对热电阻更为广泛，在家电、汽车、办公设备、农业、医疗及测量仪器等方面都有应用，除了用于温度测量，还常用于温度补偿或其他物理量的测量和控制。

如图 4-4 所示为热敏电阻温度传感器在温度补偿方面的应用。

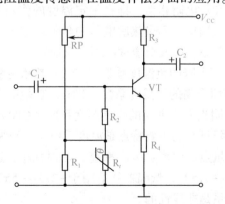

图 4-4 热敏电阻温度传感器在温度补偿方面的应用

电路选用 NTC 热敏电阻温度传感器实现晶体管静态工作点的稳定。由图 4-4 可知，当温度升高时晶体管集电极电流 I_{cQ} 增加，同时由于温度升高负温度系数热敏电阻阻值 R_t 相应减小，则晶体管的基极电位 V_b 下降，从而使基极电流 I_{bQ} 减小，进而使 I_{cQ} 下降。合理选择热敏电阻，则可使静态工作点稳定。

图 4-5 所示为热敏电阻（PTC）温度传感器在电动机启动中的应用。

若电动机启动需要较大功率，而工作时所需功率较小，则可采用附加启动线圈来实现。

在刚启动时，热敏电阻（PTC）的阻抗远小于启动线圈 L_2 的阻抗，不影响 L_2 的工作；启动后，因电流作用热敏电阻温度升高，其阻值远大于 L_2 的阻抗，从而切断启动线圈，此后仅工作线圈 L_1 工作。可见热敏电阻（PTC）温度传感器在此相当于一个无触点开关。

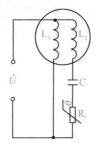

图 4-5　热敏电阻（PTC）温度传感器在电动机启动中的应用

三、热电偶温度传感器

把不同材质的导体连接在一起，保持两连接点温度不同，那么闭合回路中将会产生一个电动势（即热电势），形成回路电流，这种现象称为塞贝克效应，即热电效应，如图 4-6 所示，这种产生热电势的装置称为热电偶。该热电势由两种导体的接触电势和温差电势两部分组成，大小与组成回路的两种导体材料的性质及两连接点的温度有关。

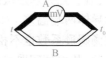

图 4-6　闭合回路热电势

组成热电偶的两个导体 A 和 B 称为热电极。通常把两热电极的一个端点固定焊接，用于对被测介质进行温度测量，这一接点称为测量端或工作端，俗称热端；两热电极的另一端称为自由端或参考端，俗称冷端，冷端保持为某一恒定温度或室温，常用来与导线相连。

热电偶测温是接触式测温方法中常见的一种，它的主要特点是测温精度高，测温范围广（-250~1800℃），结构简单，使用方便，便于远距离和多点温度测量。

1. 热电偶的工作原理

1）两种不同导体的接触电势

不同导体的自由电子浓度不同，设导体 A、B 在温度 t℃ 时自由电子浓度分别为 N_{At} 和 N_{Bt}，若 $N_{At}>N_{Bt}$，当它们相互接触后，在接触点处将会发生电子扩散，A 区的电子将会越过接触面到达 B 区，A 区因失去电子而呈正电，B 区因得到电子而呈负电，形成一接触静电场。同时 B 区电子将会向 A 区漂移，当这两个过程达到平衡时，在接触处将形成电势，即珀尔帖电势，如图 4-7 所示。

接触电势为

$$e_{AB}=\frac{kT}{q_0}\ln\frac{N_{AT}}{N_{BT}} \tag{4-8}$$

式中　T——接触点处的绝对温度，单位为开尔文（K），$T=t+273.15$；

k——玻耳兹曼常数，$k=1.38\times10^{-23}$J/K；

q_0——电子电量，$q_0=1.6\times10^{-19}$C。

从式（4-8）可以看出接触电势 e_{AB} 与温度 t 及在温度 t 时相接触的两种导体的自由电子浓度有关。温度越高，两导体的自由电子浓度相差越大，则接触电势越大。

2）导体的温差电势

在一段导体 A 中，若其两端温度 t、t_0 不同，则温度高的一端自由电子能量高，它将向温度低的一端移动，这样温度高的一端因失去电子而呈正电，温度低的一端因得到电子而呈负电，这样就逐步形成了一个内部静电场，同样温度低的一端电子也会向温度高的一端漂移，两过程平衡后，该导体两端就形成温差电势 e_A (t, t_0)，即汤姆逊电势，如图 4-8 所示。

图 4-7 接触电势示意图（$N_{At} > N_{Bt}$）

图 4-8 温差电势（$t > t_0$）

温差电势为

$$e_A\ (t,\ t_0)\ =\ \frac{k}{q_0}\int_{T_0}^{T}\tau_T \mathrm{d}T \tag{4-9}$$

式中，T、T_0 分别是摄氏温度 t、t_0 所对应的绝对温度；τ_T 为汤姆逊系数（又称温差系数），它表示导体两端温差 1℃ 时温差电势的大小。不同材料的汤姆逊系数不同，材料相同，温度不同时汤姆逊系数也不相同。

3）热电偶回路热电势

导体 A、B 组成热电偶闭合回路，自由电子浓度分别为 N_A 和 N_B，$N_A > N_B$。设热端温度为 t、冷端温度为 t_0，则可画出如图 4-9 所示的热电偶回路热电势示意图，回路热电势可表示为

$$E_{AB}\ (t,\ t_0)\ =e_{AB}\ (t)\ +e_B\ (t,\ t_0)\ -e_{AB}\ (t_0)\ -e_A\ (t,\ t_0) \tag{4-10}$$

由式（4-10）可得如下结论：

① 如果热电偶两极材料相同，即使两端温度不同，则闭合回路的热电势仍为零，即组成热电偶的两极材料必须不同。

② 如果热电极材料不同，但两端温度相同，可见式（4-10）仍为零，即闭合回路热电势仍为零。

③ 热电偶闭合回路热电势只与两接触点温度有关，而与回路中间的温度无关。

4）热电偶三定律

（1）中间导体定律

在电极为由 A 和 B 材料组成的热电偶回路中接入第三种导体 C，只要导体 C 两端温度相同，则此导体的接入不会影响原来热电偶回路的热电势。

该定律有两个应用：

① 冷端引入导线和仪表，如图 4-10 所示。根据式（4-10）可知，回路热电势为

$$E_{ABC}\ (t,\ t_0)\ =e_{AB}\ (t)\ +e_{BC}\ (t_0)\ +e_{CA}\ (t_0)\ -e_A\ (t,\ t_0)\ +e_B\ (t,\ t_0)$$

$$=e_{AB}\ (t)\ +\frac{kT_0}{q_0}\left(\ln\frac{N_{Bt_0}}{N_{Ct_0}}+\ln\frac{N_{Ct_0}}{N_{At_0}}\right)-e_A\ (t,\ t_0)\ +e_B\ (t,\ t_0)$$

$$\tag{4-11}$$

$$=e_{AB}\ (t)\ +e_{BA}\ (t_0)\ -e_A\ (t,\ t_0)\ +e_B\ (t,\ t_0)$$

$$=e_{AB}\ (t)\ -e_{AB}\ (t_0)\ -e_A\ (t,\ t_0)\ +e_B\ (t,\ t_0)$$

$$=E_{AB}\ (t,\ t_0)$$

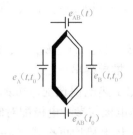

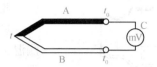

图 4-9 热电偶回路热电势示意图　　　　　图 4-10 中间导体定律示意图

由式（4-11）可知，在测量热电势时只要保证引入导线和仪表处在 t_0 温度场中，就不会影响热电偶输出。

② 热端开路测量。如果将热端开路成为两个接触点，只要保证两个接触点温度一致即可，如此可测量金属壁或液态金属的温度。

（2）中间温度定律

如图 4-11 所示，在任何两种匀质材料组成的热电偶回路中，热端温度为 t、冷端温度为 t_0 时的热电势 $E_{AB}(t, t_0)$ 等于该热电偶热端温度为 t、冷端温度为 t' 时的热电势 $E_{AB}(t, t')$ 与同一热电偶热端温度为 t'、冷端温度为 t_0 时的热电势 $E_{AB}(t', t_0)$ 的代数和，用公式表示为

$$E_{AB}(t, t_0) = E_{AB}(t, t') + E_{AB}(t', t_0) \tag{4-12}$$

式中，t' 为中间温度。

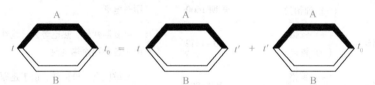

图 4-11 中间温度定律示意图

式（4-12）也可由式（4-10）推导得出。

中间温度定律主要有两个应用：

① 冷端修正（又称冷端温度补偿）。热电偶的热电特性（即热电势与温度的关系）是采用分度表的形式给出的，国际标准热电偶分度表规定冷端标准温度为 0℃，但一般测试中冷端温度不为 0℃，这时用式（4-12）进行补偿计算，即

$$E_{AB}(t, 0) = E_{AB}(t, t') + E_{AB}(t', 0) \tag{4-13}$$

式中　t'——环境温度，即热电偶实际冷端温度；

　　$E_{AB}(t, t')$——实际测得的热电偶热电势；

　　$E_{AB}(t', 0)$——在环境温度为 t' 时应加的修正值，只要已知 t'，可由热电偶分度表查到。

② 为补偿导线提供了理论依据。若热电偶的两热电极被两根导体延长，只要接入的两根导体组成的热电偶的热电特性与被延长的热电偶的热电特性相同，且它们之间两连接点的温度相同，则总回路的热电势与连接点温度无关，只与延长以后的热电偶两端的温度有关。

（3）参考电极定律

如图 4-12 所示，由热电极 A、B 分别与参考电极 C（与 A、B 不相同的第三种导体）组

成的热电偶接触点温度为 t、t_0 时，热电势分别为 $E_{AC}(t, t_0)$ 和 $E_{BC}(t, t_0)$，那么在相同温度下由 A、B 组成的热电偶热电势 $E_{AB}(t, t_0)$ 为

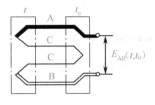

图 4-12　参考电极定律示意图

$$E_{AB}(t, t_0) = E_{AC}(t, t_0) - E_{BC}(t, t_0) \qquad (4-14)$$

此式也可由式（4-10）推导得出。

参考电极定律大大简化了热电偶选配电极的工作。在实际测温工作中只要获得有关热电极与参考电极配对时的热电势值，那么这两种热电极配对时的热电势均可按式（4-14）导出，而不需要逐个测定。一般作为参考电极的材料（标准电极）为纯铂丝，主要因为它熔点高，性能稳定。

2. 常用热电偶材料及其结构

（1）常用热电偶材料

适于制造热电偶的材料有几百种，但国际电工委员会只推荐其中七种为标准化热电偶。我国据此已生产了定型产品，表 4-2 为常用的热电偶材料及其特性。

表 4-2　常用热电偶材料及其特性

名　　称	化学成分	测温范围/℃	特点及用途
铂铑$_{10}$—铂热电偶丝	（+）铂铑$_{10}$ （−）纯铂丝	0~1300 短期 1600	测量准确，复制精度高，单价高，主要用于工业用热电偶
镍铬—镍硅热电偶丝	（+）镍铬 （−）镍硅	−50~1312	可复制性好，热电势大，线性度好，价格低，可用于各种用途热电偶
镍铬—康铜热电偶丝	（+）镍铬 （−）康铜	−200~900	灵敏度高，价格低，适于还原性及中性介质，可用于各种用途热电偶
镍铬（铜）—金铁$_3$ 热电偶丝	（+）镍铬（铜） （−）金铁$_3$	镍铬为正极，−270~10 铜为正极，−270~−250	热电势大，灵敏度较高，铜易氧化，主要用于低温测量

另外还有一些非标准化的热电偶，如用于超高温场合的铬铼$_5$—铬铼$_{20}$ 可用来测 300~2000℃ 的高温，可测温度有时可达 2400℃，而精度可达 ±1% 以内，还有铱铑系热电偶、镍钴—镍铝及双铂钼热电偶等。

（2）热电偶常用结构

根据所测温度场的不同，一般热电偶可制成铠装型或薄膜型，其典型结构如图 4-13 所示。其中铠装型又分为碰底型、不碰底型、露头型和帽型等适应不同的测试环境；而薄膜型又分为片状和针状。薄膜型热电偶的热惯性小，动态响应快，可测瞬变温度。

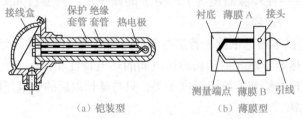

（a）铠装型　　　　　　　　　（b）薄膜型

图 4-13　热电偶典型结构

热电偶的热电势与温度的关系表，称为热电偶分度表。标准化的热电偶分度号主要有 S、R、B、N、K、E、J、T 等几种，如表 4-3 所示为 K 型标准化热电偶分度表。

表 4-3　K 型（镍铬—镍硅）标准化热电偶分度表　　　　　（参比端温度为 0℃）

测量端温度/℃	0	10	20	30	40	50	60	70	80	90
	热电势/mV									
−0	0.000	−0.392	−0.777	−0.156	−1.527	−1.889	−2.243	−2.586	−2.920	−3.242
+0	0.000	0.392	0.798	1.203	1.611	2.022	2.436	2.850	3.266	3.681
100	4.095	4.508	4.919	5.327	5.733	6.137	6.539	6.939	7.338	7.737
200	8.137	8.537	8.938	9.341	9.745	10.151	10.560	10.969	11.381	11.793
300	12.207	12.623	13.039	13.456	13.874	14.292	14.712	15.132	15.552	15.974
400	16.395	16.818	17.241	17.664	18.088	18.513	18.938	19.363	19.788	20.214
500	20.640	21.066	21.493	21.919	22.346	22.772	23.198	23.624	24.050	24.476
600	24.902	25.327	25.751	26.176	26.599	27.022	27.445	27.867	28.288	28.709
700	29.128	29.547	29.965	30.383	30.799	31.214	31.629	32.024	32.455	32.866
800	33.277	33.686	34.095	34.502	34.909	35.314	35.718	36.121	36.524	36.925
900	37.325	37.724	38.122	38.519	38.915	39.310	39.703	40.096	40.488	40.897
1000	41.269	41.657	42.045	42.432	42.817	43.202	43.585	43.968	44.349	44.729
1100	45.108	45.486	45.863	46.238	46.612	46.985	47.356	47.726	48.095	48.462
1200	48.828	49.192	49.555	49.916	50.276	50.633	50.990	51.344	51.697	52.049
1300	52.398	—	—	—	—	—	—	—	—	—

3. 热电偶基本应用电路

热电偶主要用于测量温度场的温度。如图 4-14 所示为热电偶冷端电桥补偿法测温电路。

图中 E_X 为热电偶输出热电势，R_1、R_2、R_3 为用锰铜线绕制的固定电阻，R_4 为用铜导线绕制的补偿电阻，E 为电桥电源，R 为限流电阻，其阻值与热电偶材料匹配。此电桥一般在 20℃ 时调平衡，即此时 $R_2R_4 = R_1R_3$，$U_{ac} = 0$，当冷端温度高于 20℃ 时，热电偶的热电势因冷端温度升高而减小，同时平衡电桥 R_4 的阻值也随温度升高而增大，电桥失去平衡，输出不为零的 U_{ac}，若 U_{ac} 与 E_X 的减小值正好相等，使整个测温电路的输出 U_{AB} 只随热电偶端温度而改变，从而消除了因冷端温度不稳定造成的测温误差。可以看出如果将电桥平衡温度调在 0℃，则可由 U_{AB} 直接查表得出热端温度值。

热电偶和一定的显示仪表配套，可从仪表刻度上直接读出温度值。如图 4-15 所示为工业上广泛应用的一种动圈式测温仪表原理图。

通过计算可知热电偶的温差电势 E 与回路电流 I 的关系式为

$$E = (R_L + R_S + R)\,I = kI \tag{4-15}$$

式中，R_L 为线圈总电阻，包括调整电阻 R_C、导线电阻及热电偶电阻，根据显示仪表规定一般 $R_L = 5\Omega$；R_S 为动圈式测温仪内部串联电阻，用来改变仪表量程；R 是 R_B、R_T、R_P 及 R_D 的综合阻值，其中 R_T 为热敏电阻，它与 R_B 并联，用来补偿仪表动圈电阻 R_D 随温度的变化值，R_P 是阻尼电阻，使动圈获得适当的电磁阻尼。

此仪表可实现直接从刻度读数。

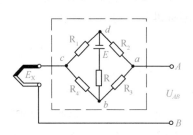

图 4-14　热电偶冷端电桥补偿法测温电路

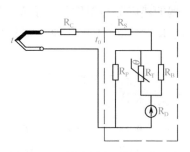

图 4-15　动圈式测温仪表原理图

任务分析

　　数字温度计包括两个部分：模拟电路部分和数字电路部分。模拟电路部分主要将温度信息转变成电压信号，包含温敏元件、测量转换线路；数字部分主要完成模拟量到数字量的转换，并实现输出显示，一般包含 A/D 变换、译码、驱动、显示四个环节，如果将 A/D 变换、译码、驱动等功能集成在一起，则可简化设计。数字温度计电路结构如图 4-16 所示。

图 4-16　数字温度计电路结构

任务设计

1. 数字电路部分设计

　　常用的数码显示装置如 LCD（液晶显示器）数码管、LED（发光二极管）数码管均是分段显示的，两者均需要驱动器，为了得到正确的显示，还需要在驱动前进行译码。因 LED 数码管易购买、使用简单可靠，故选用它来进行显示，其分段结构如图 4-17 所示。

图 4-17　LED 数码管的分段结构

　　用来构成仪表的 A/D 转换器内部集成了译码电路和驱动电路，ICL7106/7107 是其中可直接驱动 LED 数码管的一款芯片。ICL7106/7107 是高性能、低功耗的三位半 A/D 转换器，包含七段译码器、显示驱动器、参考电源和时钟系统。ICL7106 含有一背电极驱动线，适用于 LCD；ICL7107 可直接驱动 LED。ICL7106/7107 将高精度、通用性和真正的低成本很好地结合在一起：有低于 $10\mu V$ 的自动校零功能，零漂小于 $1\mu V/℃$，低于 10pA 的输入电流，极性转换误差小于一个字，具有差动输入和差动参考电源。该芯片有 DIP-40、MQFP-44 两种封装，而 DIP-40 封装有两种形式。常用的 DIP-40 封装引脚排列如图 4-18 所示。PIN2～PIN19、PIN22～PIN25 是 3 位半显示器的驱动器引脚；PIN20 是负号显示引脚，它与千位数码管的 G 笔画段相连；V+、V-是正、负电源引脚，ICL7106 将 V-接地；OSC_1、OSC_2、OSC_3 是时钟振荡器外接电阻、电容的连接端，如果采用外部振荡器，则只需连接到 OSC_1；IN HI 与 IN LO 是差动输入端；REF HI 与 REF LO 是差动参考电源电压输入端；C_{REF+} 与 C_{REF-} 是参考电容输入引脚；COMMON 是模拟电路公共端，典型电位值为 $V_{COMMON} = (V+) - 2.8V$；A-Z、BUFF、INT 分别是自动调零电容器、积分电阻、积分电容的连接端；TEST 为测试引脚；BP/GND 为 LCD 显示器背电极连接引脚/双电源接地端。

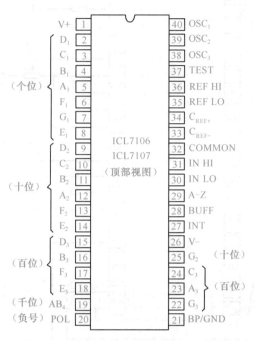

图 4-18　常用的 DIP-40 封装引脚排列图

ICL7107 只需要少量的外围元件即可构成测量电路，其典型应用电路如图 4-19 所示。一般情况下将 IN LO 端连接到 COMMON 端，此时输入相对电源是浮动输入（输入信号与电源不共地），如果将 IN LO 端连接到 GND 端（见图 4-19 虚线），则输入为单端输入；数码管为共阳型数码管；当 REF HI 与 REF LO 间电压为 100mV 时，仪表满量程为 200mV。仪表最大输出显示为 ±1999，在溢出时仅最高位显示 1 或 -1，一般情况下输出显示值为

$$显示值 = 1000 \times \frac{IN\ HI - IN\ LO}{REF\ HI - REF\ LO} = 1000 \frac{V_{IN}}{V_{REF}} \tag{4-16}$$

2. 模拟电路部分设计

热电阻温度传感器和热敏电阻温度传感器多用于低温测量，热电偶温度传感器多用于中高温测量。温度计多用于低温测量，所以选择金属热电阻作为温度传感元件，并且采用不平衡电桥测量电路将热电阻阻值的变化量转换为电压，温度测量转换电路如图 4-20 所示。选取工作电流小于 1mA，为了得到较大的输出电压，选择 R_t 为 $R_0 = 1000\Omega$ 的 PT1000 铂热电阻，取 $R_1 = R_2 = 3k\Omega$，$R_3 = 1k\Omega$。热电阻的阻值变化量 ΔR 正比于温度 t，近似分析如下：

$$I_1 = I_2 = U_S / (R_2 + R_3) \tag{4-17}$$

$$U_o = R_t I_1 - R_3 I_2 = (R_0 + \Delta R) I_1 - R_3 I_2 = \Delta R I_2 = \Delta R \frac{U_S}{R_2 + R_3} \propto t \tag{4-18}$$

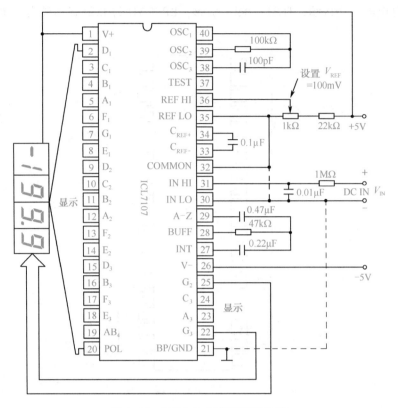

图 4-19 ICL7107 的典型应用电路

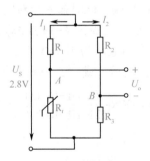

图 4-20 温度测量转换电路

可见电路输出电压正比于温度大小。当温度 $t=100℃$ 时，$\Delta R=385\Omega$，由式 4-18 计算可得：$U_。\approx270mV$（实际大小约为 184mV），此电压可直接送入 ICL7107 的输入端。

3. 数字温度计电路

根据任务目标，完整的数字温度计电路原理如图 4-21 所示，其中两个电位器为多圈精密电位器，热电阻连接采用三线制接线方法。为了方便调整，不平衡电桥电路的两个桥臂中增加了一个值比较小的电位器 RP_2。

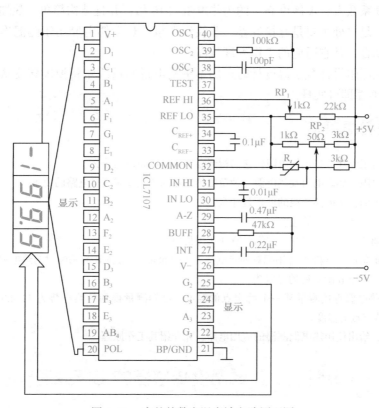

图 4-21 完整的数字温度计电路原理图

任务实现

（1）安装电路，先不接热电阻。

（2）调校 0℃：在热电阻处接入 1kΩ 的电阻（相当于 0℃ 时的热电阻），接通电源，调节电位器 RP₂，使其显示为 0。

（3）调校 100℃：断开电源，在热电阻处接入 1385Ω 的电阻（相当于 100℃ 时的热电阻），再接通电源，调节电位器 RP₁，使其显示为 100。

（4）调整好后，接入热电阻即可。

阶段小结

温度是国际单位制中七个基本物理量之一，它在生产和科学实验中占有极重要的地位。本课题主要介绍了温度传感器的原理和特性，完成了一款数字温度计的设计。

金属热电阻、半导体热敏电阻、热电偶是最常用的检测温度的传感元件，它们在使用中各有特点。金属材料热电阻，电阻率会随温度变化而变化，可制成热电阻温度传感器，具有精度高，测量范围广（尤其在低温方面），便于远距离测量的优点，常用材料有铂、铜、镍和铁等，缺点是有些材料易氧化，化学稳定性差。热敏电阻温度传感器是利用半导体材料的电阻率随温度变化而变化的性质制成的，可分为负温度系数（NTC）热敏电阻、正温度系数（PTC）热敏电阻及临界温度系数（CTR）热敏电阻传感器，分别用在不同的测温场合。热敏电阻的电阻温度系数大、灵敏度高，约为热电阻的 10 倍，并且结构简单，热惯性小，比较适宜动态测量；不足之处主要是互换性差，非线性严重。热电偶主要用于测温准确度和灵敏度要求不太高的场合，且它适应的工作温度较高。

选用金属热电阻设计数字温度计时采用不平衡电桥测量线路将温度转变成电压，直接送入仪表 A/D 转换器即可实现。

 习题与思考题

1. 什么是热电阻？什么是热敏电阻？它们检测温度的工作原理是什么？

2. 试比较热电阻、热敏电阻及热电偶三种温度传感器的特点及对测量电路的要求。

3. 什么是热电偶？热电偶测温的原理是什么？

4. 什么是金属导体的热电效应？

5. 试述热电偶的三个重要定律，它们各有何实用价值？

6. 已知某特定条件下材料 A 与铂配对的热电势为 13.968mV，材料 B 与铂配对的热电势为 8.345mV，求此特定条件下材料 A 与 B 配对后的热电势。

7. 使用 K 型热电偶直接测量某一个特定点的温度，已知测量得到的热电势为 11.42mV，环境温度为 30℃，试确定该特定点的温度。

8. 查阅资料，给出使用热电偶测温的应用电路，并介绍其工作原理。

课题二　集成温度传感器的工作原理

任务：空调温控部分的设计

 任务目标

★ 熟悉半导体 PN 结温度传感器的工作原理，掌握其特性；
★ 熟悉集成温度传感器工作原理，初步认识集成温度传感器；
★ 能选择集成温度传感器设计空调的温度控制电路。

 知识积累

一、半导体 PN 结温度传感器

利用半导体材料电阻率对温度变化敏感这一特性可制成半导体温度传感器。半导体温度传感器又分为无结型（单晶）及 PN 结两类。无结型半导体温度传感器就是前面已经介绍过的热敏电阻温度传感器。PN 结温度传感器可分为温敏二极管温度传感器（简称温敏二极管或二极管温度传感器）和温敏晶体管温度传感器（简称温敏晶体管或晶体管温度传感器）两种类型。下面介绍 PN 结温度传感器的原理。

由半导体理论分析可知，PN 结的伏安特性可表示为

$$I_e = I_S \left(e^{\frac{q_0 U}{kT}} - 1 \right) \tag{4-19}$$

式中　I_e——通过 PN 结的电流；

　　　U——PN 结两端的外加电压；

　　　q_0——电子电量，$q_0=1.60×10^{-19}$C；

　　　k——玻耳兹曼常数，$k=1.38×10^{-23}$J/K；

　　　T——PN 结的绝对温度；

　　　I_S——PN 结的反向饱和电流。

根据理论推导，PN 结两端正向电压与温度的关系为

$$U=U_{go}-\frac{kT}{q_0}\left[\ln B+\left(3+\frac{\gamma}{2}\right)\ln T-\ln J\right] \tag{4-20}$$

式中　B、γ——常数；

　　　J——电流密度；

　　　U_{go}——绝对零度时导带底和价带顶的电位差。

即当电流密度 J 保持不变时，PN 结的正向电压随温度的升高而下降，近似为线性关系。如图 4-22 所示为硅二极管正向电压随温度变化的情况。由图可知，正向电流 I_e 一定而二极管的种类不同时，特性曲线斜率不同；二极管种类相同而正向电流 I_e 不同时，斜率也不同。

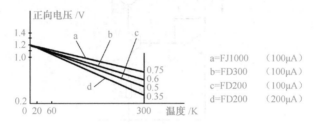

图 4-22　硅二极管正向电压随温度变化的情况

如图 4-23 所示是采用硅二极管温度传感器的温度检测电路。硅二极管温度传感器的 PN 结温度灵敏度为 -2mV/℃ 左右。通过调节电位器，测温电路在温度每变化 1℃ 时，输出变化 0.1V。

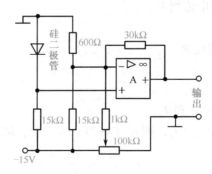

图 4-23　采用硅二极管温度传感器的温度检测电路

温敏二极管的主要特点是工艺和结构简单，但线性度、稳定性稍差。相对于温敏二极管，当温敏晶体管发射极电流保持不变时，其发射结正向电压—温度的关系具有良好的线性度。

二、集成温度传感器

集成温度传感器是将温敏晶体管、放大电路、温度补偿电路及其他辅助电路集成在同一个芯片上的温度传感器。它主要用来进行-50 ~150℃范围内的温度测量、温度控制和温度补偿。一般来讲，集成温度传感器具有小型化、成本低、线性度好、精度高、可靠性高、重复性好及接口灵活等优点。

按照输出和功能特点，集成温度传感器常分为模拟集成温度传感器、模拟集成温度控制器、数字温度传感器和通用智能温度控制器等。模拟集成温度传感器按输出形式分为电压型、电流型和频率型三种，其中频率型相对较少。

1. 集成温度传感器工作原理

温敏晶体管是用发射结来测温的。如图4-24所示，将两只温敏晶体管连接起来，对于任一只晶体管，发射极电流 I_e 可表示为

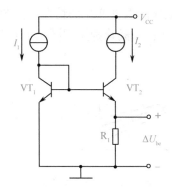

图4-24　晶体管发射结做感温结

$$I_e = \frac{1}{\alpha} I_S \left(e^{\frac{q_0 U_{be}}{kT}} - 1 \right) \tag{4-21}$$

式中　α——共基接法的短路电流增益；

　　　T——绝对温度；

　　　I_S——发射结反向饱和电流；

　　　k——玻耳兹曼常数；

　　　q_0——电子电量；

　　　U_{be}——基极与发射极间电位差。

一般情况下 α 接近1，而 $I_e \gg I_S$，则式（4-21）可简化，取对数得

$$U_{be} = \frac{kT}{q_0} \ln \frac{\alpha I_e}{I_S} \tag{4-22}$$

如果图中两个晶体管满足下列条件：$\alpha_1 = \alpha_2$，$I_{S1} = I_{S2}$，$I_{e1}/I_{e2} = r$（r 为由设计制造决定的一个常数），则两个晶体管的发射结电压之差 ΔU_{be} 为

$$\Delta U_{be} = U_{be1} - U_{be2} = \frac{kT}{q_0} \ln r \tag{4-23}$$

即输出电压 ΔU_{be} 与温度 T 成正比，此即集成温度传感器的工作原理。

2. 集成温度传感器介绍

（1）AD590

AD590 是一种常用的电流输出型集成温度传感器，产生的输出电流值正比于所测的绝对温度，其特性曲线如图 4-25 所示。它具有测温误差小、动态阻抗高、响应速度快、传输距离远、体积小、微功耗等优点，适合远距离测温、控温，不需要进行非线性校准。其只有两个端子，常用封装外形有 2 引线扁平封装、SOIC8（小外形 8 脚封装，绝大部分 SOIC 封装就是SOP 封装）和 TO-52 三种，如图 4-26 所示。系列产品分为 I、J、K、L、M 共五挡，其主要技术指标见表 4-4。芯片的激励电压可以在 4～30V 范围内变化，测温范围为 -55～150℃，输出阻抗大于 10MΩ。

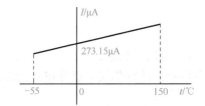

图 4-25 AD590 温度特性曲线

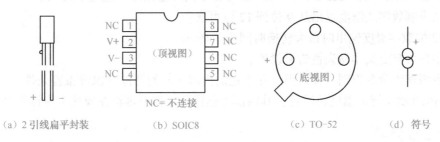

（a）2 引线扁平封装　　　（b）SOIC8　　　（c）TO-52　　　（d）符号

图 4-26 常用 AD590 封装图及符号

表 4-4 AD590 系列产品的主要技术指标

分　挡	I	J	K	L	M
最大非线性误差/℃	±3.0	±1.5	±0.8	±0.4	±0.3
最大标定温度误差/℃（+25℃时）	±10.0	±5.0	±2.5	±1.0	±0.5
额定电流温度系数/μA·K⁻¹	1.0				
额定输出电流/μA（+25℃时）	298.15				
长期温度漂移/℃·月⁻¹（工作电压 5V）	±0.1				
响应时间/μs	20				
壳与引脚的绝缘电阻/Ω	10¹⁰				
等效并联电容/pF	100				
工作电压范围/V	4～30				

（2）DS18B20

DS18B20 是美国 DALLAS 公司继 DS1820 之后推出的一款单线接口数字温度传感器。它使用了在板专利技术，全部传感器和各种数字转换电路都被集成在一起，对外只有 3 个引脚，分别是电源、接地和数据线，共有 3 种封装形式，如图 4-27 所示。

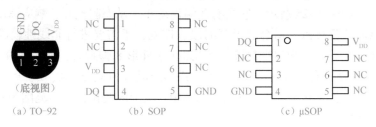

图 4-27　DS18B20 的三种封装形式

其主要特点：

① 单线接口仅需要一个端口引脚进行通信；

② 内置 64 位的产品唯一序列号，适宜单线多点分布式测温；

③ 不需要外部器件；

④ 电源电压范围为 3.0~5.5V，也可通过数据线供电；

⑤ 测温范围为-55~125℃，在-10~85℃范围内测量误差不超过±0.5℃；

⑥ 二进制数字式温度输出从 9 位到 12 位可选；

⑦ 12 位数字温度输出时最大转换时间为 750ms；

⑧ 用户可自定义非易失性告警设置；

⑨ 报警搜索命令识别、寻址温度在编定的极限之外的器件（温度报警条件）。

DS18B20 属于智能温度传感器，其内部方框图及工作原理将在模块十中详细介绍。

 任务分析

从功能上看温度控制就是先检测环境温度，再将测量到的温度与设定的温度进行比较，根据比较结果确定开机加（降）温或者停机。由于空调采用了微处理机，所以控制方案有两种：一种是数字控制方式，以微处理机为核心，将检测到的环境温度转变成数字信号与设定的数字温度进行比较，根据比较结果由微处理机输出开关信号实现控制；另一种是模拟控制方式，将设定的数字温度通过 D/A 转换器转变成模拟信号，与检测得到的环境温度信号进行比较，由比较结果控制开关电路。模拟控制方式的电路结构如图 4-28 所示。

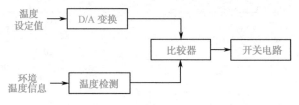

图 4-28　模拟控制方式的电路结构

 任务设计

选择模拟控制方式，空调温度控制部分主要电路如图4-29所示，开关电路略，具体可见湿度控制部分内容。MC1408/1508是8位D/A转换器，AD580是精密基准源器件，LM311是电压比较器，AD590是集成温度传感器，两个电位器采用多圈精密电位器。温度传感器将温度转换为电流I_T，设置的温度值经D/A转换器转换为电流I_0，二者在节点D处进行比较，通过R_1、R_2转换为电压（电位）V_N送入比较器，当环境温度在设置点以上时输出高电平，当环境温度低于设置点时输出低电平。比较器输出高电平时，通过电阻R_3构成正反馈产生一个回差电压，设置了约1℃的滞后温度。

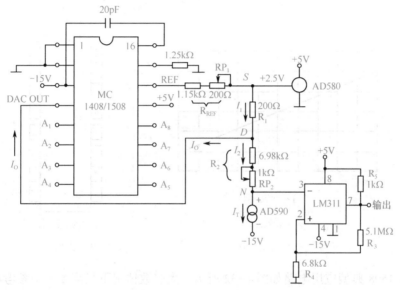

说明：环境温度在设置点以上时输出高电平，环境温度在设置点以下时输出低电平。

图4-29 空调温度控制部分主要电路

1. 关键元器件介绍

AD580是三端式带隙基准源，输入电压范围为4.5~30V，输出电压为（2.500±0.4%）V，典型静态电流为1mA，最大静态电流为1.5mA，有很好的温度稳定性和长时稳定性，主要用于数/模转换芯片的参考源。常用封装为TO-52，其引脚排列如图4-30（a）所示，应用电路如图4-30（b）所示，当$I = 1mA$、13mA时温度系数分别为0.01%/℃、0.13%/℃。

MC1408/1508是8位乘算型D/A转换器，其输出电流正比于8位数字值与参考源的乘积，输入电平兼容TTL、CMOS电平，速度快、精度高，正电源为5V电压供电、负电源为-5~-15V电压供电。芯片的D/A转换特性曲线如图4-31（a）所示。如图4-31（b）所示为该芯片的一种常用引脚排列图，其中PIN5~PIN12为数字信号输入端，PIN4为模拟电流输出端，PIN13、PIN3为正、负电源连接端，PIN2为接地端，PIN14、PIN15为正、负参考电源连接引脚，PIN16为补偿端，PIN1为空脚。

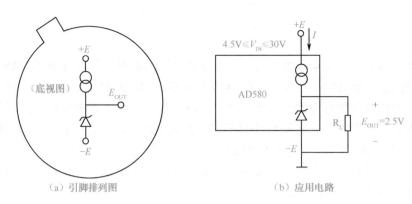

（a）引脚排列图　　　　　　　　　（b）应用电路

图4-30　AD580引脚排列图和应用电路

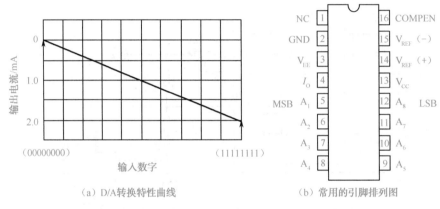

（a）D/A转换特性曲线　　　　　　　（b）常用的引脚排列图

图4-31　MC1408/1508的D/A转换特性曲线和引脚排列

MC1408/1508典型应用电路如图4-32所示。大多数情况下只需要一个参考源（V_{REF}）和一个参考电阻（R_{14}）即可以完成D/A转换。为了得到更好的性能，在PIN16与PIN3之间接有一定大小的补偿电容C（钽电容，当$R_{14}=1k\Omega$时，$C=15pF$），在PIN15处接一个与参考电阻阻值相等的电阻。输入的数字信号高电平为1V、低电平为0V，推荐的参考电流和输出电流（输出电流实际由外部流向芯片内部）分别为

$$I_{REF}=\frac{V_{REF}}{R_{14}}=2mA \tag{4-24}$$

$$I_0=I_{REF}\left(\frac{A_1}{2^1}+\frac{A_2}{2^2}+\frac{A_3}{2^3}+\frac{A_4}{2^4}+\frac{A_5}{2^5}+\frac{A_6}{2^6}+\frac{A_7}{2^7}+\frac{A_8}{2^8}\right) \tag{4-25}$$

可见，A_1是8位数据的最高位，而A_8是8位数据的最低位。

LM311是带选通功能的高速、低输入电流电压比较器，最大输入偏置电流小于300nA，最大输入失调电流小于70nA，可由单电源5V供电，正电源电压最大可达36V，负电源电压最大可达-30V，输出采用集电极开路输出形式，其常用封装为DIP8，常用引脚排列图和功能框图如图4-33所示。使用时输出端通过上拉电阻（或负载）连接电源，该电源电压最大可达40V。比较器输出的低电平近似为0V，输出的高电平近似为输出端所接电源的电压。

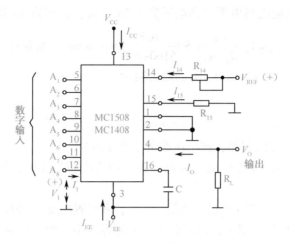

图 4-32 MC1408/1508 的典型应用电路

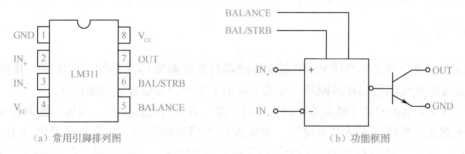

（a）常用引脚排列图 （b）功能框图

图 4-33 LM311 引脚排列图和功能框图

2. 电路设计

温度设定范围为 0~51℃，输入数字信号 $(A_1A_2A_3A_4A_5A_6A_7A_8)_2 = 11111111B$ 对应的温度为 $t=0℃$，输入数字信号 $(A_1A_2A_3A_4A_5A_6A_7A_8)_2 = 00000000B$ 对应的温度为 $t=51℃$，电路能以 0.2℃ 每步进行温度设置。在图 4-29 中，各电流实际方向与图示参考方向是相同的，相对于集成温度传感器 AD590 产生的电流（273.2μA 以上），比较器输入端电流（极限 300nA）可以忽略，所以 R_1 中流过的电流为

$$I_1 = I_0 + I_2 = I_0 + I_T \tag{4-26}$$

N 点电位为

$$V_N = V_S - R_1 I_1 - R_2 I_2 = V_S - R_1 (I_0 + I_T) - R_2 I_T = V_S - I_0 R_1 - I_T (R_1 + R_2) \tag{4-27}$$

其中，V_S 为 S 点电位。可见随着环境温度上升，温度传感器电流 I_T 跟随上升，N 点电位下降。

N 点电位与零电位进行比较，已知 $V_S = 2.5V$。当 $t=0℃$ 时，$I_T = 0.2732mA$，$I_0 = 2×255/256 ≈ 1.99219mA$；当 $t = 51℃$ 时，$I_T = 0.3242mA$，$I_0 = 2 × 0/256 = 0mA$。可得 $R_1 ≈ 200Ω$、$R_2 ≈ 7500Ω$。由式（4-27）可知，当参考温度设定后，环境温度相对参考温度每下降（或上升）1℃，N 点电位上升（或下降）7.7mV。

比较器 LM311 通过 R_3、R_4 引入正反馈，当比较器输出低电平（低电平值为 0V）时，反

馈不起作用；当比较器输出高电平（高电平值为5V）时，同相输入端电位为

$$V_P = V_H \frac{R_4}{R_3 + R_4} = 5 \times \frac{6.8}{5100 + 6.8} \approx 0.0066V = 6.6mV \qquad (4-28)$$

其中，V_H 为高电平值。此时近似有1℃的滞后温度。

 任务实现

（1）安装电路，为方便起见，输出接逻辑电平显示器。

（2）调节D/A转换器参考电流：接通电源，调节电位器 RP_1，使 R_{REF} 上流过的电流为2mA，调好后断开电源。

（3）调节比较电路：先置 RP_2 的值为最小零值，并设置温度为10℃（$A_1A_2A_3A_4A_5A_6A_7A_8$ = 11001101B），将AD590置于盛有冰水混合物的恒温容器中，然后接通电源，调节 RP_2 使其值增大，用数字万用表测量 N 点电位，直到电压为77mV，同时观察输出应为低电平；重设参考温度为1℃，观察输出仍为低电平；调整参考温度为0℃时，输出立即变为高电平。

 阶段小结

本课题主要介绍了半导体PN结温度传感器和集成温度传感器的工作原理，并简要描述了两款集成温度传感器芯片的原理，完成了可用于空调的温度控制电路设计。

半导体PN结正向电压随温度 t 的上升而下降，近似为线性关系。温敏二极管和温敏晶体管正是根据此特性将温度转换为电压，完成温度传感器功能的。它们可测温度范围一般为-50~150℃，精度和线性度均较好。为了获得更好的线性度，方便使用，在此基础上设计生产了许多集成温度传感器，线性度好、体积小、反应快、价格较低、使用简单，广泛应用在低温测量中。

设计空调的温度控制电路时，巧妙地利用电阻电路将电流比较结果转换成为电压信号，进一步应用电压比较器进行温度高低的判别。

习题与思考题

1. 仿照前一课题中的数字温度计，利用温敏晶体管重新设计数字温度计，试给出相关电路，并说明关键的调试步骤。

2. 如图4-34所示，输出端之间的电阻值为1000Ω，分析输出电压 U_{OUT} 有何特点？

3. 在本课题所设计的空调温度控制电路中，如果要设定温度为24℃，D/A转换器所接收的数字信号（$A_1A_2A_3A_4A_5A_6A_7A_8$）$_2$ 应为多少？

4. 查阅资料，试找出一款电压输出型集成温度传感器芯片，介绍其功能特点。

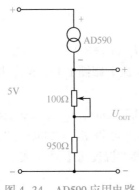

图4-34　AD590应用电路

模块五 气体传感器及其应用

课题 气体传感器的分类及特性

任务：自动控制排气扇和声光报警功能电路的设计

 任务目标

★ 熟悉气体传感器的主要特性；
★ 会分析常见的气体传感器应用电路；
★ 能够完成带有自动控制排气扇和声光报警功能的电路设计和调试。

 知识积累

一、气体传感器概述

我们生活在充满气体的环境之中，气体与我们的日常生活密切相关。我们对气体的感知用的是鼻子这个器官，而气体传感器就相当于我们的鼻子，可"嗅"出空气中某种特定的气体或判断特定气体的浓度，从而实现对气体成分的检测，比如检测可燃性气体、有毒气体，进行环境检测、工业过程的检测及自动控制等。近年来，在医疗、空气净化、家用燃气灶和热水器等方面，气体传感器得到普遍应用。

表5-1列出了气体传感器主要检测对象及应用场所。

表5-1 气体传感器主要检测对象及应用场所

分　类	检测对象气体	应用场合
易燃易爆	液化石油气、煤气、天然气	家庭
	甲烷	煤矿
	氢气	冶金、化学实验室
有毒气体	一氧化碳（不完全燃烧的煤气）	煤气灶
	硫化氢、含硫的有机化合物	石油工业、制药厂
	卤素、卤化物和氨气等	冶炼厂、化肥厂
环境气体	氧气	地下工程、家庭
	水蒸气（湿度调节）	电子设备、汽车、温室
	大气污染	工业区

分　类	检测对象气体	应 用 场 合
工业气体	一氧化碳（防止不完全燃烧）	内燃机、冶炼厂
	水蒸气（食品加工）	电子灶
其他用途	烟雾、司机呼出的气体	火灾预防、事故预防

从表5-1可以看出，需要检测的气体种类繁多，它们的性质也各不相同，所以不可能用一种方法来检测所有气体。对气体的分析方法也随气体的种类、成分、浓度和用途而异。目前主要应用的气体检测方法有电气法、电化学法和光学法等。

电气法利用气敏元件（主要是半导体气敏元件）来检测气体，是目前应用最为广泛的气体检测方法。

电化学法是利用电化学方法，使用电极与电解液对气体进行检测的。

光学法是利用气体的光学折射率或光吸收等特性检测气体的。

表5-2中列出了几种常用气体检测方法的特性比较。测量气体的方法有很多，在实际工程应用中，应根据具体的测量环境、测量任务和测量要求，综合考虑检测元件的各种特性，找出性价比最合适的检测方法或检测元件。例如，从表5-2中可以看到，气体色谱法虽然检测灵敏度和可靠性都非常好，但其结构非常复杂且价格昂贵，所以在检测精度要求不太高的应用领域一般是不会考虑选用这种测量方法的。而半导体法虽然综合性能并不是最好的，但其结构非常简单、价格低廉、适合批量生产，因而得到广泛采用。基于此原理制成的半导体气体传感器是工业上应用最为广泛的一种气体传感器。

本模块将以半导体气体传感器为例介绍气体传感器的结构、工作原理及实际应用。

表5-2　几种常用气体检测方法的特性比较

测 量 方 法		特 性						
		灵 敏 度	可 靠 性	选 择 性	响 应 速 度	稳 定 性	简易程度	价　格
电气法	半导体法	非常好	稍差	差	较快（1min）	稍差	非常简单	最廉价
	接触燃烧法	很好	很好	中等	非常快（4~5s）	良好	非常简单	非常廉价
	导热法	良好	良好	良好	较快	良好	简单	中等
电化学法		良好	良好	良好	快（20~30s）	良好	中等	中等
光学法	红外发光法	中等	良好	相当好	快	良好	中等	中等
	化学发光法	良好	良好	良好	快	良好	简单	中等
	光干涉法	良好	良好	良好	快	良好	中等	中等
	气体色谱法	非常好	非常好	非常好	稍慢	非常好	非常复杂	昂贵

二、半导体气体传感器

半导体气体传感器主要以氧化物半导体为基本材料制成，当半导体气敏元件同气体接触时，气体吸附于元件表面，使得半导体的导电率发生变化，从而检测出待测气体的成分及浓度。

半导体气体传感器大体上分为电阻式和非电阻式两种。电阻式半导体气体传感器是用氧化锡、氧化锌等金属氧化物材料制成的敏感元件，利用其阻值的变化来检测气体浓度的。非电阻式半导体气体传感器主要有金属/半导体二极管和金属栅的 MOS 场效应管气体传感器，利用它们与气体接触后整流特性或阈值电压的变化来实现对气体的测量。在此只介绍电阻式半导体气体传感器。

1. 气敏电阻的工作原理

气敏元件的工作原理非常复杂，因其受诸多因素的影响，如气敏元件往往不是单晶体；为了提高灵敏度，气敏元件中一般都有催化剂和其他氧化物及为提高元件强度而添加的黏合剂；元件多工作在较高温度下；被测气体种类繁多，它们的特性各不相同等。因此在长期研究的基础上，将气敏元件的工作原理归纳为数种模型，从而解释不同类型半导体气敏元件的工作原理。气敏电阻类元件的工作原理就可用其中的能级生成理论来解释。

气敏电阻的制作材料是金属氧化物如氧化锡、氧化锌等，它们在常温下是绝缘的，制成半导体后却显出气敏特性。通常元件工作在空气中，空气中的氧、二氧化氮这样的气体其电子兼容性比较大，接受来自半导体材料的电子而吸附负电荷，使 N 型半导体材料的表面空间电荷层区域的传导电子减少，表面电导率减小，从而使元件处于高阻状态。一旦元件与被测还原性气体接触，就会与吸附的氧起反应，将被氧束缚的电子释放出来，敏感膜表面电导率增加，使元件电阻减小。

该类气敏电阻通常工作在高温状态（200~450℃）下，目的是加速上述的氧化还原反应。例如，用氧化锡制成的气敏电阻，在常温下吸附某种气体后，其电导率变化不大，若保持这种气体浓度不变，该电阻的电导率随电阻本身温度的升高而增加，尤其在 100~300℃ 范围内电导率变化很大，显然半导体电导率的增加是多数载流子浓度增加的结果。

由上述分析可知，气敏电阻工作时要求其本身的温度比环境温度高很多。

气敏电阻的基本测量电路如图 5-1（a）所示，图中 E_H 为加热电源，E_C 为测量电源，气敏电阻值的变化引起电路中电流的变化，输出电压（信号电压）由电阻 R_0 上测出，其在低浓度下灵敏度高，而在高浓度下趋于稳定值。因此，常用来检查可燃性气体是否发生泄漏并进行报警等。

气敏电阻输出电压与温度的关系如图 5-1（b）所示。

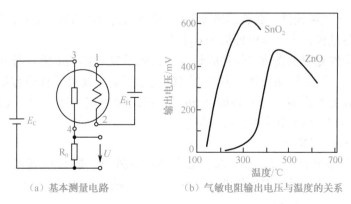

（a）基本测量电路　　　　（b）气敏电阻输出电压与温度的关系

图 5-1　气敏电阻的基本测量电路及气敏电阻输出电压与温度的关系

2. 氧化锡气敏元件

目前市场上使用的多为氧化锡类气敏元件，SnO_2是一种白色粉末状的金属氧化物，其多结晶体材料具有气敏特性。SnO_2气敏元件主要有三种类型：烧结型、薄膜型和厚膜型。

（1）烧结型 SnO_2 气敏元件

烧结型 SnO_2 气敏元件是工艺最成熟的气敏元件。这种元件是以多孔质陶瓷 SnO_2 为基本材料，添加不同物质，采用传统制陶工艺进行烧结的。烧结时在材料中埋入加热电阻丝和测量电极，制成管芯，然后将加热电阻丝和测量电极引线焊在管座上，并将管芯罩覆在不锈钢网中而制成。这种元件主要用于检测还原性气体、可燃性气体和液体蒸汽。元件工作时需加热至300℃左右，按其加热方式不同，又分为直热式和旁热式两种。

① 直热式 SnO_2 气敏元件：直热式 SnO_2 气敏元件的结构与符号如图 5-2 所示。元件管芯由三部分组成：SnO_2 基本材料、加热电阻丝和电极丝。加热电阻丝和电极丝直接埋在 SnO_2 材料内，然后烧结。工作时加热电阻丝通电加热，使元件达到工作温度，测量电极丝用于元件电阻值变化的测量。

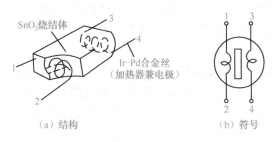

（a）结构　　　　　　　　（b）符号

图 5-2　直热式 SnO_2 气敏元件结构与符号

这种元件的优点：制造工艺简单、功耗小、成本低，可在高压回路中使用，可制成价格低廉的可燃气体报警器。目前市场上流行的传感器如日本费加罗公司的 TGS-109 型、国内的 QM 型和 MQ 型传感器就是这种结构。

这种元件的缺点：热容量小，易受环境气流的影响，测量回路和加热回路之间没有隔离，互相影响。

② 旁热式 SnO_2 气敏元件：其管芯增加了一个陶瓷管，在管内放入一个高阻加热丝，管外涂梳状金电极做测量极，在金电极外涂 SnO_2 材料。

这种结构的元件克服了直热式元件的缺点，其测量极与加热电阻丝分开，加热丝不与热敏材料接触，避免了测量回路与加热回路之间的互相影响。而且元件热容量大，降低了环境气温对元件加热温度的影响，并容易保持 SnO_2 材料结构稳定。目前国产 QM-N5 型传感器，日本费加罗 TGS-812、813 型等传感器均属这种。

（2）薄膜型 SnO_2 气敏元件

薄膜型 SnO_2 气敏元件一般是在绝缘基板上蒸发或溅射一层 SnO_2 薄膜，再引出电极制成的。这种元件制作方法简单，但元件特性一致性差，灵敏度不如烧结型元件高。

（3）厚膜型 SnO_2 气敏元件

厚膜型 SnO_2 气敏元件一般采用丝网印刷技术制作，元件强度好，特性比较一致，便于生产。

三、常见气体传感器及其应用

1. QM-N5 型气体传感器及应用

QM-N5 型气体传感器是一种应用广泛的国产气体传感器，它由绝缘陶瓷管、加热器、电极及氧化锡烧结体等构成。在陶瓷管内放入高阻电热丝，管外涂梳状金电极做测量极，再在金电极外涂氧化锡半导体材料，使氧化锡烧结体位于两电极之间。工作时，电热丝通电加热，当无被测气体流入时，由于空气中的氧成分大体上是恒定的，因而氧的吸附量也是恒定的，气敏元件的阻值大致保持不变。当有被测气体流入，元件表面将产生吸附作用，元件的阻值将随气体浓度而变化，由测量回路按照浓度和阻值的变化关系即可推算出气体的浓度。

QM-N5 型气体传感器的极间电压为 10V，加热电压为（5±0.5）V，负载电阻为 2kΩ，适用环境温度为 -20~40℃，适用于检测煤气、液化石油气、煤油、汽油、乙炔、乙醇、酒精、氢气、硫化氢、一氧化碳、烷类气体、烯类气体、氨类气体及烟雾等。图 5-3 列出了 QM-N5 型气体传感器的外形和符号。其中 A、B 为信号电极（电极），H 为加热丝极（丝极）。

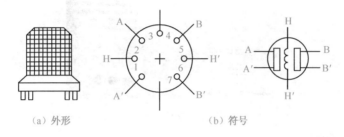

（a）外形   （b）符号

图 5-3　QM-N5 型气体传感器外形和符号

（1）一氧化碳报警器

我国城市的人工煤制气的成分虽各不相同，但都含有较多的一氧化碳。众所周知，一氧化碳为剧毒气体，健康人在含一氧化碳 1% 的空气中，停留 10 分钟会产生痉挛，停留半小时就会死亡。当煤制气泄漏时，既有爆炸的危险，又存在一氧化碳中毒（直接中毒）的危险。另外，使用燃气热水器或煤炉而通风不良时，也会发生一氧化碳中毒（排气中毒）。图 5-4 是一种 CO 检测换气报警自动控制电路。

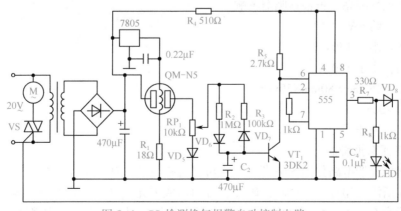

图 5-4　CO 检测换气报警自动控制电路

气敏检测电路由 QM-N5 型气体传感器、R_1、RP_1、VD_5 等组成。延时电路由 VD_6、VD_7、R_2、C_2 等组成，防止由于 QM-N5 型气体传感器在不稳定过程中引起 A 极和 B 极之间电阻下降而发生误报。不稳定过程的时间大约为 10 分钟，延时时间常数由 R_2、C_2 及 VD_6 的正向电阻决定。电源断开后，C_2 上的充电电压通过 VD_7、R_3 放电。7805 为电热丝提供稳定的+5V 电压。当 CO 浓度很低时，QM-N5 型气体传感器的 A、B 极间导电率低，呈高阻状态，检测的电信号小，不能驱动后级电路工作，因此电动机 M 不转动，LED 不发光。当 CO 达到一定浓度时，QM-N5 型气体传感器的 A、B 极间电阻减小，检测的信号增大。在 VD_5 的作用下，在调节 RP_1 时，气敏信号取值电压最低限制在 0.7V，经延时电路加到晶体管 VT_1，使之饱和导通。555 时基电路的第 6 号脚由高电平变为低电平，第 3 脚输出高电平，双向晶闸管 VS 触发导通。电动机 M 通电转动，排出有害气体，LED 发光报警。当室内 CO 浓度下降至正常值后，气敏检测信号变小，排气扇自动停转，LED 熄灭。

不完全燃烧（一氧化碳）报警器（BC-400 型）外形图如图 5-5 所示，其产品规格如下：

图 5-5　一氧化碳报警器（BC-400 型）外形图

使用温度：0~50℃

检测方式：半导体式

电　　源：AC 220V，50Hz

报警浓度：两段报警型

第一段 200ppm 以下

第二段 550ppm 以下

报警方式：两段报警型

第一段黄色灯闪亮

第二段红色灯闪亮、报警蜂鸣器鸣响

消耗功率：约 5W

响应时间：小于 150s

恢复时间：小于 150s

外形尺寸：155mm×80mm×50mm

重量：约 400g

安装方式：壁挂式

（2）矿灯瓦斯报警器

矿灯瓦斯报警器电路如图 5-6 所示。它可以直接放置在矿工的工作帽内，以矿灯蓄电池为电源，当瓦斯浓度超过一定值时，矿灯会自动形成闪光，并发出报警声告警。图中所用瓦斯气体传感器为 QM-N5 型气体传感器，它对瓦斯气体及其他可燃性气体都具有良好的敏感性。图 5-6 中 4V 电源为矿灯蓄电池，R_1 为传感器加热线圈的限流电阻。为了避免传感器在每次使用前都要预热 10 多分钟，并且在传感器预热期间即使处于洁净的空气中，测量电极输出端也会有信号输出，造成误报警，影响生产，所以传感器电路不接于矿灯开关回路内。这样，煤矿工人在每天下班后，将矿灯蓄电池交给电房充电时，传感器仍处于预热状态。当工人们下井前到充电房领取后，不需要在使用前再对传感器进行预热，避免了预热报警。

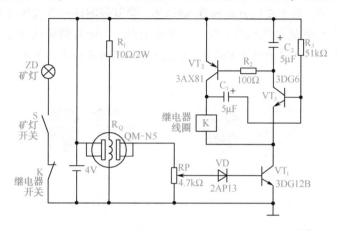

图 5-6　矿灯瓦斯报警器电路

在电路中，电位器 RP（4.7kΩ）为瓦斯报警浓度的设定电位器。当矿内瓦斯浓度超过设定浓度时，电位器 RP 的输出信号通过二极管 VD 加到晶体管 VT_1 的基极，使 VT_1 导通，从而使 VT_2、VT_3 得电开始工作。而当瓦斯浓度较低时，由于电位器 RP 的输出电压较低，VT_1 截止，所以 VT_2、VT_3 也停止工作。事实上，VT_2、VT_3、R_2、R_3、C_1 和 C_2 组成的是一个互补式自激多谐振荡器。在晶体管 VT_1 导通后，电源通过 R_3 对 C_1 充电。当 C_1 充电至一定电压时，晶体管 VT_3 导通，C_2 很快通过 VT_3 充电，当充电至一定电压时，VT_2 导通。此时，继电器线圈中有较大的电流流过，使继电器开关 K 动作而断开。在 VT_3 导通时，C_1 开始放电，其放电电路为：C_1 的正极→VT_3 的基极→VT_3 的发射极→VT_1 的集电极→电源负极（即 VT_1 的发射极）→电源正极（即 VT_2 的发射极）→VT_2 的集电极→C_1 的负极，所以放电时间常数较大。当 C_1 两端电压下降到一定程度时，VT_3 截止。但在 VT_3 截止时，VT_2 还不会马上截止，因为电容 C_2 上还有一定的电压。这时，C_2 经 R_2 和 VT_2 的发射结放电，待 C_2 两端电压接近于零时，VT_2 也就截止了。这时，继电器开关 K 重新闭合。当 VT_3 截止以后，C_1 又开始充电，以后过程与前述相同，使电路形成自激振荡。继电器开关 K 不断地断开和闭合，使矿灯形成闪光，说明瓦斯浓度已超过了设定值。同时，由于矿灯和继电器都是安装在工作帽上的，在继电器动作时，衔铁撞击铁芯发出的"嗒、嗒"声通过矿帽传递，矿工也能听得很清楚，这会进一步提醒矿工注意，及时采取通风措施，从而避免瓦斯爆炸等事故的发生。

在图 5-6 中，除矿灯 ZD、矿灯开关 S 和 4V 蓄电池为矿工的工作帽中原有的外，其余部分均为新设置的元器件。其中，R_Q 为 QM-N5 型瓦斯传感器；R_1 为 2W 以上的碳膜电阻；RP 为 WH7 型超小型碳膜微调电位器；R_2、R_3 为一般小功率电阻；C_1、C_2 为电解电容器；VD 为 2AP13 型锗二极管；VT_1 为 3DG12B 型晶体管，要求 β 为 80 左右；VT_2 为 3AX81 型晶体管，要求 β 为 70 左右；VT_3 为 3DG6 型晶体管，要求 β 为 70 左右；K 为 4099 型超小型中功率继电器开关。全部元器件均安装在矿帽内，对瓦斯传感器 R_Q 要采取防风、防尘（但要透气）措施。

该报警器的调试方法为：通电 15min 后，先将电位器 RP 调到输出为零的一端，再将矿灯瓦斯报警器置于设定浓度的瓦斯气样中，缓慢调节电位器 RP，使报警器刚好发出报警声。

2. TGS 系列气体传感器及应用

TGS 系列气体传感器是日本费加罗公司生产的半导体气体传感器，图 5-7 为几款 TGS 系列气体传感器实物及结构图，其主要成分是 SnO_2 烧结体。当其吸附还原性气体（如液化气、天然气、氢气、一氧化碳、有机溶剂及蒸汽等）时，电导率上升。当恢复到清洁空气中时，电导率恢复。TGS 系列气体传感器就是将这种电导率的变化以输出电压的方式取出，从而检测出气体的浓度的。

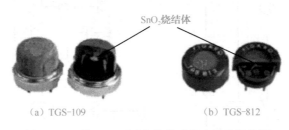

图 5-7　几款 TGS 系列气体传感器实物及结构图

（1）火灾烟雾报警器

可利用 TGS-109 气敏元件对烟雾的敏感性，设计出火灾烟雾报警器。在火灾发生初期，总要产生可燃性气体和烟雾，因此可以利用 SnO_2 气敏元材做烟雾报警器，在火灾酿成之前进行预报。

火灾报警器具有双重报警机构：当火灾发生时，温度升高，达到一定温度时热传感器动作，蜂鸣器鸣响报警；当烟雾或可燃性气体达到预定报警浓度时，气敏元件发生作用时报警电路动作，蜂鸣器也鸣响报警。

（2）实用酒精测试仪

如图 5-8 所示为酒精测试仪电路。该测试仪只要被试者向传感器吹一口气，便可显示出其醉酒的程度，确定被试者是否适宜驾驶车辆。气体传感器选用 SnO_2 气敏元件。此类仪器目前已广泛使用，并成为交警的必备标准装备之一。

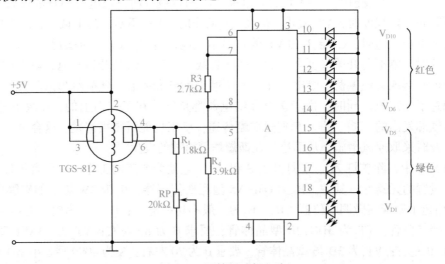

图 5-8　酒精测试仪电路

当气体传感器探测不到酒精时，加在第 5 脚的电平为低电平；当气体传感器探测到酒精时，其内阻变低，从而使第 5 脚电平变高。图 5-8 中 A 为显示驱动器，它共有十个输出端，每个输出端可以驱动一个发光二极管，显示驱动器 A 根据第 5 脚电平高低来确定依次点亮发光二极管的级数，酒精含量越高则点亮二极管的级数越大。上 5 个发光二极管为红色，表示超过安全水平；下 5 个发光二极管为绿色，表示在安全水平内（酒精含量不超过 0.5%）。

国产 NA158 型酒精检测器实物图如图 5-9 所示，它有以下特点：

① 快速响应，较短的预热时间，高灵敏度，方便的单手操作，方便卫生的无接触设计；发光管显示，随浓度变化的声响指示更加方便直观。

② 电池低电压指示，可充电镍氢电池，连续工作时间超过 8 小时。

③ 预热时间：少于 3 分钟。

④ 显示：10 级光点显示。

⑤ 尺寸：170mm×62mm×26mm（$L×W×H$）。

⑥ 质量：约 300g。

图 5-9 国产 NA158 型酒精检测器实物图

任务分析

具有自动控制排气扇和声光报警功能的电路是采用 MQK-2 型气体传感器来探测有害气体的。MQK-2 型气体传感器也是一种国产常见半导体气体传感器。其基座采用耐高温酚醛塑料压制，引脚为镀镍铜丝，上罩采用双层密纹不锈钢网压制，有较高的强度和防爆功能。MQK-2A 型气体传感器适用于检测天然气、城市煤气、石油液化气、丙丁烷和氢气等；MQK-2B 型气体传感器适用于检测烟雾等减光型有害气体。

MQK-2 型气体传感器的灵敏度为 10～30，响应时间少于 10s，恢复时间少于 60s，加热电压为（5±0.2）V，加热功率为 0.7W，环境温度为 -10～40℃，湿度低于 85%RH。

图 5-10（a）是 MQK-2 型气体传感器的外形和引脚排列图，图 5-10（b）是一个采用 MQK-2型气体传感器的家用煤气、液化气简易报警电路。图中 7806 稳压器提供稳定的 6V 电压，TL431 是精密电压比较器（在湿度传感器模块中已介绍），当 MQK-2 型气体传感器在纯净的空气中时，A、B 间的电阻约为几十千欧，TL431 的 R 段为低电位；当 MQK-2 型气体传感器接触到有害可燃气体时，A、B 间的电阻急剧下降，R 段电位逐渐升高；当电位达到 2.5V 时，TL431 内部导通，LED 发光，KD9001 报警器发出报警声。

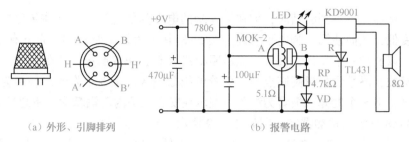

（a）外形、引脚排列　　　　　　　　（b）报警电路

图 5-10　MQK-2 型气体传感器的外形、引脚排列和报警电路

 任务设计

　　具有自动控制排气扇和声光报警功能的电路，设计时可根据情况分别对待。当有害气体浓度达到 0.15% 时，排气扇首先自动开启，使有害气体排出，且发光二极管 LED_2 发光。空气洁净时，排气扇自动关闭。只有当有害气体泄漏严重，排气无效，浓度达到 0.2% 时，电路才发出声光报警。

　　在图 5-11 所示电路中，A_1、A_2 和 A_3 构成比较器，调节 RP_1 可设定排气扇启动点，调节 RP_2 可设定报警点，调节 RP_3 可使 LED_1 熄灭，当 MQK-2 型气体传感器的加热丝被烧断时，A_3 翻转输出高电平，VT_3 导通，LED_1 发光，表示 MQK-2 型气体传感器失效。VD_3 为温度补偿二极管，R_2、VD_1、VD_2、C_3 组成开机延时电路，可避免初期特性造成的开机误报警，R_2 的阻值可根据延时时间长短选择，报警电路由 KD9561 发出警报声。

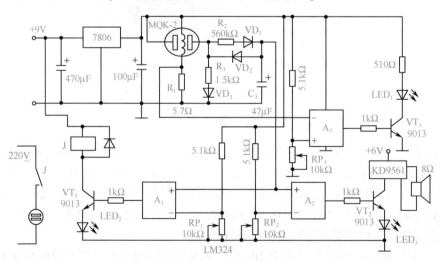

图 5-11　具有自动控制排气扇和声光报警功能的电路

 任务实现

　　具有自动控制排气扇和声光报警功能的电路是一种结构设计合理、功能比较齐全的实用检测电路，该电路有四个使用时应注意的方面。

　　（1）通电数秒钟等 MQK-2 型气体传感器加热线圈稳定后，再进行测试工作。

（2）使用时严密观察发光二极管 LED$_1$ 的状态，因为 MQK-2 型传感器正常工作时，R$_1$ 两端的电压，即运放 A$_3$ 的反相输入端的电位高于同相输入端的电位，LED$_1$ 熄灭，一旦 MQK-2 型传感器的加热线圈被烧断，即运放 A$_3$ 的反相输入端的电位低于同相输入端的电位，LED$_1$ 发光。所以，LED$_1$ 是监测 MQK-2 型传感器加热线圈的指示灯。

（3）该电路设计思路是，当有害气体浓度达到 0.15% 时，排气扇首先自动开启，当有害气体排出，空气洁净时，排气扇自动关闭。只有当有害气体泄漏严重，排气无效，浓度达到 0.2% 时，电路才发出声光报警。所以 RP$_1$、RP$_2$ 两个电位器的电阻数值，工厂在出厂前已调好，不要随便改动。

（4）电风扇启动与关闭是由继电器 J 通电和断电控制的，有关继电器的工作原理请参考其他有关书籍。

 阶段小结

本模块讲述了气体传感器的概念，并对多种气体检测方法进行了比较分析，介绍了半导体气体传感器的结构、符号及工作原理，分析了 QM-N5 型气体传感器的工作原理。同时结合实例画出了 CO 检测换气报警自动控制电路和矿灯瓦斯报警器电路图，为学生学完后自己动手组装可燃性气体报警电路打下了良好的基础。建议学完本模块后，学生动手组装调试一个简单的可燃性气体报警电路。

 习题与思考题

1. 常用的气体检测方法有哪几种？各自的优、缺点是什么？
2. 简述半导体气敏电阻的工作原理。
3. 氧化锡类气敏元件可分成哪几类？各有什么特点？
4. 试分析如图 5-12 所示的自动换气扇电路的工作原理。

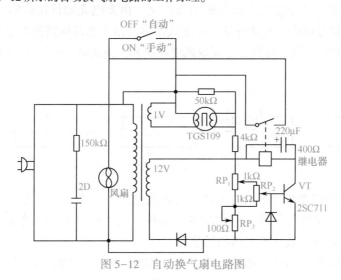

图 5-12　自动换气扇电路图

模块六 光电式传感器及其应用

课题一 光电效应与光电转换元器件

任务：全自动声光控制电路的设计

 任务目标

★ 掌握光电式传感器的基本原理；
★ 了解外光电效应和内光电效应；
★ 掌握常用光电转换元器件的结构与工作原理；
★ 掌握光电转换元器件的使用方法。

 知识积累

一、光电式传感器概述

光电式传感器是以光为媒介，以光电效应为基础制成的传感器，其基本结构如图 6-1 所示。光源产生光通量，光通量的参数受被测量控制，由光电元器件接收转变成电信号，经过信号处理成为可用信号输出。由此可见，光电式传感器由光路及电路两大部分组成。光路部分实现对光通量的控制或调制，电路部分完成光电转换和使被测信号成为可用信号输出。

图 6-1 光电式传感器基本结构

光电式传感器中的光源可采用白炽灯、气体放电灯、激光器、发光二极管，以及能发射可见光谱、紫外线光谱和红外线光谱的其他元器件。此外还可采用 X 射线及同位素放射源，这时一般需要把辐射能变成可见光谱的转换器。

光路系统中常用的元器件有透镜、滤光片、光阑、光楔、棱镜、反射镜、光通量调制器、光栅及光导纤维等，主要对光参数进行选择、调整和处理。

光电转换元器件常用的有真空光电管、充气光电管、光电倍增管、光敏电阻、光电池、光电二极管及光电晶体管等，作用是检测照射在其上的光通量。选用何种形式的元器件取决于被测参数、所需的灵敏度、反应的速度、光源的特性及测量环境和条件等。

大多数情况下，光电元器件输出电信号较小，需设置放大器。对于物理量变化缓慢的被测对象，在光路系统中常采用光调制，因而放大器中有时包含相敏检波及其他运算电路，对信号进行必要的加工和处理。

光电式传感器具有反应速度快、结构简单、较高的可靠性、能实现非接触测量等一系列优点，已成为工农业生产、科学研究中十分有用的工具，深入到人们生活的各个角落。

二、光电效应

光电式传感器是一种将光变化转换为电变化的传感器，其物理基础是光电效应。光电效应分为外光电效应和内光电效应两大类。

1. 外光电效应

在光线的作用下，金属或金属氧化物内部的电子逸出其表面向外发射的现象称为外光电效应，向外发射的电子叫光电子。基于外光电效应的光电元器件有光电管、光电倍增管等。

根据爱因斯坦的光子假设，光子是具有能量的粒子，每个光子具有的能量可表示为

$$e = h\nu \tag{6-1}$$

式中　h——普朗克常数，$h = 6.626 \times 10^{-34}$（J·s）；

　　　ν——光的频率（s^{-1}）。

物体中的电子吸收了入射光子的能量，当其足以克服逸出功 A 时，电子逸出物体表面，产生光电子发射。考查一个电子的逸出情况，光子能量 $h\nu$ 必须超过逸出功 A，超过部分的能量转换为逸出电子的动能。根据能量守恒定理有

$$h\nu = \frac{1}{2}mv_0^2 + A \tag{6-2}$$

式中　m——电子质量；

　　　v_0——电子逸出速度。

式（6-2）称为爱因斯坦光电效应方程。由此可知：

① 光电子能否产生取决于光子的能量是否大于该物体的表面电子逸出功 A。不同的物质具有不同的 A，当光子的能量恰好等于逸出功 A，初动能 $\frac{1}{2}mv_0^2$ 为零时，根据式（6-2），有

$$h\nu_0 = A \tag{6-3}$$

式中，ν_0 称为红限频率或光频阈值。

当光的频率低于 ν_0 时，光子的能量不足以使物体内的电子逸出，因而频率小于 ν_0 的入射光，光强再大也不会产生光电子发射；反之，入射光频率高于 ν_0，即使光线微弱，也会有光电子发射出来。

② 当入射光的频谱成分不变时，产生的光电流与光强成正比。即光强越大，入射光子数越多，逸出的电子数也就越多。

③ 一个光子的全部能量一次被一个电子所吸收，不需要积累能量的时间，所以光开始照射后，立刻有光电子发射。根据测量结果，这时间不超过 10^{-9}s，即使入射光非常微弱，开始照射后，也会立即有光电子发出。

④ 光电子的初动能决定于入射光的频率。光电子逸出物体表面具有初始动能，因此光电管即使没有加阳极电压，也会有光电流产生。为了使光电流为零，必须加负向截止电压，而截止电压与入射光的频率成正比。

2. 内光电效应

光照射到半导体上，使其电导率发生变化或产生光电动势的效应称为内光电效应。内光电效应又分为光导效应和光生伏特效应两类。

（1）光导效应

当光照射到光电导体上时，若这个光电导体为本征半导体，而且光辐射能量又足够强，如图 6-2 所示，光电导体价带上的电子将被激发到导带上去，从而使导带上的电子和价带的空穴增加，致使光电导体的电导率变大。为了实现能级的跃迁，入射光的能量必须大于光电导体的禁带宽度 E_g，即

$$h\nu = \frac{hc}{\lambda} = \frac{1.24}{\lambda} \geqslant E_g \tag{6-4}$$

式中，ν、λ 分别为入射光的频率和波长。

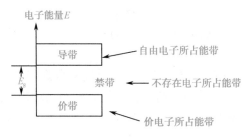

图 6-2　电子能级示意图

也就是说，一种光电导体，总存在一个照射光波长 λ_c，只有波长小于 λ_c 的光照射在光电导体上，才能产生电子能级间的跃进，从而使光电导体的电导率增加。

绝大多数的高电阻率半导体在受到光照射时，电子吸收光子能量后，光能使电子从价带受激发而跃迁至导带，从而形成自由电子。与此同时，价带也会相应地形成自由空穴，电子和空穴统称为载流子。载流子在端电压作用下形成光电流，使电阻率降低而易于导电，这种现象称为光导效应。光敏电阻是典型的基于光导效应的光电元器件。

与外光电效应相似，光导效应受红限频率的限制。并非任何频率的光都可激发电子的跃迁，只有能量足以使电子越过禁带能级宽度的光才能使该种半导体材料呈现光导效应。除金属外，大多数的绝缘体和半导体都有光导效应，其中以半导体尤为显著。这里没有电子向外发射，仅改变物质内部的电阻。

当光照射光敏电阻时，其导电性增加，电阻值下降，且入射光越强，电阻值变得越小。入射光的强弱变化导致半导体电阻值发生变化，光照停止电阻值又恢复原值。

（2）光生伏特效应

在光的作用下能够使物体产生一定方向的电动势的现象称为光生伏特效应。基于该效应的光电元器件有光电池和光电二极管、光电晶体管。

① 势垒效应（PN 结光生伏特效应）。一般晶体管的 PN 结要被遮蔽起来，使其不受光照

射，以免影响晶体管性能。光电元器件则相反，要特意使其 PN 结受光照射以便于获取光能。当 PN 结及其附近的半导体受到光照射时吸收光能，设光子能量大于禁带宽度，价带电子受激跃迁至导带形成自由电子，在价带相应地形成自由空穴。这些载流子在 PN 结内部电场的作用下，电子向 N 型区一侧加速，而空穴向 P 型区一侧加速，载流子的流动即形成光电流；结果在半导体 P 型区一侧带正电，而在 N 型区一侧带负电。这种光生伏特现象称为 PN 结光生伏特效应。这就是 PN 结上受光照射时产生光生电动势和光电流的原理，主要应用有硅、锗光电池。

②金属与半导体接触的主要应用有氧化亚铜光电池和硒光电池。

③侧向光电效应（丹培 Dember 效应）。当光照射在半导体的一部分上时，其能量被吸收，被照射部分就会产生电子—空穴对，从而使载流子浓度高于未被照射部分，两者之间产生载流子的浓度梯度，使载流子扩散。如果电子的迁移率比空穴大，那么空穴的扩散不明显，则电子向未被光照部分扩散，就造成被光照射的部分带正电，未被光照射的部分带负电，被光照部分与未被光照部分产生光电势。由于载流子浓度差而出现电势的现象称为侧向光电效应，主要应用有硫化镉光电池等。

三、光电转换元器件

1. 光电管、光电倍增管

1）光电管及其基本特性
（1）结构与工作原理

光电管和光电倍增管是利用外光电效应制成的典型光电元器件。光电管有真空光电管和充气光电管两类，两者结构相似，如图 6-3 所示。它们由一个阴极 K 和一个阳极 A 构成，并且密封在一只真空玻璃管内。阴极装在玻璃管内壁上，其上涂有光电发射材料。阳极通常用金属丝弯曲成矩形或圆形，置于玻璃管的中央。当光照射在阴极上时，阳极可收集从阴极上逸出的电子，在外电场作用下形成电流 I，如图 6-3（b）所示。其中，充气光电管内充有少量的惰性气体如氩或氖，当充气光电管的阴极被光照射后，光电子在飞向阳极的途中和气体的原子发生碰撞而使气体电离，因此增加了光电流，从而使光电管的灵敏度增加，但也会导致充气光电管的光电流与入射光强度不成比例，因而使其稳定性差、非线性、惰性、温度受影响大。

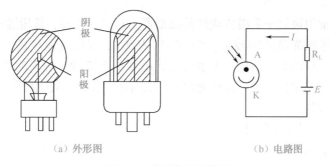

（a）外形图　　　　　　　　　　　　（b）电路图

图 6-3　光电管的结构图

光电管工作时，必须在其阴极与阳极之间加上电势，使阳极的电位高于阴极。光电管的阴极受到适当的光照后发射光电子，光电子被具有一定电位的阳极吸收，在光电管内形成电子流，此光电流通过一定的电路输出。光电流的大小与照射在阴极上的光强成正比。

光电管的光谱响应范围、峰值波长、阴极光照灵敏度等各不相同，各类型的用途不同，使用时应根据需要进行选择。

（2）主要性能

① 光电管的伏安特性。在一定的光照下，光电元器件的阴极所加电压与阳极所产生的电流之间的关系称为光电管的伏安特性。充气光电管和真空光电管的伏安特性如图 6-4 所示，它是应用光电式传感器参数的主要依据。

② 光电管的光照特性。当光电管的阳极和阴极之间所加电压一定时，光通量与光电流之间的关系称为光电管的光照特性，其特性曲线如图 6-5 所示。曲线 1 表示氧铯阴极光电管的光照特性，光电流 I 与光通量为线性关系。曲线 2 为锑铯阴极光电管的光照特性，为非线性关系。光照特性曲线的斜率（光电流与入射光光通量之比）称为光电管的灵敏度。

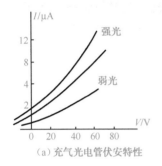
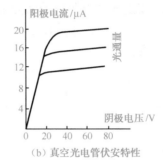
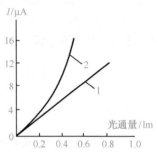

（a）充气光电管伏安特性　　　（b）真空光电管伏安特性

图 6-4　充气光电管和真空光电管的伏安特性　　　图 6-5　光电管的光照特性

③ 光电管光谱特性。光电阴极材料不同的光电管，有不同的红限频率 ν_0，因此它们可用于不同的光谱范围。除此之外，即使照射在阴极上的入射光的频率高于红限频率 ν_0，并且强度相同，入射光频率不同，阴极发射的光电子的数量也会不同，即同一光电管对于不同频率的光的灵敏度不同，这就是光电管的光谱特性。所以，对各种不同波长区域的光，应选用不同材料的阴极。国产 GD-4 型的光电管，阴极是用锑铯材料制成的，其红限频率对应的波长为 7000Å（$1Å = 10^{-10}$ m，用 Å 的倍数表示波长），它对可见光范围内的入射光的灵敏度比较高，转换效率可达 25%～30%。这种管子适用于白光光源，因而被广泛地应用于各种光电式自动检测仪表中。

对红外光源，常用银氧铯阴极构成红外探测器。对紫外光源，常用锑铯阴极和镁镉阴极。另外，锑钾钠铯阴极的光谱范围较宽，为 3000～8500Å，灵敏度也较高，与人的视觉光谱特性很接近，是一种新型的光电阴极。但也有些光电管的光谱特性和人的视觉光谱特性有很大差异，因而在测量和控制技术中，这些光电管可以承担人眼所不能胜任的工作，如作为坦克和装甲车上的夜视镜等。

2）光电倍增管及其基本特性

（1）结构与工作原理

当入射光很微弱时，普通光电管产生的光电流很小，只有零点几个微安，很难探测到。这时常用光电倍增管对电流进行放大，其结构及工作原理如图 6-6 所示。

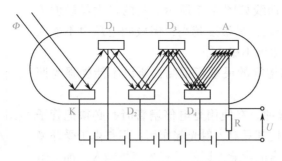

图 6-6　光电倍增管结构及工作原理图

光电倍增管有放大光电流的作用，灵敏度非常高，信噪比大，线性好，多用于测量微弱信号。

从图 6-6 中可以看到光电倍增管也有一个阴极 K、一个阳极 A。与光电管不同的是，在它的阴极和阳极间设置了许多二次发射电极（如 D_1、D_2、D_3、…它们又称为"倍增极""打拿级"），相邻电极间通常加上 100V 左右的电压，其电位逐级升高，阴极电位最低，阳极电位最高，两者之差一般为 600~1200V。

当用微光照射阴极 K 时，从阴极 K 上逸出的光电子被第一倍增极 D_1 加速，以很高的速度轰击 D_1，入射光电子的能量传递给 D_1 表面的电子使它们由 D_1 表面逸出，这些电子称为二次电子，一个入射光电子可以产生多个二次电子。D_1 发射出来的二次电子被 D_1、D_2 间的电场加速，射向 D_2，并再次产生二次电子发射，得到更多的二次电子。这样逐级前进，一直到最后达到阳极 A 为止。每个电子能从这个倍增电极上打出 3~6 倍个次级电子，被打出来的次级电子经过电场的加速后，打在第二个倍增电极上，电子数又增加 3~6 倍，如此不断倍增，阳极最后收集到的电子数将达到阴极发射电子数的 10^5~10^6 倍。即光电倍增管的放大倍数可达到几万倍到几百万倍，光电倍增管的灵敏度就比普通光电管高几万到几百万倍。在很微弱的光照下，它就能产生很大的光电流。因此光电倍增管灵敏度极高，其光电特性基本上是一条直线。

（2）主要参数

光电倍增管的主要参数有：

① 倍增系数 M。倍增系数 M 等于各倍增电极的二次电子发射系数 δ_i 的乘积。如果 n 个倍增电极的 δ_i 都一样，则 $M=\delta_i^n$，因此，阳极电流 I 为

$$I=i\delta_i^n \tag{6-5}$$

式中，i 为光电阴极的光电流。

光电倍增管的电流放大倍数 β 为

$$\beta=\frac{I}{i}=\delta_i^n \tag{6-6}$$

M 与所加电压有关，一般为 10^5~10^8。如果电压有波动，倍增系数也要波动，因此 M 具有一定的统计涨落。一般阳极和阴极之间的电压为 1000~2500V，两个相邻的倍增电极的电位差为 50~100V。所加电压越稳定越好，这样可以减少统计涨落，从而减小测量误差。

② 光电阴极灵敏度和光电倍增管总灵敏度。一个光子在阴极上能够打出的平均电子数称为光电阴极的灵敏度。而一个光子在阳极上产生的平均电子数称为光电倍增管的总灵敏度。

光电倍增管的特性曲线如图 6-7 所示。它的最大灵敏度可达 10A/lm，极间电压越高，灵敏度越高；但极间电压也不能太高，太高反而会使阳极电流不稳。

另外，由于光电倍增管的灵敏度很高，所以不能受强光照射，否则会损坏。

③ 暗电流和本底脉冲。在使用光电倍增管时，必须把管子放在暗室里避光使用，使其只对入射光起作用；但是由于受环境温度、热辐射和其他因素的影响，即使没有光信号输入，加上电压后阳极仍有电流，这种电流称为暗电流。这种暗电流通常可以用补偿电路加以消除。

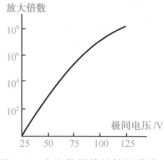

图 6-7　光电倍增管的特性曲线

光电倍增管的阴极前面放一块闪烁体，就构成闪烁计数器。在闪烁体受到人眼看不见的宇宙射线的照射后，光电倍增管就会有电流信号输出，这种电流称为闪烁计数器的暗电流，一般把它称为本底脉冲。

④ 光电倍增管的光谱特性。光电倍增管的光谱特性与用相同材料制成的光电管的光谱特性相似。

2. 光敏电阻

（1）结构和原理

光敏电阻又称为光导管。光敏电阻几乎都是用半导体材料制成的。光敏电阻的结构较简单，在玻璃底板上均匀地涂上薄薄的一层半导体物质，半导体的两端装上金属电极，使电极与半导体层可靠接触，然后将它们压入带有透明窗的管壳里，就构成了光敏电阻。为了防止受到周围介质的污染，在半导体光敏层上覆盖一层漆膜，漆膜的成分应该选择使它在光敏层最敏感的波长范围内透射率最大的。如果把光敏电阻连接到外电路中，在外加电压的作用下，用光照射就能改变电路中电流的大小。光敏电阻依据的工作原理是内光电效应，如图 6-8 所示。为了增加灵敏度，两个电极常做成梳状。

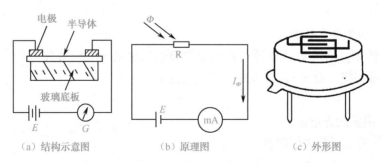

（a）结构示意图　　　　　（b）原理图　　　　　（c）外形图

图 6-8　光敏电阻结构示意图、原理图、外形图

半导体的导电能力完全取决于半导体内载流子数的多少。当光敏电阻受到光照时，若光子能量 $h\nu$ 大于该半导体材料的禁带宽度，则价带中的电子吸收一个光子能量后跃迁到导带，就产生一个电子—空穴对，使电阻率变小，流过负载电阻的电流及其两端电压也随之变化。光照越强，阻值越低，电流越大。入射光消失，电子—空穴对逐渐复合，光电效应消失，电阻也逐渐恢复原值，因而可将光信号转换为电信号。

光敏电阻的种类很多，一般由金属硫化物、硒化物、碲化物等制成，如硫化镉、硫化铅、碲化铅等。由于所用材料不同，工艺过程不同，它们的光电性能也相差很大。其使用场合取决于它的一系列特性，如暗电流、光电流、伏安特性、光照特性、光谱特性、频率特性、温度特性，以及光敏电阻的灵敏度、时间常数和最佳工作电压等。

光敏电阻结构简单，使用方便，灵敏度高，光谱响应的范围可以从紫外光区到红外光区，体积小，性能稳定，使用寿命长，价格较低，所以被广泛应用在自动化及检测技术中。

（2）光敏电阻的特性

① 暗电阻、亮电阻与光电流。

光敏电阻在未受到光照射时的阻值称为暗电阻，此时流过的电流称为暗电流。在受到光照射时的阻值称为亮电阻，此时的电流称为亮电流。亮电流与暗电流之差称为光电流。

一般暗电阻越大，亮电阻越小，光敏电阻的灵敏度越高。光敏电阻的暗电阻一般在兆欧数量级，亮电阻在几千欧以下。暗电阻与亮电阻之比一般为 $10^2 \sim 10^6$，这个值是相当可观的。

② 光敏电阻的伏安特性。

一般光敏电阻如硫化铅、硫化铊的伏安特性如图 6-9 所示。由曲线可知，所加的电压越高，光电流越大，而且没有饱和现象。在给定的电压下，光电流的数值将随光照增强而增大。

③ 光敏电阻的光照特性。

光敏电阻的光照特性用于描述光电流 I 和光照强度之间的关系，绝大多数光敏电阻光照特性是非线性的，如图 6-10 所示。不同光敏电阻的光照特性是不同的。光敏电阻不宜做线性测量元器件，一般用作开关式的光电转换器。

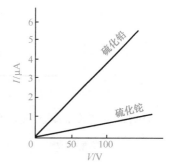

图 6-9 光敏电阻的伏安特性

④ 光敏电阻的光谱特性。

几种常用光敏电阻的光谱特性如图 6-11 所示。对于不同波长的光，光敏电阻的灵敏度是不同的。从图中可以看出，硫化镉的峰值在可见光区域，而硫化铅的峰值在红外区域。因此在选用光敏电阻时应当把元器件和光源的种类结合起来考虑，才能获得满意的结果。

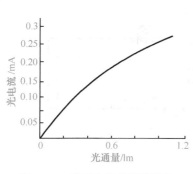

图 6-10 光敏电阻的光照特性

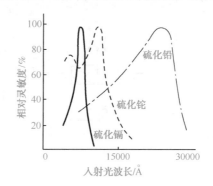

图 6-11 几种常用光敏电阻的光谱特性

⑤ 光敏电阻的响应时间和频率特性。

实验证明，光敏电阻的光电流不能随着光照量的改变而立即改变，即光敏电阻产生的光电流有一定的惰性，这个惰性通常用时间常数 t 来描述。所谓时间常数即光敏电阻自停止光照起到电流下降为原来的 63% 所需要的时间，因此，时间常数越小，响应越迅速。但大多数光敏电阻的时间常数都较大，这是它的缺点之一。

如图 6-12 所示为用硫化镉和硫化铅制成的光敏电阻的频率特性。硫化铅的使用频率范围最大，其他都较差。目前正在通过改进工艺来改善各种材料制成的光敏电阻的频率特性。

⑥ 光敏电阻的温度特性。

随着温度不断升高，光敏电阻的暗电阻和灵敏度都要下降，同时温度变化也影响它的光谱特性。如图 6-13 所示为用硫化铅制成的光敏电阻的光谱温度特性。从图中可以看出，相对灵敏度的峰值随着温度上升向波长短的方向移动，因此有时为了提高元器件的灵敏度，或为了能够接收较长波段的红外辐射而采取一些制冷措施。

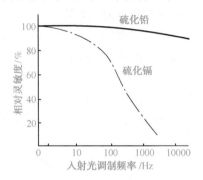
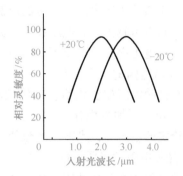

图 6-12　用硫化镉和硫化铅制成的光敏电阻的频率特性　　图 6-13　用硫化铅制成的光敏电阻的光谱温度特性

3. 光电晶体管

（1）光电二极管

光电二极管也叫光敏二极管，是一种利用 PN 结单向导电性的结型光电元器件，结构与一般二极管相似，不同之处在于其 PN 结装在透明管壳的顶部，以便接收光照。它在电路中处于反向偏置状态，如图 6-14 所示。锗光电二极管有 A、B、C、D 四类，硅光电二极管有 2CU1A~D 系列、1DU1~1DU4 系列。

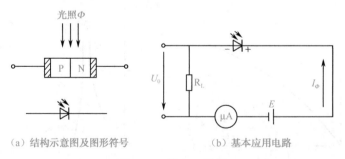

（a）结构示意图及图形符号　　　　　（b）基本应用电路

图 6-14　光电二极管

光电二极管的光照特性是线性的，所以适合应用于检测等方面。

光电二极管在没有光照射时，反向电阻很大，反向电流很小。反向电流也称为暗电流。当有光照射时，光电二极管的工作原理与光电池的工作原理很相似。当无光照射时，光电二极管处于截止状态；受光照射时，光电二极管处于导通状态。光电二极管的光电流 I 与照度之间为线性关系。

当光照射在二极管的 PN 结上时，在 PN 结附近产生电子—空穴对，并在外电场的作用下漂移越过 PN 结，产生光电流。入射光的照度增强，光产生的电子—空穴对数量随之增加，光电流也相应增大，光电流与光照度成正比。

一种新型雪崩式光电二极管（APD），利用了二极管 PN 结的雪崩效应（工作电压达 100V 左右），所以灵敏度极高，响应速度极快，可用于光纤通信及微光测量。

（2）光电晶体管

光电晶体管也叫光敏晶体管，分 PNP 型和 NPN 型两种。其结构与一般晶体管很相似，只是它的发射极一边做得很大，以扩大光的照射面积，且其基极往往不接引线。其结构、符号和基本工作电路如图 6-15 所示。

光电晶体管像普通晶体管一样有两个 PN 结，因此具有电流增益。光电晶体管的基本工作电路如图 6-15（c）所示，当光线通过透明窗口落在集电结上时，集电结反偏，发射结正偏。与光电二极管相似，入射光在集电结附近产生电子—空穴对，电子受集电结电场的吸引流向集电区，基区中留下的空穴使其电位升高，致使电子从发射区流向基区，由于基区很薄，所以只有一小部分从发射区来的电子与基区的空穴结合，而大部分的电子穿越基区流向集电区，这一段过程与普通晶体管的放大过程相似。集电极电流 I_c 是原始光电流的 β 倍，因此光电晶体管比光电二极管灵敏度高许多倍。有时生产厂家还将光电晶体管与另一只普通晶体管制作在同一个管壳内，连接成复合管，称为达林顿型光电三极管。它的灵敏度更大（$\beta = \beta_1\beta_2$），但是其暗电流较大，频响较差，温漂也较大。

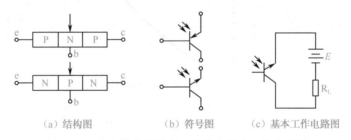

（a）结构图　　　　　（b）符号图　　　　（c）基本工作电路图

图 6-15　光电晶体管结构、符号和基本工作电路图

① 光电晶体管的光谱特性。

光电晶体管的光谱特性如图 6-16 所示。从曲线可以看出，光电晶体管存在一个最佳灵敏度的峰值波长。当入射光的波长增加时，相对灵敏度要下降，这是容易理解的。因为光子能量太小，不足以激发电子—空穴对。当入射光的波长缩短时，相对灵敏度也下降，这是由于光子在半导体表面附近就被吸收了，并且在表面激发的电子—空穴对不能到达 PN 结，因而使相对灵敏度下降。

硅的峰值波长为 9000Å，锗的峰值波长为 15000Å。由于锗管的暗电流比硅管大，因此锗管的性能较差。故在探测可见光或炽热状态的物体时，一般选用硅管；但对红外线进行探测时，则采用锗管较合适。

② 光电晶体管的伏安特性。

光电晶体管的伏安特性如图 6-17 所示。光电晶体管在不同照度下的伏安特性就像一般晶体管在不同基极电流时的输出特性一样。因此，只要将入射光照在发射极 e 与基极 b 之间的 PN 结附近，所产生的光电流看作基极电流，就可将光电晶体管看作一般的晶体管。光电晶体管能把光信号变成电信号，而且输出的电信号较大。

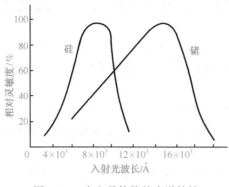

图 6-16　光电晶体管的光谱特性

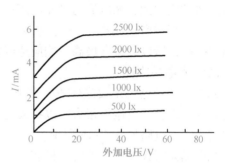

图 6-17　光电晶体管的伏安特性

③ 光电晶体管的光照特性。

光电晶体管的光照特性如图 6-18 所示。它给出了光电晶体管的输出电流 I 和照度之间的关系。它们之间呈现了近似线性关系。当光照足够大（几千勒克斯）时，会出现饱和现象，从而使光电晶体管既可做线性转换元器件，也可做开关元器件。

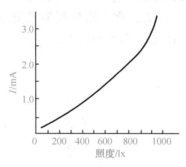

图 6-18　光电晶体管的光照特性

④ 光电晶体管的温度特性。

光电晶体管的温度特性如图 6-19 所示。它反映的是光电晶体管的暗电流及光电流与温度的关系。从特性曲线可以看出，温度变化对光电流的影响很小，而对暗电流的影响很大。所以电子线路中应该对暗电流进行温度补偿，否则将会导致输出误差。

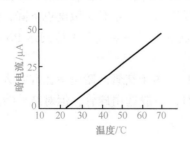

图 6-19　光电晶体管的温度特性

⑤ 光电晶体管的频率特性。

光电晶体管的频率特性如图 6-20 所示。光电晶体管的频率特性受负载电阻影响，减小负载电阻可以提高频率响应。一般来说，光电晶体管的频率响应比光电二极管差。对于锗管，入射光的调制频率要求在 5000Hz 以下。硅管的频率响应要比锗管好。实验证明，光电晶体管的截止频率和它的基区厚度成反比。如果要求截止频率高，那么基区就要薄；但基区变薄，灵敏度将降低，在制造时要两者兼顾。

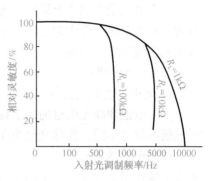

图 6-20　光电晶体管的频率特性

4. 光电池

（1）结构原理

光电池依据的工作原理是光生伏特效应。光电池是在光线照射下，能直接将光量转变为电动势的光电元器件，实质上它就是电压源。这种光电元器件是基于阻挡层的光电效应的。

光电池的种类很多，有砷化镓硒光电池、氧化亚铜光电池、硫化铊光电池、硫化镉光电池、硒光电池、硅光电池及砷化镓光电池等。其中最受重视的是硅光电池和硒光电池，因为它们有一系列优点，如性能稳定、光谱范围宽、频率特性好、转换效率高、能耐高温辐射和价格便宜等。另外，由于硒光电池的光谱峰值位置在人眼的视觉范围内，所以很多分析仪器、测量仪表中也常常用到它。砷化镓光电池是光电池中的后起之秀，它在效率、光谱特性、稳定性、响应时间等多方面均有许多长处，今后会逐渐得到推广应用。下面着重介绍硅光电池和硒光电池。

硅光电池是在一块 N 型硅片上，用扩散的方法掺入一些 P 型杂质（如硼）形成 PN 结制成的，入射光照射在 PN 结上时，若光子能量 $h\nu$ 大于半导体材料的禁带宽度 E_g，则在 PN 结内产生电子—空穴对，在内电场的作用下，空穴移向 P 型区，电子移向 N 型区，使 P 型区带正电，N 型区带负电，因而 PN 结上产生电势。

如图 6-21 所示是硅光电池结构及符号图。通常是在 N 型衬底上制造一薄层 P 型区作为光照敏感面。当入射光子的数量足够多时，P 型区每吸收一个光子就产生一对光生电子—空穴对，其浓度从表面向内部迅速下降，形成由表及里扩散的自然趋势。PN 结的内电场使扩散到 PN 结附近的电子—空穴对分离，电子被拉到 N 型区，空穴被拉到 P 型区，故 N 型区带负电，P 型区带正电。如果光照是连续的，经短暂的时间（μs 数量级），新的平衡状态建立后，PN 结两侧就有一个稳定的光生电动势输出。

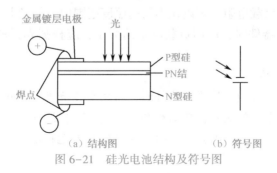

（a）结构图　　　　　　　　　（b）符号图

图 6-21　硅光电池结构及符号图

硒光电池是在铝片上涂硒，再用溅射的工艺，在硒层上形成一层半透明的氧化镉，在正反两面喷上低熔合金作为电极而制成的。在光线照射下，镉材料上带负电，硒材料上带正电，形成光电流或光生电动势。

（2）主要特性

① 光电池的光谱特性。

硒光电池和硅光电池的光谱特性如图6-22所示。从曲线上可以看出，不同的光电池，光谱峰值的位置不同，如硅光电池在8000Å附近，硒光电池在5400Å附近。

硅光电池的光谱范围广，为4500～11000Å，硒光电池的光谱范围为3400～7500Å。因此硒光电池适用于可见光，常用于照度计测定光的强度。

在实际使用中，应根据光源性质来选择光电池；反之，也可以根据光电池特性来选择光源。如硅光电池对于白炽灯，在温度为2850K时能够获得最佳的光谱响应；但是要注意，光电池光谱值位置不仅和制造光电池的材料有关，同时也和制造工艺有关，而且也随着使用温度的不同而有所移动。

② 光电池的光照特性。

光电池在不同的光强照射下可产生不同的光电流和光生电动势。硅光电池的光照特性如图6-23所示。从曲线可以看出，短路电流在很大范围内与光强为线性关系。开路电压随光强变化关系是非线性的，并且当照度在2000lx时就趋于饱和了。因此把光电池作为测量元器件时，应把它当作电流源来使用，不宜用作电压源。

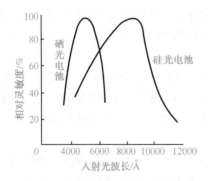

图6-22 光电池的光谱特性

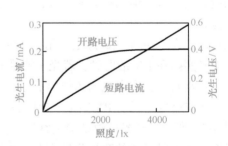

图6-23 硅光电池的光照特性

所谓光电池的短路电流，是反映外接负载电阻相对于光电池内阻很小时的光电流。而光电池的内阻是随着照度增加而减小的，所以在不同照度下可用大小不同的负载电阻为近似"短路"条件。从实验中知道，负载电阻越小，光电流与照度之间的线性关系越好，且线性范围越宽。对于不同的负载电阻，可以在不同的照度范围内，使光电流与光强保持线性关系。所以用光电池做测量元器件时，所用负载电阻的大小，应根据光强的具体情况而定。总之，负载电阻越小越好。

③ 光电池的频率特性。

光电池在作为测量、计数、接收元器件时，常用交变光照。光电池的频率特性反映光的交变频率和光电池输出电流的关系，如图6-24所示。从曲线可以看出，硅光电池有很高的频率响应，可用在高速计数、有声电影等方面。这是硅光电池在所有光电元器件中最为突出的优点。

④ 光电池的温度特性。

光电池的温度特性主要描述光电池的开路电压和短路电流随温度变化的情况。由于它关系到应用光电池设备的温度漂移，影响测量精度或控制精度等主要指标，因此它是光电池的重要特性之一。光电池的温度特性如图 6-25 所示。从曲线可以看出，开路电压随温度升高而下降较快，而短路电流随温度升高而缓慢增加。因此当光电池做测量元器件时，在系统设计中应该考虑到温度的漂移，从而采取相应的措施来进行补偿。

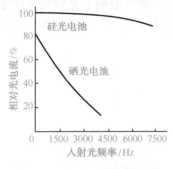

图 6-24 光电池的频率特性

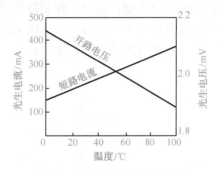

图 6-25 光电池的温度特性

5. 光控晶闸管

光控晶闸管也称为光敏晶闸管，是一种采用光信号控制的无触点开关元器件。普通晶闸管及其派生元器件一般采用控制极电触发，而光控晶闸管则采用光触发代替电触发。这种光实质上是一种电磁辐射，波长为 $0.2 \sim 1.4 \mu m$。由于采用光触发，其具有下述特点：

① 主电路与控制电路相互隔离，满足对高压强电绝缘的要求；

② 主电路与控制电路间经光耦合，可以抑制噪声谐波干扰；

③ 光信号触发元器件可以减小体积、减轻质量、提高可靠性。

1) 工作原理与结构

光控晶闸管是一种光电转换元器件，其基本原理是利用光注入半导体内产生电子—空穴来对进行光电转换。光电转换元器件分为三种类型：光敏电阻、光电池及光电二极管，光控晶闸管正是基于光电二极管的原理而工作的。

光控晶闸管的内部结构与普通晶闸管基本相同，如图 6-26 所示。它有三个引出电极，即阳极 A、阴极 K 和控制极（也称门极）G，由 $P_1N_1P_2N_2$ 四层半导体材料形成三个 PN 结，即 J_1、J_2、J_3，其中 J_2 结相当于光电二极管。与普通晶闸管不同之处是光控晶闸管的顶部有一个玻璃透镜，它能把光线集中照射到 J_2 上。图 6-26（c）是它的典型应用电路，光控晶闸管的阳极接正极，阴极接负极，控制极通过电阻 R_g 与阴极相连接。这时，J_1 和 J_3 结均正向偏置，J_2 结反向偏置，晶闸管处于正向阻断状态。当有一定波长和照度的光信号通过玻璃窗口照射到光敏区 J_2 上时，在光能激发下，J_2 附近产生大量电子—空穴对，它们在外电压作用下穿过 J_2 阻挡层，产生控制极电流（该电流即可视为光控晶闸管的触发电流），从而使光控晶闸管从阻断状态变为导通状态。电阻 R_g 为光控晶闸管的灵敏度调节电阻，调节 R_g 的大小可使晶闸管在设定的照度下导通。在正向电压作用下而没有光照的 J_2 结等效为反偏的光电二极管 VD，由于 VD 截止，VT_1（相当于 J_1）和 VT_2（相当于 J_2）都没有基极电流，光控晶闸管正向阻

傳感器及检测技术应用（第3版）

断。当 VD 受光照后，光电流 I_g 通过，使等效晶体管 VT_1 基极电流迅速增大，晶体管电路内部的正反馈过程使得 VT_1、VT_2 饱和导通，从而使光控晶闸管迅速从阻断状态转入导通状态。光控晶闸管一旦触发导通后，在电流正反馈的作用下，即使光信号消除，晶闸管仍保持导通。只有当正向电压降至零或加上反向电压，使元器件电流小于维持电流时，才恢复阻断。

光控晶闸管从外形分为二端和三端元器件。小功率光控晶闸管通常为两端元器件，而大功率光控晶闸管为三端元器件，控制极可以引出成为光、电两用的晶闸管。若控制极电压可调，则可提高光触发灵敏度；也可在控制极和阴极间并联电阻调节光触发灵敏度，电阻值越小，所需的有效辐照值就越大；若并联热敏电阻，还可以在一定程度上补偿温度所引起的灵敏度的变化。光控晶闸管的顶端开有光照窗口。

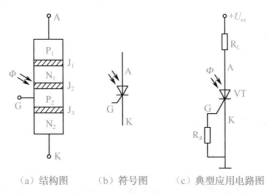

(a) 结构图　　　(b) 符号图　　　(c) 典型应用电路图

图 6-26　光控晶闸管

光控晶闸管的特点：导通电流比光电晶体管大得多，工作电压有的可达数百伏，因此输出功率大，在工业自动检测控制和日常生活中将得到越来越广泛的应用。

2）主要特性

（1）伏安特性

光控晶闸管的伏安特性与普通晶闸管的特性相似，普通晶闸管的转折电压随着控制极触发电流的增大而降低，而光控晶闸管的转折电压则随着光照度的增大而降低。

（2）参数

光控晶闸管实际上是一个光控系统，包括光源、光信号传送和晶闸管等多个环节。光控晶闸管仅对一定波长范围的光敏感，且要求具有一定光照度。因此，要提高光源的功率，减少光传输的损耗，才能保证光控晶闸管可靠工作。光控晶闸管的参数如下：

① 相对灵敏度。光控晶闸管的相对灵敏度与入射光波长有关，如图 6-27 所示。对于硅半导体材料，光谱响应范围为 $0.55 \sim 1.0 \mu m$，其中对波长为 $0.8 \sim 0.98 \mu m$ 的红外光最为敏感，因而触发晶闸管的光源，一般选用 GaAs 发光二极管和激光二极管。

② 触发光功率。光控晶闸管经触发从正向阻断状态转变为导通状态，对光照度的要求一般用触发光功率表示，范围为几毫瓦至几十毫瓦。

（3）光信号传送

光信号传送方式有两种：直射式和光缆式。直射式的光源靠近光控晶闸管，适用于距离较近的小功率元器件，或者将发光二极管和光控晶闸管组装成光电耦合元器件，特点是电路简单、可靠性高；光缆式即通过光导纤维传送，特点是能量损耗小、频带宽，且不易被腐蚀及产生电磁干扰。

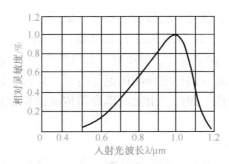

图 6-27　光控晶闸管的相对灵敏度与入射光波长的关系

6. 光电耦合器

1）工作原理与结构

光电耦合器（OC）又称为光隔离器，简称光耦。将发光元器件与光敏元器件集成在一起便可构成光电耦合器，如图 6-28 所示为其结构示意图。

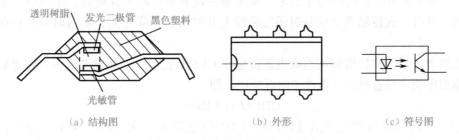

（a）结构图　　　　　　　　　　（b）外形　　　　　　　　（c）符号

图 6-28　光电耦合器结构示意图

光电耦合器以光为媒介传输电信号，对输入、输出电信号有良好的隔离作用。一般由三部分组成：光的发射、光的接收及信号放大。常用的光电耦合器里的发光元器件多半是发光二极管，而光敏元器件多为光电二极管和光电晶体管，少数采用光敏达林顿管或光控晶闸管。输入的电信号驱动发光二极管，使之发出一定波长的光，该光源照射到光电晶体管表面上，被光探测器接收而产生光电流，该电流的大小与光照的强弱，即流过二极管的正向电流的大小成正比，再经过进一步放大后输出。这就完成了电—光—电的转换，从而起到输入、输出、隔离的作用。由于光电耦合器输入/输出间互相隔离，电信号传输具有单向性等特点，因而具有良好的电绝缘能力和抗干扰能力。又由于光电耦合器的输入端属于电流型工作的低阻元器件，因而具有很强的共模抑制能力。所以，它在长线传输信息中作为终端隔离元器件可以大大提高信噪比。在计算机数字通信及实时控制中作为信号隔离的接口元器件，可以大大增加计算机工作的可靠性。

光电耦合器按光路可以分为：透射式，可用于片状遮挡物的位置检测，或用于码盘、转速的测量；反射式，可用于反光体的位置检测；全封闭式，用于电路的隔离。除后者封装形式为不受环境光干扰的电子元器件外，前两种本身就可作为传感器使用。必须严格防止环境中的光干扰，透射式和反射式都可选红外波段的发光元器件和光敏元器件。

光电耦合器目前已成为种类最多、用途最广的光电元器件之一，近年来问世的线性光电耦合器能够传输连续变化的模拟电压或模拟电流信号，使其应用领域进一步拓宽。

2）主要特性

光电耦合器的主要优点：信号单向传输，输入、输出端完全实现了电气隔离，输出信号对输入端无影响，抗干扰能力强，工作稳定，无触点，使用寿命长，传输效率高。发光管和光敏管之间的耦合电容小（2pF左右）、耐压高（2.5kV左右），故共模抑制比很高。输入和输出间的电隔离度取决于两部分供电电源间的绝缘电阻。此外，因其输入电阻小（约10Ω），高内阻源的噪声相当于被短接。因此，由光电耦合器构成的模拟信号隔离电路具有优良的电气性能。

（1）光电耦合器的类型

光电耦合器有管式、双列直插式和光导纤维式等封装形式。光电耦合器的种类达数十种，主要有通用型（又分无基极引线和基极引线两种）、达林顿型、施密特型、高速型、光集成电路、光纤维、光控晶闸管型（又分单向晶闸管、双向晶闸管）、光敏场效应管型。此外还有双通道式（内部有两套对管）、高增益型、交—直流输入型等。

（2）光电耦合器的技术参数

光电耦合器的技术参数主要有发光二极管正向压降 V_f、正向电流 I_f、直流电流传输比 CTR、输入级与输出级之间的绝缘电阻、集电极—发射极反向击穿电压、集电极—发射极饱和压降等。此外，在传输数字信号时还需考虑上升时间、下降时间、延迟时间和存储时间等参数。

电流放大系数传输比通常用直流电流传输比 CTR 来表示。当输出电压保持恒定时，其等于直流输出电流 I_c 与直流输入电流 I_f 的百分比，即

$$CTR = I_c/I_f \times 100\%$$

（6-7）

采用一只光电晶体管的光电耦合器，CTR 的范围大多为 20%~30%（如4N35），而PC817 则为80%~160%，达林顿型光电耦合器（如4N30）可达 100%~500%。这表明欲获得同样的输出电流，后者只需较小的输入电流。因此，参数 CTR 与晶体管的 h_{FE} 有某种相似之处。通用型光电耦合器的 CTR—I_f 特性曲线呈非线性，在 I_f 较小时的非线性失真尤为严重，因此它不适合传输模拟信号。线性光电耦合器的 CTR—I_f 特性曲线具有良好的线性度，特别是在传输小信号时，其交流电流传输比（$\Delta CTR = \Delta I_c/\Delta I_f$）很接近于直流电流传输比 CTR 的值。因此，它适合传输模拟电压或电流信号，能使输出与输入之间特性曲线呈线性。

区分达林顿型与通用型光电耦合器的方法有：

① 在通用型光电耦合器中，接收器是一只硅光电半导体管，因此在 b、e 之间只有一个硅 PN 结。达林顿型则不然，它由复合管构成，两个硅 PN 结串联成复合管的发射结。根据上述差别，很容易将通用型与达林顿型光电耦合器区分开来。具体方法为：将万用表拨至 $R \times 100$ 挡，黑表笔接 b 极，红表笔接 e 极，采用读取电压法求出发射结正向电压 V_{be}。若 $V_{be}=0.55~0.7V$，就是达林顿型光电耦合器。

② 通用型与达林顿型光电耦合器的主要区别是接收管的电流放大系数不同。前者的 h_{FE} 为几十至几百，后者可达数千，二者相差 1~2 个数量级。因此，只要准确测量出 h_{FE} 的值，即可加以区分。

使用光电耦合器必须注意：一是其线性工作范围较窄，且随温度变化而变化；二是光电耦合器共发射极电流传输系数 β 和集电极反向饱和电流 I_{ebO}（即暗电流）受温度变化的影响明显。因此，在实际应用中，除应选用线性范围宽、线性度高的光电耦合器来实现模

拟信号隔离外，还必须在电路上采取有效措施，尽量消除温度变化对放大电路工作状态的影响。

从光电耦合器的转移特性与温度的关系可以看出，若使光电耦合器构成的模拟隔离电路稳定实用，则应尽量消除暗电流（I_{cbO}）的影响，以提高线性度，做到静态工作点随温度的变化而自动调整，以使输出信号保持对称性，使输入信号的动态范围随温度变化而自动变化，以抵消 β 随温度变化的影响，保证电路工作状态的稳定性。光隔离器的种类及其特性见表 6-1。

表 6-1 光隔离器的种类及其特性

种　　类	直流电流传输比	响应速度	特　点
氖灯（或白炽灯）+光敏电阻	—	$n \sim 100\text{ms}$	交直流两用，功耗大，灯寿命短，响应慢，有前历效应
可见光 LED+光敏电阻	—	$n \sim 100\text{ms}$	交直流两用，响应慢，有前历现象
红外 LED+硅光电二极管	$0.2 \sim 0.3$	$n \times (10 \sim 10^3)\ \mu\text{s}$	响应快，线性度好，电流传输比小
红外 LED+硅光电晶体管	$n\ (1 \sim 100)$	$1 \sim 10\mu\text{s}$	响应快，暗电流小
红外 LED+复合式光电晶体管	$10^2 \sim 10^3$	$n \times (10 \sim 10^2)\ \mu\text{s}$	电流传输比大，饱和压降大，暗电流大
LED+结型 FET	—	$1 \sim 100\mu\text{s}$	具有双向特性，导通电阻与输入电流成正比
红外 LED+光控闸流管	$0.1 \sim 1\text{A}$ $I_f = 10 \sim 25\text{mA}$	—	控制功率大，可直接控制交流
LED+光集成电路	$100 \sim 600$	$n \times (10 \sim 10^3)\ \text{ns}$	响应快，电流传输比大

 任务分析

全自动声光控制电路适用于医院、学生宿舍及各种公共场所，实现无人管理的全自动路灯照明控制。电路采用声、光双重控制，白天不管是否有人走动电灯都自动关闭，夜间无人走动时开关自动关闭，电灯不会点亮；夜间有人走动时的脚步声、谈话声或其他振动声会使开关动作，电灯点亮，人走后或振动声消失后即无声响 30s 后电灯自动熄灭。

 任务设计

全自动声光控制电路主要由光控开关电路、声控延时电路两部分组成。两部分电路分别驱动继电器 J_1 和 J_2，并将 J_1 的触点和 J_2 的触点串联起来，共同控制电路的工作，只有两个触点同时闭合，才能使电灯点亮。光控开关电路采用光电晶体管，将光照信号放大驱动继电器 J_1，这部分电路较简单。声控延时电路利用话筒拾取环境声音，将拾取的微弱声音信号经放大后输出，驱动继电器 J_2，然后和光控开关电路输出的信号共同控制夜间的照明，并且通过声控延时电路来控制照明的时间，电路如图 6-29 所示。

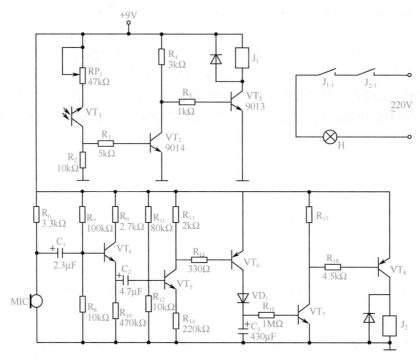

图6-29 全自动声光控制电路

 任务实现

工作原理如下：电路上部分是光控开关电路，下部分是声控延时电路。光控开关由光电晶体管 VT_1 来检测环境中光线的强度，当光线较强时，产生光电流使 VT_1 导通，放大管 VT_2 导通，同时 VT_3 截止，继电器 J_1 无励磁电流而释放，触点 J_{1-1} 断开，电灯 H 不亮；当外部环境中光线很弱时，VT_1 处于截止状态，VT_2 截止，VT_3 导通，J_1 得电吸合，触点 J_{1-1} 闭合。

声控延时电路由话筒 MIC 拾取环境中声音，无声音振动时，MIC 两端只有微小的直流电压，使 VT_8 截止，继电器 J_2 无励磁电流而释放，触点 J_{2-1} 断开，电灯 H 不亮。当有声音振动时，将拾取的微弱声音信号经 VT_4 ~ VT_6 放大，触发 VT_7、VT_8，并经 C_3 和 R_{16} 延时一段时间，使 J_2 一直吸合，即 J_{2-1} 闭合，直至周围环境安静时间超过声控延时电路的延迟时间后，J_{2-1} 又自动断开，电灯又熄灭。由于继电器线圈在断电瞬间会感应出比较高的电压，此感应电压会损坏开关晶体管，故在 J_1、J_2 两端反向并联一个二极管，提供一个回路，避免产生高感应电压，从而保护了开关晶体管。

阶段小结

光电式传感器是采用光电元器件作为检测元器件的传感器。它首先把被测量的变化转换成光信号的变化，然后借助光电元器件进一步将光信号转换成电信号。光电式传感器一般由光源、光学通路和光电元器件三部分组成。光电检测方法具有精度高、反应快、非接触等优点，而且可测参数多，传感器的结构简单，形式灵活多样，因此，光电式传感器在检测和控制领域应用非常广泛。

光电式传感器是各种光电检测系统中实现光电转换的关键元器件，是把光信号（红外光、可见光及紫外线辐射）转变成为电信号的元器件。

　　光电式传感器是以光电元器件作为转换元器件的传感器，可用于检测直接引起光量变化的非电量，如光强、光照度、气体成分等；也可用来检测能转换成光量变化的其他非电量，如零件直径、表面粗糙度、应变、位移、振幅、速度、加速度，以及物体的形状、工作状态的识别等。光电式传感器具有非接触、响应快、性能可靠等特点，因此在工业自动化装置和机器人中获得广泛应用。

 习题与思考题

　　1. 光电效应有哪几种？与之对应的光电元器件各有哪些？请简述其特点。

　　2. 光电式传感器可分为哪几类？请各举几个例子加以说明。

　　3. 试说明爱因斯坦光电效应方程的含义。

　　4. 试比较光敏电阻、光电池、光电二极管和光电晶体管的性能差异，说明在什么情况下选用哪种元器件最为合适。

　　5. 某光电开关电路如图 6-30 所示，请分析其工作原理，并说明各元器件的作用，该电路在无光照的情况下继电器 K 是处于吸合还是释放状态？

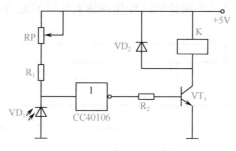

图 6-30　光电开关电路

课题二　红外传感器工作原理

任务 1：自动水龙头电路的设计

任务 2：红外线监控发射、接收电路原理图的分析

 任务目标

　　★ 掌握红外辐射的基本知识；

　　★ 了解红外传感器的应用；

★ 掌握光纤传感元器件的结构及工作原理；
★ 了解光纤传感器的应用。

 知识积累

一、红外传感器概述

1. 红外辐射的基本知识

（1）红外辐射的基本特点

红外辐射就是指红外光的辐射，其波长范围为 $1.0 \sim 1000 \mu m$。红外光是太阳光谱的一部分，其波长范围及其在电磁波中的位置如图 6-31 所示。红外光的最大特点就是具有光热效应，能辐射热量，它是光谱中最大的光热效应区。红外光处在光谱中可见光之外，是一种不可见光。红外光与所有电磁波一样，具有反射、折射、散射、干涉、吸收等性质。红外光在真空中的传播速度为 $3 \times 10^8 m/s$。红外光在介质中传播会产生衰减，在金属中传播衰减很大，但红外辐射能透过大部分半导体和一些塑料。气体对其吸收程度各不相同，大气层对不同波长的红外光存在不同的吸收带。研究分析证明，波长在 $1 \sim 5 \mu m$ 和 $8 \sim 14 \mu m$ 区域中的红外光具有比较大的"透明度"，即这些波长的红外光穿透大气层的能力较强。

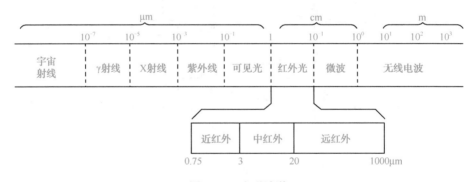

图 6-31　电磁波谱

自然界中的任何物体，只要其温度在热力学温度零度之上，总是在不断地产生红外辐射。

红外光的光热效应对不同的物体是各不相同的，热能强度也不一样，例如，黑体（能全部吸收投射到其表面的红外辐射的物体）、镜体（能全部反射红外辐射的物体）、透明体（能全部穿透红外辐射的物体）和灰体（能部分反射或吸收红外辐射的物体）将产生不同的光热效应。

严格来讲，自然界并不存在黑体、镜体和透明体，绝大部分物体属于灰体。

许多非电量能够影响和改变红外光的特性，利用红外敏感元器件测得红外光的变化，进而可以确定待测非电量。凡是能感受红外辐射量并转变成另一种便于测量的物理量的元器件称为红外敏感元器件，在红外技术领域里习惯称为红外探测器。

红外辐射的各种效应都可用来制造红外探测器，但是目前真正有实用价值的探测器主要利用的是红外辐射热效应和光电效应。敏感元器件可以分成两大类：热探测器和光电探测器。在每一大类中又因所依据的原理和所用材料不同而有多种不同的红外探测器。这两大类探测器相比，热探测器对各种波长都有响应，光电探测器只对它的长波限以下的一段波长区间有响应；热探测器工作时不需要冷却，光电探测器则多数需要冷却；热探测器的响应度一般低于光电探测器，响应时间一般比光电探测器长；热探测器的性能与元器件尺寸、形状及工艺等有关，因此对工艺要求高，产品规格常不易稳定。

（2）红外辐射的基本定律

① 希尔霍夫定律：一个物体向周围辐射热能的同时也吸收周围物体的辐射能，如果几个物体处于同一温度场中，各物体的热辐射本领正比于它的吸收本领，可表示为

$$E_r = \alpha E_0 \tag{6-8}$$

式中　E_r——物体在单位面积和单位时间内辐射出来的辐射能；

　　　α——该物体对辐射能的吸收系数；

　　　E_0——等价于黑体在相同温度下辐射的能量，常数。

黑体是指在任何温度下能全部吸收任何波长辐射能的物体，黑体的吸收本领与波长和温度无关，即 $\alpha = 1$。黑体吸收本领最大，但是加热后，它的发射热辐射能也比任何物体都要大。

② 斯忒藩—玻耳兹曼定律：物体温度越高，它辐射出来的能量越大，可表示为

$$E = \sigma \varepsilon T^4 \tag{6-9}$$

式中　E——某物体在温度 T 时单位面积和单位时间内的红外辐射总能量；

　　　σ——斯忒藩—玻耳兹曼常数（$\sigma = 5.6697 \times 10^{-12} \text{W/cm}^2 \cdot \text{K}^4$）；

　　　ε——比辐射率，即物体表面辐射本领与黑体辐射本领的比值，黑体的 $\varepsilon = 1$；

　　　T——物体的热力学温度。

式（6-9）就是斯忒藩—玻耳兹曼定律，即物体红外辐射的能量与它自身的热力学温度 T 的 4 次方成正比，并与 ε 成正比。物体温度越高，其表面所辐射的能量就越大。

③ 维恩位移定律：热辐射发射的电磁波中包含着各种波长。实验证明，物体峰值辐射波长 λ_m 与物体自身的热力学温度 T 成反比，即

$$\lambda_m = \frac{2897}{T} \text{ （μm）} \tag{6-10}$$

式（6-10）称为维恩位移定律。图 6-32 给出了分谱辐射出射度 M_λ 与波长 λ 的分布及温度的关系。

从图 6-32 所示曲线可知，峰值辐射波长随温度升高向短波方向偏移。当温度不很高时，峰值辐射波长在红外区域中。

2. 热释电型红外传感器

（1）热释电效应

若某些强介电常数物质的表面温度发生变化，随着温度的上升或下降，在这些物质的表面上就会发生电荷的变化，这种现象称为热释电效应，是热电效应的一种。这种现象在钛酸钡之类的强介电常数物质材料上表现得特别显著。

在钛酸钡一类的晶体上，上下表面都设置电极，在上面加以黑色膜，若有红外线间歇地照射，则其表面温度上升 ΔT，晶体内部的原子排列将发生变化，引起自发极化电荷 ΔQ，设元器件的电容为 C，则在元器件两电极上产生的电压为

$$U = \frac{\Delta Q}{C}$$

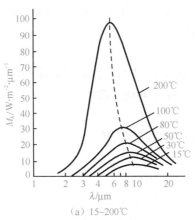
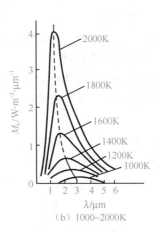

图6-32　峰值辐射波长与温度的关系曲线

需要指出的是，热释电效应产生的电荷不是永存的，它出现后，很快便会被空气中的各种离子所结合。因此，用热释电效应制成的传感器，往往会在它的元器件表面上加机械式的周期性遮光装置，以使电荷周期性地出现。只有测移动物体时，才有可能不用周期性遮光装置。

（2）热释电型红外传感器的应用

热释电型红外传感器（热探测器）探测红外辐射包含两个主要过程。第一个过程是热探测器吸收红外辐射能量后温度升高，随着入射辐射功率变化，元器件的温度也要发生相应的变化；第二个过程是利用元器件的某种温度敏感特性，把辐射能引起的温度变化转换成相应的电信号。第一个过程具有一些共同的规律，但是对于不同类型的热探测器在第二个过程中它们的工作原理可能是完全不同的。

下面介绍非接触式测量人体温度的红外线体温测量仪的工作原理。

一切温度高于绝对零度的物体均会依据其本身温度的高低辐射红外线，辐射能量的大小及其波长分布与物体的表面温度有着十分密切的关系。人体温度在36～37℃时辐射的红外波长为9～13μm。依据此原理，通过测定人体额头的表面温度，再修正额头温度与实际体温的温差便能显示准确的体温。

红外线体温测量仪是专门为测量人体温度而设计的，同时也可以测量环境温度、物体温度等。其采用红外线测温探头，测量精度高，性能稳定。红外线体温测量仪具有所测体温偏高时发出声音提示的功能，在卫生防疫期间，可进行非接触式测量，方便、卫生。

红外线体温测量仪原理框图及外形图如图6-23所示。

工作原理：当红外线体温测量仪的探头距离被测人员皮肤大约3cm时，由于人体体温不同，会辐射不同波长的红外线，这个辐射值是相对稳定的，红外线被红外线体温测量仪接收到，通过热释电型红外传感器转化为模拟电信号，再通过A/D转换器变换为数字量。人体体温越高，辐射红外线的能力越强，则转化的数字信号越强。数字信号送往单片机进行处理，通过显示单元以数字形式显示出来，同时设立报警单元，如体温达到38.3°，LED发光报警；体温超过39°，LED发光的同时蜂鸣器发声报警。

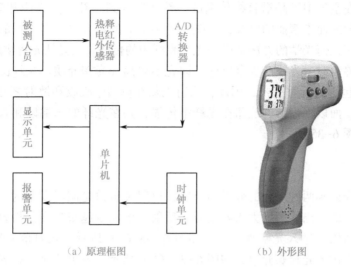

（a）原理框图　　　　　　　（b）外形图

图 6-33　红外线体温测量仪电原理框图及外形图

二、光纤传感器

光纤传感器具有一系列传统传感器无可比拟的优点，如灵敏度高、响应速度快、抗电磁干扰能力强、耐腐蚀、电绝缘性好、防燃防爆、适于远距离传输、便于与计算机及光纤传输系统组成遥测网等。目前，已研制出测量位移、速度、压力、液位、流量及温度等各种量的传感器。光纤传感器按照光纤的使用方式可分为功能型传感器和非功能型传感器。功能型传感器是利用光纤本身的特性随被测量发生变化而制成的。例如，将光纤置于声场中，则光纤纤芯的折射率在声场作用下发生变化，将这种折射率的变化转化为光纤中光的相位变化，就可以知道声场的强度。由于功能型传感器是将光纤转化为敏感元器件的，所以又称为传感型光纤传感器。非功能型传感器利用其他敏感元器件来感受被测量的变化，光纤仅作为光的传输介质，因此也称为传光型光纤传感器或混合型光纤传感器。

1. 光纤传感元器件的结构

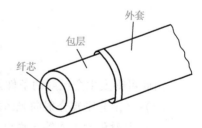

图 6-34　光导纤维的基本结构

光导纤维的基本结构如图 6-34 所示，中心折射率大的玻璃圆柱体称为纤芯。比纤芯折射率小的玻璃或塑料圆筒形外壳包围着纤芯，使光在它们的界面上产生全反射，这个圆筒形外壳称为包层；在包层外面通常有一层外套起保护作用。光纤的导光能力取决于纤芯和包层的性质，光纤的机械强度则由塑料外套来保持，这种结构称为芯皮型结构。其按折射率分布不同可分为阶跃折射率光纤和渐变折射率光纤。阶跃折射率光纤的折射率在纤芯中是不随纤芯半径变化而变化的，为一个常数值 n_1；在纤芯和包层界面上折射率从 n_1 阶跃式地跳到 n_2，在整个包层内 n_2 保持不变。渐变折射率光纤的纤芯折射率随偏离纤芯中心径向距离的增大而减小。

光导纤维是用比头发丝还细的石英玻璃制成的，每根光纤由一个圆柱形的纤芯和包层组成。纤芯的折射率略大于包层的折射率。

众所周知，在空气中光是沿直线传播的，然而射入到光纤中的光线却能限制在光纤中，而且随着光纤的弯曲而走弯曲的路线，并能传送到很远的地方去。当光纤的直径比光的波长大很多时，可以用几何光学的方法来说明光在光纤中的传播。当光从光密物质射向光疏物质，而入射角大于临界角时，光线产生全反射，即光不再离开光密介质。光纤由于其圆柱形纤芯的折射率 n_1 大于包层的折射率 n_2，因此，入射光除在玻璃中吸收和散射之外，大部分在界面上产生多次反射，而以锯齿形的线路在光纤中传播，并在光纤的末端以和入射角相等的出射角射出光纤，如图 6-35 所示。

2. 光纤传感器的工作原理及特点

光从一种媒介射到两种媒介的分界面上时，反射和折射是同时发生的。反射光和折射光的强弱是相互联系的。当逐渐增大入射角时，反射光的能量越来越强，折射光的能量越来越弱。当光线从光疏媒介进入光密媒介时，如图 6-35 （a）所示，入射角 i 大于折射角 y。反之，光从光密媒介进入光疏媒介时，如图 6-35 （b）所示，入射角小于折射角。当入射角继续增大到一定程度时，折射角将变为 90°，如图 6-35 （c）所示。这时折射光线的能量已经减小到零，入射光线的能量全部反射回原媒介，这种现象称为全反射。这时的入射角称为临界角。不同物质间的临界角是不同的，根据斯乃尔法则可得出临界角 i_m 的计算公式为

$$\frac{\sin i_m}{\sin 90°} = \frac{n_2}{n_1} \tag{6-11}$$

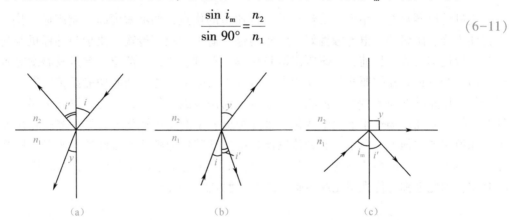

n_1—光密媒介的折射率；n_2—光疏媒介的折射率；i—入射角；i'—反射角；y—折射角；i_m—临界角。

图 6-35　各种折射、反射情况

由此可得发生全反射的条件是：

（1）光由光密媒介射向光疏媒介；

（2）入射角大于或等于临界角。

全反射是光导纤维的工作基础。光导纤维是极细的玻璃纤维，是由里外两层不同的玻璃拉成的，内层玻璃折射率大于外层玻璃折射率，即内层是光密媒介，外层是光疏媒介。光以一定的入射角进入内层玻璃，使其在两层玻璃的界面上发生全反射，因而进入纤维管内的光线就能从一端传到另一端。两层玻璃的折射率相差越大，就越容易产生全反射，全反射的光越多，损失的能量越少。

光导纤维多是圆柱形。射入圆柱形纤维的光线，一种是在包含纤芯中心轴的平面内传播的光线，属于子午光线；还有一种是不经过纤芯中心轴平面的斜光线。为了简化光纤中的光

线传播，我们的描述仅限于考虑子午光线在阶跃折射率光纤中的传播。

如图 6-36 所示为一圆柱形光纤，其端面为平面。当光线从空气中射入光纤的端面，并与圆柱形纤维的轴线成 θ_0 角时，根据斯乃尔法则，其在光纤内折射，折射角为 θ_1，然后以 ϕ_1 角入射至纤芯与包层界面上，若 ϕ_1 大于纤芯和包层的临界角 ϕ_c，这时入射的光线在界面上产生全反射，并在纤维内部以同样角度反复反射，向前传播到圆柱形纤维的另一端面，以和入射角同样的角度发射出去。图中虚线部分表示光的入射角 θ_0' 过大，不能满足临界角 ϕ_c 的要求时，光会穿透纤芯和包层的界面而逸出。即使有少量的反射，使少量的光返回纤芯内部，但经过多次反射后，能量已大致接近于零，光不会通过光纤传出去。因此，射入圆柱形纤维的光，只能在一定的角度范围内，才能传输至另一端。超过这个角度，入射的光就会穿透纤芯与包层的界面而散失。这个允许的最大入射角可以计算出来。假设空气、纤芯和包层的折射率分别为 n_0、n_1 和 n_2，光线从空气进入纤芯，根据斯乃尔法则有

$$n_0 \sin \theta_0 = n_1 \sin n_1$$

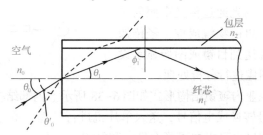

图 6-36　圆柱形光纤光线入射平面图

一般空气折射率 $n_0 = 1$，所以

$$\sin \theta_0 = n_1 \sin n_1 \tag{6-12}$$

若要满足纤芯与包层界面全反射的要求，则

$$\phi_1 \geqslant \phi_c = \sin^{-1} \frac{n_2}{n_1} \tag{6-13}$$

满足上式要求则至少 $\phi_1 = \phi_c$，所以

$$\sin \phi_1 = \frac{n_2}{n_1}$$

$$\phi_1 = \frac{\pi}{2} - \theta_1$$

$$\cos \theta_1 = \frac{n_2}{n_1}$$

根据　　　　　　　　　　　$\sin^2 \theta_1 + \cos^2 \theta_1 = 1$

可得

$$\sin \theta_0 = \sqrt{n_1^2 - n_2^2}$$

满足 $\phi_1 = \phi_c$ 时，$\sin \theta_0$ 称为数值孔径，用符号 NA 表示，即

$$NA = \sin \theta_0 = \sqrt{n_1^2 - n_2^2} \tag{6-14}$$

数值孔径是光纤传输光的重要参数之一，它反映光纤对入射光的接收能力，是对入射光

接收能力的量度。

3. 光纤传感器的应用实例——光纤图像传感器

光纤图像传感器是靠光纤传像束实现图像传输的。传像束由玻璃光纤按阵列排列而成。一根传像束一般由几万到几十万条直径为 $10\sim20\mu m$ 的光纤组成，每条光纤传送一个像素信息，用传像束可以对图像进行传递、分解、合成和修正。传像束式的光纤图像传感器在医疗、工业、军事领域有着广泛的应用。

在工业生产的某些过程中，经常需要检查系统内部结构状况，这种结构由于各种原因不能打开或靠近观察，采用光纤图像传感器可解决这一难题。工业用内窥镜工作原理如图 6-37 所示。其主要由物镜、传像束、传光束、目镜或图像显示设备等组成。光源发出的光通过传光束照射到待测物体上，照明视场，再由物镜成像，经传像束把待测物体的各像素传送到目镜或图像显示设备上，观察者便可对该图像进行分析处理。

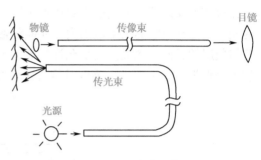

图 6-37　工业用内窥镜工作原理图

单片机控制的光纤工业内窥镜结构形式如图 6-38 所示。内部结构的图像通过传像束送到 CCD 元器件，把图像信号转换成电信号，送入单片机进行处理，单片机输出可以控制伺服装置，实现跟踪扫描，其结果也可以在屏幕上显示和打印。

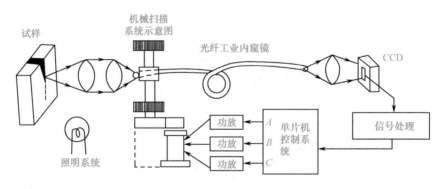

图 6-38　单片机控制的光纤工业内窥镜结构形式

任务分析 1

自动水龙头电路具有当人或物体靠近时，自动产生控制信号控制电磁阀得电吸合、自动放水的功能，人离开后，延时数秒后水龙头自动关闭。以此电路制作的自动水龙头，灵敏可靠，抗干扰能力强，在公共场合可避免交叉感染，并可在强光照射下工作，特别适合在医院、宾馆、车站、机场、码头的卫生间等场合使用。

自动水龙头电路结构框图如图 6-39 所示。

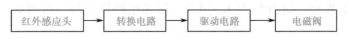

图 6-39 自动水龙头电路结构框图

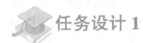 **任务设计 1**

自动水龙头电路采用发射—接收光电对管的方式。当有人手或物体接近自动水龙头时，红外线发射头发出的红外线经人手或物体反射到接收头，接收头接收到反射的光信号，转换为电信号，经放大、整形，提取出有人体接近的信号，经过驱动电路使继电器触点吸合，控制电磁阀动作打开水龙头。当人手或物体离开后，延迟几秒后可自动关闭，使用非常方便。

自动水龙头电路如图 6-40 所示。

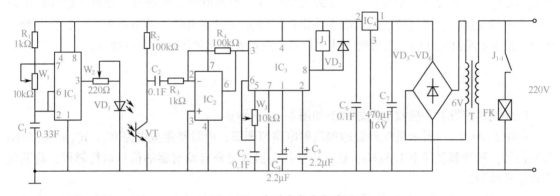

图 6-40 自动水龙头电路图

元器件选择：

IC_1 为时基集成电路，选用 NE555 型。

IC_2 为运算放大器，选用 I~A741 型。

IC_3 为译码器，选用 LM567 型。

IC_4 为三端稳压块，选用 7806 型。

继电器 J_1 选用 JQX-4F（6V）型。

电磁阀 FK 选用 DF-1 型。

红外发光二极管 VD_1 选用 TLN104 型。

红外接收晶体管 VT 选用 TLP104 型。

二极管 $VD_2 \sim VD_6$ 选用 1N4001 型。

 任务实现 1

时基集成电路 IC_1 与电位器 W_1、电容 C_1 等组成频率为 $30 \sim 50kHz$ 的脉冲振荡器，驱动红外发光二极管 VD_1 发出调制红外光。

当有人手或物体接近水龙头时，由 VD_1 发出的红外线被人体反射回来一部分，再被接收光电晶体管 VT 收到，通过运放 IC_2 放大后输入到 IC_3（译码器 LM567）的输入端第③脚。IC_3 把第③脚信号与内部振荡器信号进行比较，若两者频率相等即进行识别译码，从第⑧脚输出低电平，继电器 J_1 吸合，常开触点 J_{1-1} 闭合，接通电磁阀电源，电磁阀工作，水龙头自动出水。

人体离开水龙头后，VT 失去红外线信号，电路又恢复到等待工作状态。

调试时，VD_1 和 VT 要用铁皮罩起来，调节 W_1、W_3 可使红外线发射、接收频率一致，使人体接近水龙头时，电磁阀能够可靠动作；调节 W_2，可以改变 VD_1 的发射电流，从而可控制电路在人体接近时的有效作用距离即灵敏度。

任务分析 2

这是一种利用红外线监控 30m 以内的通道、仓库等场合的报警电路。如有外人侵入监控范围时，电路自动转换为无线电信号发射给接收机进行报警，无线电遥控距离大于 1000m。其基本设想为，先设计一个发射功率比较大的红外线发射电路，再设计一个红外线接收电路和一个调频发射机，当监控区域出现人体阻挡红外光发射通道时，继电器吸合，其常开触点闭合，使 FM 发射机立即发出报警无线电信号，通过普通调频收音机即可接收。

任务设计 2

红外线监控发射、接收电路原理图如图 6-41 所示。

如图 6-41（a）所示是红外线监控发射电路原理图，由时基集成电路 IC_1、IC_2 组成 35kHz 载波信号，脉冲调制频率 1.5kHz，这样可使接收器只对来自发射器的信号进行解码，将其他干扰信号抑制掉。

IC_1（7555）组成多谐振荡器，由 R_2、R_3、C_4、VD_6 共同产生 1.5kHz 调制频率，输出占空比为 1:3 的脉冲列，即周期为 160μs 高电位与周期为 320μs 低电位交替出现，这一脉冲列用来控制载波发生器 IC_2。R_4、R_5、C_6 确定 IC_2 的输出频率。当 IC_1 的第⑧脚为高电平时，IC_2 被启动，产生 35kHz 载波信号，由 IC_2 的第③脚输出合成脉冲调制载波信号，驱动输出级晶体管 VT_1 和四只红外线发射管（4208C），同时 LED_1 也被激励闪亮。电阻 R_8 限制流入四只 LED 的峰值电流约为 1A，看来似乎有点过量，事实上基于载波的低占空比，LED 在其额定范围内能发挥出良好的工作潜能，使其发射功率大大增加。

如图 6-41（c）所示是红外线接收电路原理图。发射过来的红外线被光电二极管 LED_0 拾取，将电信号加到 IC_1（μPC1373）的第⑦脚上，IC_1 是一个高增益前放和检波器的混合体，它提供偏压给外部的光电二极管，内电路的放大级由 L_1、C_2 调谐，中心频率为 35kHz。检出的 1.5kHz 信号由施密特触发器 G_1 缓冲加到 IC_2（CC4013）的时钟输入端，分频后输出 750Hz 信号，经二极管 VD_1、VD_2 检波后送至 IC_3 的输入端。IC_3 是一个 PLL 纯音解码器（567），KP 和 C_{10} 用来调整 PLL 的中心频率为 750Hz，而 C_{11} 则用来调整锁定宽度。当 IC_3 收到 750Hz 信号时，其第⑧脚转为低电平，并在 C_{12} 与 C_{13} 上将输出脉冲伸展至约 1.5s，G_2 反相后输出高电位，继电器 J_1 不吸合。

如图 6-41（b）所示是 FM 发射机电路原理图，当 J_{1-1} 闭合时，整个电路得电工作。IC_1（KD9561）音响电路发出报警信号，经 C_2、KP、C_3 送到 VT_1 基极。VT_1、C_5、C_6、L_1 等组成高频主振级，其振荡频率取决于 C_5、L_1 的大小。该机调频是利用集电结变容效应来实现的，当报警音频调制电压加到 VT_1 基极时，基极电位发生变化，从而极间电容随调制电压改变而实现了调频，并通过天线 ANT 发射出去。

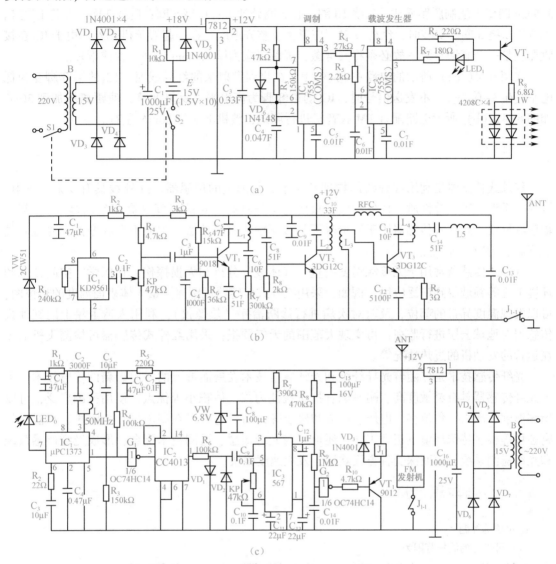

图 6-41 红外线监控发射、接收电路原理图

 任务实现 2

图 6-41（c）中，当有人体阻挡红外线发射通道时，接收机失去信号，IC_3 的第⑧脚变成高电平，G_2 反相后输出低电平，晶体管 VT_1 导通，继电器 J_1 吸合，其常开触点 J_{1-1} 闭合，FM 发射机立即发出报警无线电信号。

为了使 FM 发射机具有良好的工作稳定性和便于用普通调频收音机接收，高频主振级采用了倍频器，其工作频率为 88～108MHz，同时倍频器还起到功率调谐放大作用。调频信号经倍频后通过 L_3 耦合至 VT_3 等组成的功率放大级，最后通过法向模螺旋天线或电视机用拉杆天线发射出去。

图 6-41（b）中线圈均用直径 0.4mm 左右的高强度漆包线（用镀银导线更佳）在 3.5mm 圆棒上绕制脱胎而成。L_1 绕 10 圈，在 5 圈处抽头；L_2 绕 5 圈；L_3 绕 2 圈，并将 L_2 与 L_3 配合；L_4 绕 5 圈。安装时，红外发射管应紧密、整齐地配装在一起置于机壳外。由于 IC_1 在接收器里是一个高增益级，故必须将其屏蔽，屏蔽罩应为厚 0.3mm 的马口铁或铜片。

在图 6-41（c）所示的电路中调整 KP，在收到发射来的红外线时，IC_3 的第⑧脚变为低电平（0.3～0.7V），不发送信号时，IC_3 的第⑧脚为高电平。反复调整，使距离增加到 30m。如图 6-41（b）所示电路配合 FM 收音机进行调试，整机电流为 80mA 左右。

阶段小结

红外式传感器是利用红外线的物理性质来进行测量的传感器。红外线具有反射、折射、散射、干涉、吸收等性质。任何物质，只要它本身具有一定的温度（高于绝对零度），都能辐射红外线。红外式传感器用于测量时不与被测物体直接接触，因而不存在摩擦，并且有灵敏度高、响应快等优点。

红外式传感器常用于无接触温度测量、气体成分分析和无损探伤，在医学、空间技术和环境工程等领域得到广泛应用。例如，采用红外式传感器远距离测量人体表面温度的热像图，可以发现温度异常的部位，及时对疾病进行诊断治疗（热像仪）；利用人造卫星上的红外式传感器对地球云层进行监视，可实现大范围的天气预报；采用红外式传感器可检测飞机上正在运行的发动机的过热情况等。

光纤传感技术是伴随着光导纤维和光纤通信技术发展而形成的一门崭新的传感技术。由于光纤传感器具有灵敏度高、耐腐蚀、抗干扰能力强、体积小等优点，使用范围广泛，可以检测温度、压力、角位移、电压、电流和磁场等，而且它可以在高电压、大噪声、高温、强腐蚀性等很多特殊环境下正常工作，还可以与光纤遥感、遥测技术配合，形成光纤遥感系统和光纤遥测系统，因而深受各方面欢迎，发展速度很快。

习题与思考题

1. 单项选择题

（1）可见光的波长范围为_____。

A. 240～450nm　　　　B. 730～920nm　　　　C. 389～780nm　　　　D. 250～820nm

（2）光导纤维是利用光的_____原理来远距离传输信号的。

A. 光的偏振　　　　B. 光的干涉　　　　C. 光的散射　　　　D. 光的全反射

（3）光纤通信应采用_____作为光纤的光源；光纤水位计采用_____作为光纤的光源较为经济。

A. 白炽灯　　　　B. LED　　　　C. LCD　　　　D. ILD

（4）要测量高压变压器的三相绝缘子是否过热，应选用_____；要监视机场大厅的人流应选用____。

A. 热敏电阻　　　　B. 数码摄像机　　　　C. 红外热像仪　　　　D. 接近开关

2. 光纤的基本结构是什么样的？说明其传输光信号的工作原理。

3. 红外式传感器有哪些类型？其基本工作原理是什么？

4. 试分析红外式传感器在无损探伤中的应用。

课题三　CCD 图像传感器的工作原理

任务：数码相机工作原理分析

 任务目标

★ 掌握 CCD 电荷耦合器件的工作原理与结构；

★ 掌握 CCD 图像传感器的工作原理；

★ 了解 CCD 图像传感器的应用。

 知识积累

美国贝尔实验室于 1969 年研制出电荷耦合器件 CCD，它是 20 世纪 70 年代在 MOS 集成电路基础上发展起来的一种固态图像传感器。其具有光电转换、信息存储和传输等功能，具有集成度高、功耗小、结构简单、寿命长及性能稳定等优点，能实现信息的获取、转换和视觉功能的扩展，能给出直观真实、多层次、内容丰富的可视图像信息，被广泛应用于天文、医疗、广播电视、通信及工业检测和自动控制等领域。

1. 电荷耦合器件 CCD

（1）工作原理与结构

CCD 是一种金属-氧化物-半导体结构的新型器件，在 N 型或 P 型硅衬底上生长一层很薄的二氧化硅，在二氧化硅薄层上依次沉淀金属电极，这种按规则排列的 MOS 电容器阵列再加上两端的输入和输出二极管就构成了 CCD 芯片。这种密排的 MOS 电容器，能够存储由入射光在 CCD 光敏单元激发出的光信息电荷，并能在适当相序的时钟脉冲驱动下，把存储的电荷以电荷包的形式定向传输转移，实现自扫描，完成从光信号到电信号的转换。CCD 把光信号转换为电脉冲信号，每一个脉冲只反映一个光敏单元的受光情况，脉冲幅度反映该光敏单元受光的强弱，输出脉冲的顺序可以反映光敏单元的位置，这就起到了图像传感器的作用。这种电信号通常是符合电视标准的视频信号，可在电视屏幕上复原成物体的可见光像，也可以将信号存储在磁带机内，或输入计算机中，进行图像增强、识别、存储等处理。因此，CCD 器件是一种理想的摄像器件。

如图 6-42 所示为 2048 位线阵 CCD 内部原理框图。CCD 器件的集成度很高，在一块硅片上制造了许多紧密排列的光敏元件。它们可以被设计排列成一条直线，称为线阵；也可以排列成二维平面矩阵，称为面阵。线阵的光敏元件数量可以从 256 个到 4096 个或更多。而面阵中光敏元件的数量可以是 500×500 个（25 万个），甚至 2048×2048 个（约 400 万个）以上。当被测物由物镜成像在 CCD 阵列上时，被照亮的光敏元件接收光子的能量，从而产生电荷，电荷被存储在光敏元件下面的耗尽层中。光照越强，产生的电荷越多。由于在 CCD 芯片上还集成了扫描电路，所以它们能在外加时钟脉冲的控制下，将存储在光敏元件下面的电荷逐位、逐行、快速地通过模拟信号移位寄存器，按顺序移位到寄存器的输出端，从而得到串行模拟脉冲信号输出，脉冲的幅度与对应的光敏元件的曝光量成正比，再通过视频显示电路显示出相应的图像。

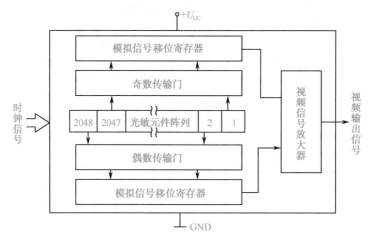

图 6-42　2048 位线阵 CCD 内部原理框图

（2）CCD 的主要特性

电荷耦合器件 CCD 具有位数多、分辨率高、信噪比大及动态范围广等特点，可以在微光下工作，在物体形状和尺寸的检测、字符阅读、图像识别、传真及摄像等方面得到越来越多的应用。

与真空摄像管相比，作为固态图像传感器，其具有如下特点：

① 体积小、质量小、耗电少、启动快、寿命长和可靠性高。

② 光谱响应范围宽。一般的 CCD 器件可工作在 400~1100nm 波长范围内，最大响应约为 900nm。在紫外区，硅片自身的吸收使量子效率下降，但采用背部照射减薄的 CCD，工作波长极限可达 100nm。

③ 灵敏度高。CCD 具有很高的单元光量子产率，正面照射的 CCD 的单元光量子产率可达 20%，若采用背部照射减薄的 CCD，其单元光量子产率高达 90% 以上。另外，CCD 的暗电流很小，检测噪声也很低。因此，即使在低照度下（10~21lx），CCD 也能顺利完成光电转换和信号输出。

④ 动态响应范围宽。CCD 的动态响应范围在 4 个数量级以上，最高可达 8 个数量级。

⑤ 可达很高的分辨率。线阵器件已有 7000 像元，可分辨最小尺寸为 7μm；面阵器件已达 4096 像元，CCD 摄像机分辨率已达 1000 线以上。

⑥ 易与微光像增强器级联耦合，能在低光条件下采集信号。

⑦ 抗过度曝光性能。过强的光会使光敏元件饱和，但不会导致芯片毁坏。

此外，CCD 能够输出与图像位置对应的时序信号、各个脉冲彼此独立相间的模拟信号、反映焦点面信息的信号。

2. CCD 图像传感器工作原理

电荷耦合器件具有进行光—电转换、电荷存储、电荷转移及扫描读取等功能。

（1）CCD 的光—电转换功能

在 P 型单晶硅的衬底上做一层绝缘氧化膜，通过活化置换技术，在氧化膜表面做出许多排列整齐的可透光的电极。当有光照射半导体时，如果光子的能量大于半导体的禁带宽度，则光子被吸收后会产生电子—空穴对，氧化膜与P型单晶硅之间产生电荷。当CCD的电极加有栅压时，电子被收集在电极下的势阱中，而空穴被赶入衬底。其电荷的数量与光照强度及照射时间成正比，这就是CCD的光—电转换功能。

CCD中的信号电荷可以通过光注入和电注入两种方式得到，在用作图像传感时，信号电荷由光生载流子得到，即光注入。

CCD在用作信号处理或存储器件时，电荷输入采用电注入，即CCD通过输入结构对信号电压或电流进行采样并转换为信号电荷。常用的输入结构是采用一个输入二极管、一个或几个控制输入栅来实现的。

（2）CCD的电荷存储功能

若在电极上加上一个适当的正电压，则在电极和衬底之间产生一个电场，这个电场在P型半导体中将载流子带正电的空穴排斥到衬底电极一边，在电极下硅衬底表面形成一个没有可动空穴的带负电的区域，这个区域称作电荷耗尽区，这就是能够吸引电子的势阱。电极上所加的电压越高，势阱越深，电荷留在势阱内的量越多，只要电压存在，电子就能储存在势阱里。当有光照射到CCD上时，具有光敏特性的P型硅在光量子的激发下产生电子—空穴对，空穴移向衬底而消失，电子进入势阱并存储在那里，由于绝缘氧化物层使电子不能穿过而到达电极，因此存储在势阱里的电子就形成了电荷包，其电荷量的多少与光照强度成正比，于是所有电极下的电荷包就组成了相对应的电荷像。

（3）CCD的电荷转移及扫描读取功能

势阱的深浅由电极上所加电压的大小决定。电荷在势阱内可以流动，它总是从相邻"浅阱"流进"深阱"中，这种电荷流动称为电荷转移。若有规律地改变电极电压，则势阱的深度就会随之变化，势阱内电荷就可以按人为确定的方向转移，直到最终由输出端输出，这就是CCD的电荷转移原理。

电荷转移又分单相驱动、双相驱动、三相驱动及四相驱动等多种方式，除电极构造及所加电压波形不同以外，其转移原理是一样的。四相驱动方式的驱动电路比较复杂，但相邻势阱的深度差较大，电荷的存储量也大，容易实现隔行扫描，在专业级摄像机中应用较为广泛。四相驱动方式即将绝缘层上的电极按列的方式每四个分为一组，形成一个像素单元，每组电极分别加上不同的偏置电压，则在电极下绝缘膜与P型硅之间就产生不同深度的势阱，如果有规律地改变电极上的电压值，使势阱产生变化，就可以使电子定向移动，这就是CCD的扫描读取原理。

（4）电荷检测——信号输出结构

CCD输出结构的作用是将CCD中的信号电荷变换为电流或电压输出，以检测信号电荷的大小。如图6-43所示为一种简单的输出结构，由输出栅G_o、复位管VT_1和输出跟随器VT_2等组成，这些元器件均集成在CCD芯片上。VT_1、VT_2为MOS场效应晶体管，其中MOS管的栅电容起到对电荷积分的作用。该电路的工作原理：当在复位管栅极加上一正脉冲时，VT_1导通，其漏极直流偏压U_{RD}预置到A点。当VT_1截止后，ϕ_3变为低电平时，信号电荷被送到A点的电容上，使A点的电位降低。输出G_o上可以加上直流偏压，以使电荷通过。A点的电压变化可从跟随器VT_2的源极测出。A点的电压变化量ΔU_A与CCD输出的电荷量的关系为

$$\Delta U_A = \frac{Q}{C_A} \qquad (6-15)$$

式中　C_A——A 点的等效电容，为 MOS 管电容和输出二极管电容之和；

　　　Q——输出电荷量。

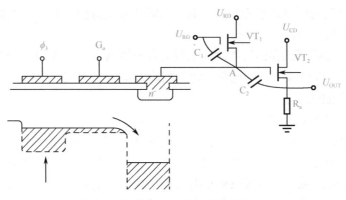

图 6-43　CCD 的信号输出结构

CCD 图像传感器利用了 CCD 的光电转移和电荷转移的双重功能。当用一定波长的入射光照射 CCD 时，若在 CCD 的电极下形成势阱，则光生少数载流子就集聚到势阱中，其数量与光照时间和光照强度成正比。使用时钟控制将 CCD 的每一位下的光生电荷依次转移出来，分别从同一输出电路上检测出，则可以得到幅度与各光生电荷包成正比的电脉冲序列，从而将照射在 CCD 上的光学图像转移成电信号"图像"。由于 CCD 能实现低噪声的电荷转移，并且所有光生电荷都通过一个输出电路检测，具有良好的一致性，因此对图像的传感具有优越的性能。

3. CCD 图像传感器的应用

（1）微小尺寸的检测

在自动化生产线上，经常需要进行物体尺寸的在线检测。例如，零件的尺寸检验、轧钢厂钢板宽度的在线检测和控制等。利用 CCD 光敏元件阵列，即可实现物体尺寸的高精度非接触检测。

对微小尺寸的检测一般采用激光衍射的方法。当用激光照射细丝或小孔时，会产生衍射图像，用光敏元件阵列对衍射图像进行接收，测出暗纹的间距，即可计算出细丝或小孔的尺寸。

细丝直径检测系统的结构如图 6-44 所示。由于 He-Ne 激光器具有良好的单色性和方向性，当激光照射到细丝上时，满足远场条件，在 $L \geqslant \alpha^2/\lambda$ 时，就会得到夫琅和费衍射图像，由夫琅和费衍射理论及互补定理可推导出衍射图像暗纹的间距 d 为

$$d = \frac{L\lambda}{\alpha} \qquad (6-16)$$

式中　L——细丝到接收光敏元件阵列的距离；

　　　λ——入射激光波长；

　　　α——被测细丝直径。

用线列光敏元件将衍射光强信号转移为脉冲电信号，根据两个幅值为极小值之间的脉冲数 N 和线列光敏元件单元的间距 l，可算出衍射图像暗纹之间的间距 d，即

$$d = Nl \qquad (6-17)$$

根据式（6-17）可知，被测细丝的直径 α 为

$$\alpha = \frac{L\lambda}{d} = \frac{L\lambda}{Nl} \qquad (6-18)$$

由于各种光敏元件阵列都存在噪声，在噪声影响下，输出信号在衍射图像暗纹峰值附近有一定的失真，从而会影响检测精度。减小噪声影响、提高检测精度的方法一般有以下几种：①多次平均法；②曲线拟合法；③多暗点位置拟合法；④降低元器件的使用温度以减小元器件本身的噪声法。

利用上述原理同样也可以检测小孔的直径，所不同的是激光在透过小孔时，得到的夫琅和费衍射图像为环状条纹。用线列光敏元件检测出衍射图像暗纹的间距，即可求出小孔的直径。CCD 图像传感器的测量范围一般为 $10\sim500\mu m$，精度可达几百纳米量级。

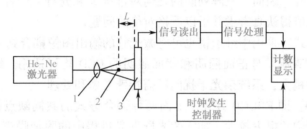

1—透镜；2—细丝截面；3—线列光敏元件

图 6-44 细丝直径检测系统结构

（2）CCD 微光电视系统

① CCD 微光电视系统的组成。CCD 微光电视系统的组成如图 6-45 所示。

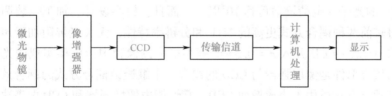

图 6-45 CCD 微光电视系统组成

② 像增强器与 CCD 的耦合。现在，单独的 CCD 的灵敏度虽然可以在低照度环境下工作，但要将 CCD 单独应用于微光电视系统还不可能。因此，可以将微光像增强器与 CCD 进行耦合，让光子在到达 CCD 之前使光子先得到增益。微光像增强器与 CCD 耦合方式有三种：

光纤光锥耦合方式：光纤光锥也是一种光纤传像元器件，它一头大，另一头小，利用纤维光学传像原理，可将微光管光纤面板荧光屏输出的经增强的图像，耦合到 CCD 光敏面（对角线尺寸通常是 12.7mm 和 16.9mm）上，从而可达到微光摄像的目的。光纤光锥耦合方式结构如图 6-46 所示。

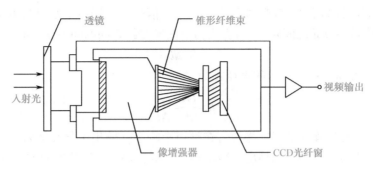

图 6-46 光纤光锥耦合方式结构

光纤光锥耦合方式的优点是荧光屏光能的利用率较高，在理想情况下，仅受限于光纤光锥的漫射透过率（≥60%）。缺点是需要带光纤面板输入窗的 CCD；对背面照明模式 CCD 的光纤耦合，有离焦和 MTF 下降问题；此外，光纤面板、光锥和 CCD 均为若干个像素单元阵列的离散式成像元器件。因而，三阵列间的几何对准损失和光纤元器件本身的质量对最终成像质量的影响等都是值得认真考虑并予以严格对待的问题。

中继透镜耦合方式：采用中继透镜也可将微光管的输出图像耦合到 CCD 输入面上，其优点是调焦容易，成像清晰，对正面照明和背面照明的 CCD 均可适用。缺点是光能利用率低（≤10%），仪器尺寸稍大，系统杂光干扰问题需特殊考虑和处理。

电子轰击式 CCD：即 EBCCD 方式。上面两种耦合方式的共同缺点是微光摄像的总体光量子探测效率及亮度增益损失较大，加之荧光屏发光过程中的附加噪声，使系统的信噪比特性不甚理想。为此，人们发明了电子轰击式 CCD（EBCCD），即把 CCD 做在微光管中，代替原有的荧光屏，在额定工作电压下，来自阴极的（光）电子直接轰击 CCD。实验表明，每 3.5eV 的电子即可在 CCD 势阱中产生一个电子—空穴对；在 10kV 工作电压下，增益达 2857 倍。如果采用缩小倍率电子光学倒像管（如倍率 $m=0.33$），则可进一步获得 10 倍的附加增益，即 EBCCD 的光子—电荷增益可达 10^4 以上；而且，精心设计、加工、装调的电子光学系统，可以获得较前两种耦合方式更高的 MTF 和分辨率特性，无荧光屏附加噪声。因此如果选用噪声较低的 DFGA—CCD 并入 $m=0.33$ 的缩小倍率倒像管中，可望实现微光电视摄像。微光电视系统的核心部件是像增强器与 CCD 的耦合。中继透镜耦合方式的耦合效率低，较少采用。光纤光锥耦合方式适用于小成像面 CCD，其性能由像增强器和 CCD 两者决定，光谱响应和信噪比取决于前者，暗电流、惰性、分辨率取决于后者，灵敏度则与两者有关。

 任务分析

数码相机，实质上是一种非胶片相机，它采用 CCD 作为光电转换器件，将被摄物体的图像转换成电信号并通过 A/D 转化成数字信号形式记录在存储器中。从外观看，数码相机也有光学镜头、取景器、对焦系统、光圈、内置电子闪光灯等，但比传统相机多了液晶显示器，内部有更本质的区别。数码相机内部结构总体可以分为光学部分、光电变换部分、信号处理部分、相机功能控制部分、电源部分和记录及输出部分等。数码相机的结构方框图如图 6-47 所示。

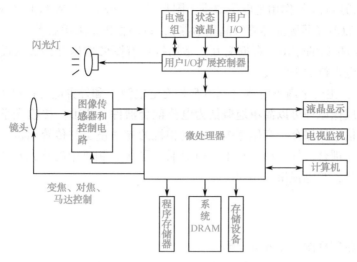

图 6-47　数码相机的结构方框图

数码相机包括以下几部分：

① 镜头：数码相机镜头的作用与普通相机镜头的作用相同，包括取景、变焦、对焦和马达控制。

② 图像传感器：其作用是将光信号转变为电信号。图像传感器是数码相机的核心部件，其质量决定了数码相机的成像质量。图像传感器的体积通常很小，但却包含了几十万个乃至上千万个具有感光特性的二极管——光电二极管。每个光电二极管即为一个像素。当有光线照射时，光电二极管就会产生电荷累积，光线越多，电荷累积的就越多，然后这些累积的电荷就会被转换成相应的像素数据。

将其分类，一种是 CCD 图像传感器，使用一种高感光度的半导体材料制成，能把光线转变成电荷，通过模/数转换器转换成数字信号。其特点是电路复杂，读取信息需在同步信号控制下一位一位地实地转移后读取，信息读取复杂，速度慢；需要三组电源供电，耗电量大，但技术成熟，成像质量好。

另外一种是互补金属氧化物半导体 CMOS 图像传感器，其特点是电路简单，信息可直接读取，速度较快，只需使用一个电源，耗电量小，为 CCD 的 1/8～1/10；单个光电传感元件、电路之间距离近，受光、电、磁干扰较严重，且对图像质量影响很大。

在相同分辨率下，CMOS 价格比 CCD 便宜，但是 CMOS 器件产生的图像质量相比 CCD 来说要低一些。到目前为止，市面上绝大多数的消费级别以及高端数码相机都使用 CCD 作为感应器，CMOS 感应器则作为低端产品应用在一些摄像头上，不过一些高端的产品也采用了特制的 CMOS 作为光感器，如索尼的数款高端 CMOS 机型。

③ 微处理器（MPU）：数码相机通过 MPU 实现测光、运算、曝光、闪光控制、拍摄逻辑控制以及图像的压缩处理等操作，对各个操作过程统一协调。一般数码相机采用的微处理器包括图像传感器数据处理 DSP 控制器、SRAM 控制器、显示控制器、JPEG 编码器、USB 接口等，以及运算处理单音频接口（非通用模块）和图像传感器时钟生成器等功能模块。

④ 存储设备的作用是保存数字图像数据，分为内置存储器和可移动存储器。内置存储器为半导体芯片，用于临时存储图像。可移动存储器有 SD 卡、MD 卡、记忆棒等。

⑤ 液晶显示屏 LCD 的作用是电子取景、图片显示，分为 DSTN LCD（双扫扭曲向列液晶显示器）和 TFT LCD（薄膜晶体管液晶显示器），数码相机多采用后者。

⑥ 输入/输出接口的作用是数据交互。常用接口有图像数据存储扩展设备接口、计算机通信接口、连接电视机的视频接口。

⑦ 电源部分：主要是内置电池（基本都是充电电池）和外置电源接口等。

数码相机的成像原理可以简单地概括为电荷耦合器件（CCD）接收光学镜头传递来的影像，转换成数字信号后保存于存储器中。数码相机的光学镜头与传统相机相同，将影像聚到感光器件，即电荷耦合器件（CCD）上。CCD 替代了传统相机中的感光胶片，其功能是将光信号转换成电信号，与电视摄像相同。

 任务设计

数码相机的原理框图如图 6-48 所示。

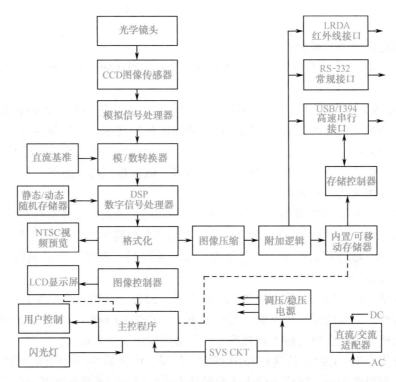

图 6-48　数码相机的原理框图

CCD 将被拍摄物体的光信号转变为电信号，形成电子图像，这是模拟信号，还需进行数字信号的转换才能为计算机处理创造条件，将由模/数转换器来完成转换工作。数字信号形成后，由微处理器对信号进行压缩并转化为特定的图像文件格式储存；数码相机自身的液晶显示屏用来查看所拍摄图像的好坏，还可以通过输出接口直接传输给计算机进行图像处理、打印、网上传输等工作。

任务实现

数码相机的工作步骤大致如下：

（1）开机准备：当打开相机的电源时，其内部的主控程序就开始检测各部件是否正常工作。如某一部件有异常，内部的蜂鸣器就会发出警报或在 LCD 上提示错误信息并停止工作。如一切正常，就进入准备状态。

（2）聚焦及测光：数码相机一般都有自动聚焦和测光功能。当打开 DSC 电源时，相机内部的主控程序芯片（MCU）立即进行测光运算、曝光控制、闪光控制及拍摄逻辑控制。对准物体并把快门按下一半时，MCU 开始工作，图像信号经过镜头测光（TTL 测光方式）传到 CCD 或 CMOS 上并直接以 CCD 或 CMOS 输出的电压信号作为对焦信号，经过 MCU 的运算、比较，再进行计算，确定对焦的距离和快门速度及光圈的大小，驱动镜头组的 AF 和 AE 装置进行聚焦。

（3）图像捕捉：在聚焦及测光完成后再按下快门，摄像元器件（CCD 或 CMOS）就捕捉从被拍摄景物上反射的光并以红、绿、蓝三种像素（颜色）存储。

（4）图像处理：就是把捕捉的光的像素进行 A/D 转换、图像处理、白平衡处理、色彩校正等，到存储区合成在一起形成一幅完整的数字图像，再经过 DSP 单元进行压缩转换为 JPEG 格式（静止图像压缩方式），以便节省空间。

（5）图像存储：在图像处理单元压缩后的图像送到存储器中进行保存。

（6）图像的输出：存储在存储器中的图像通过输出端口可以输出送到计算机中，可在计算机里通过图像处理程序（软件）进行图形编辑、处理、打印或网上传输。

阶段小结

CCD 图像传感器可直接将光学信号转换为电信号，实现图像的获取、存储、传输、处理和复现。其显著特点是：①体积小，质量小；②功耗小，工作电压低，抗冲击与振动，性能稳定，寿命长；③灵敏度高，噪声低，动态范围大；④响应速度快，有自扫描功能，图像畸变小，无残像；⑤应用超大规模集成电路工艺技术生产，像素集成度高，尺寸精确，商品化生产成本低。因此，许多采用光学方法测量外径的仪器，把 CCD 作为光电接收器。

CCD 从功能上可分为线阵 CCD 和面阵 CCD 两大类。线阵 CCD 通常将 CCD 内部电极分成数组，每组称为一相，并施加同样的时钟脉冲。所需相数由 CCD 芯片内部结构决定，结构相异的 CCD 可满足不同场合的使用要求。线阵 CCD 有单沟道和双沟道之分，其光敏区是 MOS 电容或光电二极管，生产工艺相对较简单。它由光敏元件阵列与移位寄存器扫描电路组成，特点是处理信息速度快，外围电路简单，易实现实时控制，但获取信息量小，不能处理复杂的图像。面阵 CCD 的结构要复杂得多，它由很多光敏元件排列成一个方阵，并以一定的形式连接成一个器件，获取信息量大，能处理复杂的图像。

近年年，CCD 图像传感器的研究取得了惊人的进展，它的移位寄存器已经从最初简单的 8 像元发展至具有数百万至上千万像元。随着观察距离的增加和在更低照度下进行观察的要求，对微光电视系统的要求必将越来越高，因此必须研制新的高灵敏度、低噪声的摄像器件，CCD 图像传感器高灵敏度和低光照成像质量好的优点正好迎合了微光电视系统这一发展趋势。作为新一代微光成像器件，CCD 图像传感器在微光电视系统中发挥着关键的作用。

 习题与思考题

1. 单项选择题

（1）CCD 数码相机的像素越高，分辨率就越_____，每张照片占据的存储器空间就越_____。

A. 高　　　　　　　　B. 低　　　　　　　　C. 大　　　　　　　　D. 小

（2）以下选项中哪个部分是影响数码相机成像质量的关键? _____

A. 图像传感器　　　　B. 镜头　　　　　C. LCD 液晶显示屏　　D. 像素

（3）数码相机 CCD 前的低通光波滤波器的作用是_____。

A. 阻止部分光，防止曝光过度　　　　　　B. 防止在照片上出现莫尔纹

C. 防止偏色　　　　　　　　　　　　　　D. 减少反光

（4）数码相机的分辨率指的是_____。

A. CCD 上像素数的总和

B. CCD 每英寸上的像素数的总和

C. CCD 经过插值运算后得到的像素数总和

D. R、G、B 三色 CCD 中任意一色 CCD 的数目

2. 造纸工业中经常需要测量纸张的"白度"以提高产品质量，请你设计一个自动检测纸张"白度"的测量仪，要求：

（1）画出测量电路方框图；

（2）简要说明其工作原理。

模块七 磁敏传感器及其应用

课题一 霍尔元件的工作原理

任务：自动供水控制电路的设计

 任务目标

★ 熟悉霍尔效应的原理和霍尔电压的影响因素；
★ 了解霍尔元件的主要技术参数、材料及结构；
★ 掌握集成霍尔传感器的功能特点，了解典型集成霍尔传感器的参数；
★ 选用霍尔传感器设计一个投放铁制取水牌的自动供水控制电路。

 知识积累

一、磁敏传感器概述

在传感器中，有一类是对磁信号变化敏感的，称为磁敏传感器。这类传感器主要包括霍尔传感器、磁阻传感器、磁敏集成电路及接近开关等。它们都是利用材料内部的载流子在磁场作用下改变运动方向这一特性制成的磁敏传感器。另外，还有利用电磁感应原理制作的磁电感应传感器。

磁敏传感器结构牢固，体积小，质量轻，寿命长，安装方便，功耗小，频率高（最高可达1MHz），耐振动，不怕灰尘、油污、水汽及烟雾等的污染或腐蚀。其应用极其广泛，包括自动控制、信息传递、电磁测量、生物医学等领域。根据被检测对象性质不同，磁敏传感器的应用分为直接应用和间接应用。直接应用主要是磁量测量和检测，如地磁的测量、磁带和磁盘的读出、漏磁探伤及磁控设备等。间接应用主要是检测为受检对象设置的磁场，以此磁场为载体将电流、电压、功率、频率、相位等非磁量和厚度、位移、转速、转数、流量、角度、角速度、力（压力、拉力）及工作状态发生变化的时间等非磁非电量转变成电量进行检测和控制。磁敏传感器可实现非接触测量，不从磁场中获得能量，可采用永久磁铁来产生磁场而不需要附加能源。

二、霍尔传感器

霍尔传感器包括霍尔元件和集成霍尔传感器，前者的主体是简单的霍尔片。

1. 霍尔元件

（1）霍尔元件的工作原理

霍尔元件是利用霍尔效应制成的，如图7-1所示为霍尔效应的原理图。在一片半导体薄片的两端面通以控制电流 I，并在薄片的垂直方向上施加磁感应强度为 B 的磁场，那么，在垂直于电流和磁场的方向上半导体薄片两端将产生电势 U_H（称为霍尔电势或霍尔电压），这种现象称为霍尔效应。

霍尔效应是运动电荷在磁场中受到洛仑兹力作用的结果。如图7-1所示，将长、宽、高分别为 L、W、H 的 N 型半导体薄片沿 XOY 平面放置在磁场中，磁场 B 沿 Z 轴方向，当沿 X 轴方向从端面 a 到端面 b 通以控制电流 I 时，由于薄片中电子运动速度 v 沿 X 轴的负方向，在磁场作用下电子将受到沿 Y 轴负方向即由 c 侧指向 d 侧的洛仑兹力的作用，其定向运动发生横向偏移，运动轨迹如图中虚线箭头所示，电子向 d 侧偏转，使该侧面形成负电荷的积累呈现负电，另一侧（c 侧）电子呈现正电，从而在两侧面之间形成沿 Y 轴负方向的横向电场 E_H，此即霍尔电场，两侧面间的电位差就是霍尔电压。

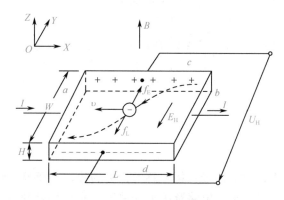

图7-1　霍尔效应的原理图

洛仑兹力 f_L 使电子运动发生横向偏移，而霍尔电场建立之后又对电子施加电场力 f_E，电场力的方向与洛仑兹力的方向相反，阻止电荷的积累，最终达到动态平衡，这时 $f_L = f_E$。

洛仑兹力的大小为

$$f_L = evB \tag{7-1}$$

电场力的大小为

$$f_E = eE_H = e\frac{U_H}{W} \tag{7-2}$$

以上两式中，e 为电子电荷量，v 为电子的漂移运动速度，U_H 为霍尔效应产生的电压，W 为半导体片的宽度。两力大小是相等的，即

$$evB = e\frac{U_H}{W} \tag{7-3}$$

设半导体内的载流子浓度为 n，则横截面上的电流大小可表示为

$$I = nevWH \tag{7-4}$$

由式（7-3）、式（7-4）可得

$$U_H = \frac{IB}{neH} = \frac{R_H}{H}IB = K_H IB \qquad (7-5)$$

式中，$R_H = 1/(ne)$，其大小取决于导体载流子浓度，它反映元件霍尔效应的强弱，称为霍尔系数；$K_H = R_H/H$，与霍尔系数成正比，与霍尔元件厚度成反比，称为霍尔灵敏度。

通过以上分析，可以看出：

① 霍尔电压 U_H 的大小与材料的性质有关。一般来说，金属材料的 n 较大，导致 R_H 和 K_H 较小，故不宜做霍尔元件。霍尔元件一般采用 N 型半导体材料制作。

② 霍尔电压 U_H 与元件的尺寸有关。元件的厚度 H 越小，K_H 越大，U_H 也越大，所以霍尔元件都比较薄，但太薄会使元件的输入、输出电阻较大，故也不宜太薄。

③ 当元件的材料和尺寸确定后，R_H 和 K_H 保持常数，霍尔电压 U_H 仅和 IB 的乘积成正比。利用这一特性，在恒定电流下，可用来测量磁感应强度 B；反之，在恒定的磁场下，也可以用来测量电流 I。

当 K_H 和 B 恒定时，I 越大，U_H 越大，但电流不宜过大，否则会烧坏霍尔元件。同样，当 K_H 和 I 恒定时，B 越大，U_H 也越大。当磁场改变方向时，U_H 也改变方向，当磁场方向不垂直元件平面，而是与元件平面的法线成一角度 θ 时，实际作用于元件上的有效磁场是其法线方向的分量，即 $B\cos\theta$，这时霍尔元件的输出电势为

$$U_H = K_H IB\cos\theta \qquad (7-6)$$

（2）霍尔元件的主要技术参数

为了达到最好的使用效果及最佳的性价比，在使用霍尔元件及传感器前，必须了解该元件的各种参数，霍尔元件的主要技术参数有：

① 额定控制电流 I_c 及最大允许控制电流 I_{cm}。在磁感应强度 $B=0$ 时，霍尔元件在空气中产生 10℃ 温升所对应的控制电流，称为额定控制电流，一般用 I_c 表示。I_c 的大小与霍尔元件的尺寸有关，尺寸越小，I_c 越小，一般为几毫安到几十毫安。由于霍尔元件的输出电势随控制电流的增大而增大，所以在实际使用中总希望选用较大的控制电流值。

最大允许控制电流是以霍尔元件允许的最高温升值为限制所对应的控制电流，一般用 I_{cm} 表示。改善霍尔元件的散热条件，可以增大最大允许控制电流 I_{cm} 的值。

② 输入电阻 R_{in} 和输出电阻 R_{out}。霍尔元件两个控制电流极之间的电阻称为输入电阻，用 R_{in} 表示；两个输出极之间的电阻称为输出电阻，用 R_{out} 表示，单位为 Ω。霍尔元件的输入电阻与输出电阻一般为几欧姆到几百欧姆，通常输入电阻的阻值大于输出电阻，但相差不多。在测量霍尔元件输入、输出电阻时，一般在室温及没有磁场（$B=0$）的条件下用直流电桥或用欧姆表直接测量。

③ 不等位电势 U_0 和不等位电阻 R_0。霍尔元件在额定控制电流作用下，在无外加磁场时（$B=0$），霍尔电极间的霍尔电势理想值应为零，但实际不为零，这时测得的空载霍尔电势称为不等位电势，用 U_0 表示。

产生不等位电势的原因很多，主要为两个电极没有装配在同一等位面上，也与材料的电阻率不均匀、基片的宽度和厚度不一致及电极与基片之间接触的位置不对称或接触不良有关。

不等位电势 U_0 与额定控制电流 I_c 之比称为霍尔元件的不等位电阻，一般用符号 R_0 表示。实际应用中 U_0 和 R_0 越小越好。

④ 灵敏度。灵敏度包括霍尔灵敏度 K_H 和磁灵敏度 S_B。

霍尔灵敏度 K_H 又称霍尔乘积灵敏度，也可用 S_H 表示，它是指霍尔元件在单位控制电流和单位磁感应强度作用下输出开路时的霍尔电压，单位为 V／（T·A）（磁感应强度的单位是特斯拉（符号为 T）和高斯（符号为 Gs），$1T = 10^4 Gs$）。

磁灵敏度 S_B 是指霍尔元件在额定控制电流和单位磁感应强度作用下，输出极开路时的霍尔电压，单位为 V/T。

磁灵敏度与霍尔灵敏度的区别在于前者反映了在规定控制电流下，霍尔元件对磁感应强度的检测能力，它仅与磁感应强度有关，而后者是反映霍尔元件本身所具有的磁电转换能力的参数。

⑤ 寄生直流电势 U_{OD}。在不外加磁场时，交流控制电流通过霍尔元件而在霍尔电极间产生的直流电势称为寄生直流电势，一般用符号 U_{OD} 表示，单位为 μV。它主要是由电极与基片之间的非完全接触所产生的整流效应造成的。

⑥ 温度系数。温度系数有霍尔电势温度系数和内阻温度系数。

霍尔电势温度系数 α 是指霍尔元件在一定的磁感应强度和规定控制电流下，温度每变化 1℃时，霍尔电势值变化的百分率，常用符号 α 表示。这一参数对测量仪器十分重要，若仪器要求精度高，要选择霍尔电势温度系数小的元件。另外，必要时还要加温度补偿电路。

内阻温度系数 β 是指温度每变化 1℃时，霍尔元件材料的电阻变化率，常用符号 β 表示。

（3）霍尔元件的材料及结构

① 霍尔元件的材料。霍尔元件的输出与霍尔灵敏度 K_H 有关，K_H 越大，则 U_H 越大。而霍尔灵敏度又取决于元件的材料性质和尺寸，其中霍尔系数等于霍尔元件材料的电阻率 ρ 与电子迁移率 μ 的乘积（$R_H = \rho\mu$）。若要霍尔效应强，则 R_H 值要尽可能大，因此要求霍尔元件材料有较大的电阻率和载流子迁移率。绝缘材料具有很大的电阻率，但其载流子迁移率却极小；而金属导体的载流子迁移率很大，但电阻率很低，因而以上两种材料的霍尔系数都很低，不能用于制作霍尔元件。只有半导体材料，它既有很高的载流子迁移率，又具有电阻率较大的特点，可以获得很大的霍尔系数，适合用于制造霍尔元件。

制作霍尔元件采用的材料有 N 型锗（Ge）、锑化铟（InSb）、砷化铟（InAs）、砷化镓（GaAs）及磷砷化铟（InAsP）等。锑化铟的输出较大，但温度特性稍差，图 7-2 给出了两种锑化铟霍尔元件分别在恒压、恒流作用下的磁电转换特性；砷化铟及锗的输出不如锑化铟大，但温度系数小，并且线性度也好；采用砷化镓制作的元件温度系数小、灵敏度高、线性度好、稳定性高、体积小，但价格较高。

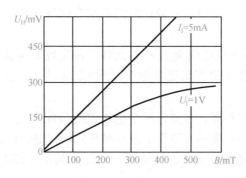

图 7-2　TY211、TY311 锑化铟霍尔元件分别在恒压、恒流作用下的磁电转换特性

② 霍尔元件的结构。霍尔元件的结构很简单，它由霍尔片、引线和壳体组成，如图 7-3 所示。霍尔片是一块矩形半导体单晶薄片，长宽比为 2:1，早期霍尔元件的制造工艺是在长度方向的两端焊有电流引出线 1、1′，其焊接点面占了整个宽度 W 和厚度 H。在长方形的另外两个边的中央焊有霍尔电压引出线 2、2′，其焊点很小，只占长度的 1/10 以下。两组引线的焊接都应该是纯电阻性的，即无 PN 结特性，否则影响输出。近年来采用外延及离子注入工艺或采用溅射工艺制造的产品，尺寸小，性能好。如图 7-4 所示为溅射薄膜锑化铟霍尔元件的结构。它由衬底、十字形半导体溅射薄膜、引线（电极）及磁性体顶部（用来提高输出灵敏度）所组成，采用陶瓷或塑料封装。

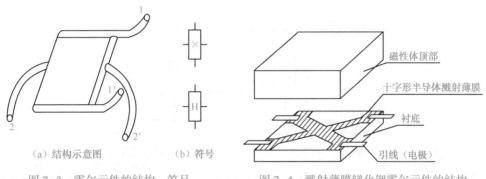

（a）结构示意图　　　（b）符号

图 7-3　霍尔元件的结构、符号　　　图 7-4　溅射薄膜锑化铟霍尔元件的结构

2. 集成霍尔传感器

集成霍尔传感器是利用霍尔效应与集成电路技术，将霍尔元件、放大器、温度补偿电路、稳压电源及输出电路等做在一个芯片上而制成的一个简化的和比较完善的磁敏传感器，由于其外形与集成电路相似，故也称霍尔集成电路。集成霍尔传感器的结构紧凑，输出信号快，传送过程中无抖动现象，且功耗低、温度特性好（带有补偿电路），能适应恶劣环境。

集成霍尔传感器中的霍尔元件仍以半导体硅作为主要材料，按其输出信号的形式可分为开关型和线性两种。开关型集成霍尔传感器简称霍尔开关。

（1）开关型集成霍尔传感器

开关型集成霍尔传感器输出的是高低电平数字信号，可与数字电路直接配合使用，控制系统、设备、仪表等的开和关。根据磁输入不同，开关型集成霍尔传感器分为单极、双极、锁存、全向极性（全极）四种。单极开关型集成霍尔传感器只需要一个单极磁铁（南极）即可动作，将南极拿走，就可释放。双极开关型集成霍尔传感器在工作时需要一个南极来动作，一个北极来释放；如果除去磁场，其输出状态不能确定。锁存开关型集成霍尔传感器在使用时需要足够强度的北极或南极磁场来激活开关；如果除去磁场，输出状态也不会改变；要改变输出状态，必须加相反极性的磁场。不管是南极还是北极作用开关均可接通，而磁场不存在则开关断开，称这种开关型集成霍尔传感器为全向极性开关型集成霍尔传感器。

为减小线路成本，两线应用霍尔开关得到大量使用，应用时只需要两根线（电源线和地线，接地端通过电阻接地），其接口逻辑信号为两个电流电平，代替开路集电极输出信号。

① 开关型集成霍尔传感器的内部结构。如图 7-5 所示为一种单极开关型集成霍尔传感器的内部结构框图，它主要由稳压器、霍尔电压发生器（霍尔元件）、差分放大器、施密特触发器（整形电路）及集电极开路的输出级五部分组成。稳压器可使传感器在较宽的电源电压

范围内工作。集电极开路输出便于传感器与各种逻辑电路接口，或者在输出端和电源之间连接负载。当有磁场作用时，霍尔电压发生器将磁信号转变成电压信号输出，该电压经差分放大器放大后，送至整形电路，当放大后的霍尔电压大于"开启"阈值时，整形电路翻转，输出高电平，使三极管 VT 导通，具有吸收负载电流的能力，这种状态称为灌电流，整个电路处于"开"状态。当磁场减弱时，霍尔电压发生器输出的电压很小，经差分放大器放大后，其值仍小于整形电路的"关闭"阈值，整形电路再次翻转，输出低电平，使三极管 VT 截止，这种状态称为拉电流，电路处于"关"状态。这样，一次磁感应强度的变化就使传感器完成了一次开关动作。

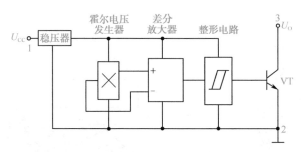

图 7-5　单极开关型集成霍尔传感器内部结构框图

　　② 开关型集成霍尔传感器的工作特性。如图 7-6（a）所示为单极开关型集成霍尔传感器的工作特性，水平轴正方向指示南极磁场磁感应强度增加。从中可以看出，当外加磁场磁感应强度超过 B_{OP} 时，传感器输出由高电平变为低电平，传感器处于"开"状态；当外加磁场磁感应强度小于 B_{RP} 时，输出由低电平变为高电平，传感器处于"关"状态。可见，其工作有一定的磁滞，开关动作可靠。B_{OP} 称为工作点，B_{RP} 称为释放点，$B_H = B_{OP} - B_{RP}$，称为回差。如图 7-6（b）所示为锁存开关型集成霍尔传感器的工作特性，当外加磁场强度超过工作点时，其输出导通；当磁场撤销后，输出状态保持不变，必须施加反向磁场并使之超过释放点，才能使其关断。

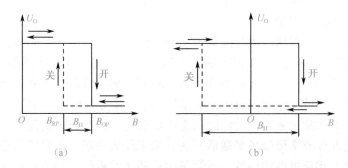

图 7-6　单极、锁存开关型集成霍尔传感器的工作特性

　　③ CS3000 系列单极霍尔开关电路介绍。国产 CS3000 系列包含 CS3013、CS3020、CS3040 等芯片，是单磁极工作的霍尔开关，适合在矩形或者柱形磁体下工作。I 类的工作温度范围为-40～125℃，可应用于汽车工业中。其有 3 种封装形式：TO-92UA、TO-92T 和 TO-92U。CS3000 系列产品主要参数见表 7-1，相应配套磁钢参数见表 7-2。

表 7-1　CS3000 系列产品主要参数（$T_A = 25℃$）

参　数	符　号	测试条件	型号及量值									单位
			CS3013			CS3020			CS3040			
			最小	典型	最大	最小	典型	最大	最小	典型	最大	
电源电压	V_{CC}	$V_{CC} = 4.5 \sim 24V$	4.5	—	24	4.5	—	24	4.5	—	24	V
输出低电平电压	V_{OL}	$V_{CC} = 4.5V$；$V_O = V_{CCmax}$；$B = 50mT$；$I_O = 25mA$	—	200	400	—	200	400	—	200	400	mV
输出漏电流	I_{OH}	$V_O = V_{CCmax}$；V_{CC} 开路	—	0.05	10	—	0.05	10	—	0.05	10	μA
电源电流	I_{CC}	$V_O = V_{CCmax}$；V_{CC} 开路	—	8	12	—	8	12	—	8	12	mA
输出上升时间	t_r	$V_{CC} = 12V$；$R_L = 480\Omega$；$C_L = 20pF$	—	0.12	1.2	—	0.12	1.2	—	0.12	1.2	μS
输出下降时间	t_f		—	0.14	1.4	—	0.14	1.4	—	0.14	1.4	μS
工作点	B_{OP}	$V_{CC} = 4.5 \sim 24V$	—	—	45	7	—	35	7	—	20	mT
释放点	B_{RP}		3	—	43	5	—	33	5	—	18	mT
回差	B_H		2	—	—	2	—	—	2	—	—	mT

表 7-2　CS3000 系列配套磁钢参数

型　号	SCⅠ	SCⅡ	SCⅢ	NFBⅠ	NFBⅡ
规格/mm^3	4.0×3.3×1.5	5.0×4.0×2.5	5.0×5.0×2.5	4.0×3.3×1.5	5.0×4.0×2.5
表面磁感应强度/mT^3	160	220	220	170	230
型　号	NFBⅢ	NFBⅣ	NFBⅤ	NFBⅥ	
规格/mm^3	5.0×5.0×2.5	φ8×4	φ9.5×6	φ12×4	
表面磁感应强度/mT^3	230	280	320	300	

（2）线性集成霍尔传感器

线性集成霍尔传感器的输出为模拟电压信号，并且与外加磁场为线性关系。从输出形式来看，线性集成霍尔传感器可分为单端输出型和双端输出（差分输出）型两种。

① 单端输出型。典型的单端输出型线性集成霍尔传感器由稳压器、霍尔电压发生器、线性放大器和射极跟随器等组成，其简化结构框图如图 7-7 所示。

国产霍尔传感器 CS3501 属于单端输出型线性集成霍尔传感器，其输出电压与磁感应强度的关系如图 7-8（a）所示，其中 N 表示磁铁北极，S 表

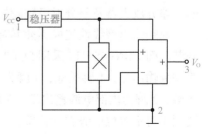

图 7-7　单端输出型线性集成霍尔传感器简化结构框图

示磁铁南极。从图中可以看出，在磁感应强度为（-150~+150）mT 时，该传感器具有较好的线性；而当磁感应强度超过此值时，其呈饱和状态。CS3501 型集成霍尔传感器为塑料扁平封装的三端元件，采用 TO-92UA 封装，如图 7-8（b）所示。CS3501 主要参数见表 7-3。

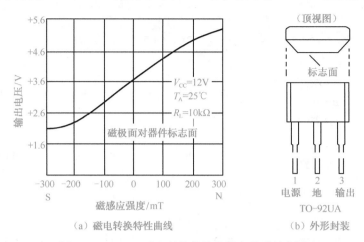

（a）磁电转换特性曲线　　　　（b）外形封装

图 7-8　CS3501 磁电转换特性曲线和外形封装图

表 7-3　CS3501 主要参数（$T_A = 25℃$，$V_{CC} = 5.0V$）

参　数	符　号	量　值			单　位
		最　小	典　型	最　大	
工作电压	V_{CC}	4.5	—	8	V
电源电流	I_{CC}	—	9.0	14	mA
静态输出电压	V_O	2.25	2.5	2.75	V
灵敏度	S	7.5	—	25.0	mV/mT
输出端上限电压	V_T	4.2	4.25	4.3	V
输出端下限电压	V_L	0.75	1.00	1.2	V

注：输出电压应用输入阻抗大于 10kΩ 的电压表来测量；磁感应强度应在器件最灵敏的区域测量。

② 双端输出型。典型的双端输出型线性集成霍尔传感器主要由稳压器、霍尔信号发生器、差分放大器及差分射极跟随器输出级等组成。

双端输出型线性集成霍尔传感器的典型代表为 UGN-3501K/LI。UGN-3501K 采用 SIP4 封装，而 UGN-3501LI 采用 SOP8 封装，原理框图如图 7-9 所示。UGN-3501K 的引脚 2、3 为差分输出端，1 脚接地，4 脚为 V_{CC}；UGN-3501LI 引脚定义有所不同，1、8 两脚为差分输出端，2 脚为内部电源输出端，3 脚为 V_{CC}，4 脚接地，5、6、7 三脚之间外接一个电位器，主要用于对不等位电势进行补偿，还可以改善线性度，但灵敏度有所降低。若允许有不等位电势输出时，则该电位器可以不接。UGN-3501K 的磁敏感点在标识面中间处的内部，而 UGN-3501LI 的磁敏感点在器件顶部中间处的内部。

UGN-3501LI 的输出电压与磁感应强度的关系曲线如图 7-10 所示。由图可知，当其 5、6 脚间接不同阻值的电阻时，同一磁场强度下，阻值越大，输出越低，但线性度越好。UGN-

3501K 的输出电压与磁感应强度的关系曲线与 UGN-3501LI 在 $R_{5-6}=0\Omega$ 时的关系曲线相同。差分输出电压极性与磁场方向有关。表 7-4 给出了 UGN-3501K/LI 的主要参数。

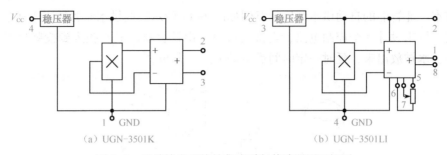

（a）UGN-3501K　　　　　　　　　（b）UGN-3501LI

图 7-9　双端输出型线性集成霍尔传感器原理框图

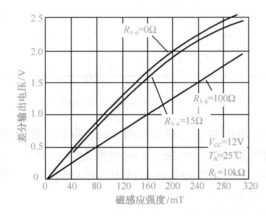

图 7-10　UGN-3501LI 输出电压与磁感应强度的关系曲线

表 7-4　UGN-3501K/LI 主要参数（$T_A=25℃$，$V_{CC}=12.0V$）

参　　数	测试条件	量　　值			
		最　小	典　型	最　大	单　位
工作电压	—	8.0	—	16	V
电源电流	$V_{CC}=16V$	—	10	18	mA
输出失调电压	UGN-3501K，$B=0T$	—	100	400	mV
	UGN-3501LI，$B=0T$，$R_{5-6-7}=0\Omega$	—	100	400	mV
输出共模电压	$B=0T$	—	3.6	—	V
灵敏度	UGN-3501K，$B=0.1T$	7	14	—	mV/mT
	UGN-3501LI，$B=0.1T$，$R_{5-6-7}=0\Omega$	7	14	—	mV/mT
	UGN-3501，$B=0.1T$，$R_{5-6-7}=15\Omega$	6.5	13	—	mV/mT
通频带	$R_{5-6-7}=0\Omega$（UGN-3501LI）	23	25	—	kHz
带宽输出噪声	3dB 带宽，10Hz~10kHz $R_{5-6-7}=0\Omega$（UGN-3501LI）	—	0.15	—	mV
失调温度系数	$R_{5-6-7}=0\Omega$（UGN-3501LI）	—	1.0	—	mV/℃
注：输出电压应用输入阻抗大于 10kΩ 的电压表来测量；磁感应强度应在器件最灵敏的区域测量。					

任务分析

低成本、非智能的自动供水装置示意图如图7-11所示。此供水装置适用于在公共开水房安装使用。要求设计一个控制电路，当将取水牌（由铁材料制成）投入到投牌口后，自动打开水龙头，水被放出来，延时一定时间后自动关闭水龙头。

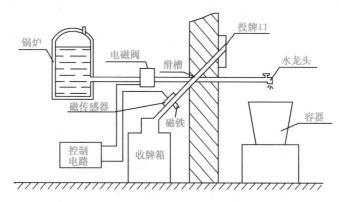

图7-11　低成本、非智能的自动供水装置示意图

按照控制功能要求，控制电路结构框图如图7-12所示。磁检测装置检测到铁制取水牌后，输出一个脉冲电压信号触发延时电路，延时电路翻转输出一个持续一定时间的高电平，用此高电平控制开关电路，开关电路接通执行机构（电磁阀）的电源电路，开始放水，时间到后开关电路被断开，关闭水龙头。

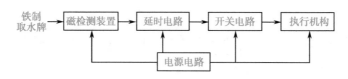

图7-12　控制电路结构框图

 任务设计

自动供水控制电路如图7-13所示。开关型霍尔传感器CS3020为磁检测装置，其外形如图7-14所示，555构成单稳延时电路，为了得到单稳触发所需的低电平，由VT构成反相器；开关控制电路是固态继电器；执行机构是JO11SA-1-15-Y型不锈钢电磁阀。

220V的交流电压经降压、整流、滤波，由稳压器W7809输出9V直流电压作为控制电路直流电源向电路供电。

CS3020是三端元器件，有3种封装形式，除外形尺寸和磁敏感区位置不同，引脚排列都相同，如图7-14所示为TO-92U封装，图中是磁敏感区的位置数据，单位为mm。当磁铁S极距离CS3020较近时，磁敏感区检测到的磁感应强度较大，由磁电转换特性曲线知其输出端输出低电平即"开"状态；当S极和CS3020间的空气间隙有铁制物质（取水牌）通过时，在通过的一瞬间，原来穿过传感器磁敏感区的磁感应线被铁制物质旁路，磁感应线回路不经过磁敏感区，导致传感器检测到的磁感应强度很小，从而输出高电平即"关"状态；铁制物质通过后，传感器再次检测到强的磁感应强度而输出低电平。可见，取水牌通过传感器一瞬间，传感器输出高电平，其他时间传感器输出的都是低电平。将传感器输出信号送入反相器，则仅取水牌投入到投牌口后，才会产生一个短暂的低电平信号（单次负脉冲）。

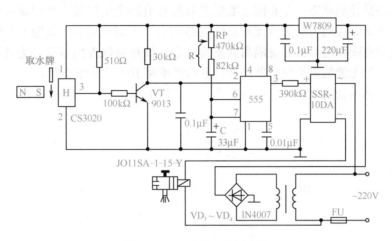

图 7-13　自动供水控制电路

555 是广泛应用的定时器，其中一种的功能框图如图 7-15 所示，其功能见表 7-5。将脚 6、脚 7 连接到 RC 充电电路的电容一端，构成单稳触发电路，其稳定状态是引脚 3 输出低电平，不稳定状态是引脚 3 输出高电平，高电平持续时间即延时时间由 RC 充电电路决定；触发条件是在引脚 2 上输入单次负脉冲信号，所需脉冲信号正好是取水牌投入后产生的。

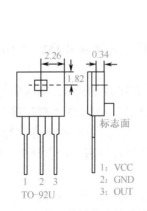

图 7-14　CS3020 的一种封装及其磁敏感区位置

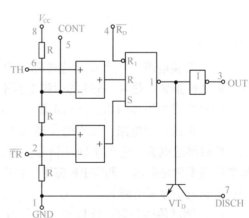

图 7-15　555 功能框图

固态继电器是一种无触头开关元器件，具有结构紧凑，开关速度快，能与微电子逻辑电路兼容等特点，主要由输入（控制）电路、驱动电路和输出（负载）电路三部分组成。输入电路为输入控制信号提供一个回路，使之成为固态继电器的触发信号源。输入电路多为直流输入电路，个别的为交流输入电路。直流输入电路又分为阻性输入电路和恒流输入电路。阻性输入电路的输入控制电流随输入电压按线性的正向变化。恒流输入电路，在输入电压达到一定值时，电流不再随电压的升高而明显增大，这种继电器可适用于相当宽的输入电压范围。

驱动电路的主要作用是给功率开关元器件（电力电子元器件）提供触发信号，并实现了控制回路与负载回路之间的电隔离。输出电路在触发信号的控制下实现功率开关元器件的通断切换。从功能上看，当控制端无信号时，其主回路（输出回路）呈阻断状态；当在控制端加信号时，其主回路呈导通状态。单相固态继电器对外具有四个引出端，其中输入端两个，输出端两个。按切换负载性质可分为直流固态继电器和交流固态继电器；按输入与输出之间的隔离可分为光电隔离固态继电器和磁隔离固态继电器；按控制触发信号可分为过零型、非过零型、有源触发型和无源触发型继电器。本任务选择单相10A固态继电器。

执行机构选择不锈钢电磁阀，要求工作介质适用于水，工作温度超过100℃，常闭。

表7-5 555的功能

输 入			输 出	
$\overline{R}_D$	TH	$\overline{TR}$	u_O	VT_D状态
0	×	×	低	导通
1	$<\frac{2}{3}V_{CC}$	$<\frac{1}{3}V_{CC}$	高	截止
1	$<\frac{2}{3}V_{CC}$	$>\frac{1}{3}V_{CC}$	不变	不变
1	$>\frac{2}{3}V_{CC}$	$>\frac{1}{3}V_{CC}$	低	导通

 任务实现

（1）安装电路：注意正确连接和安全操作，变压器可选择输出15V、10W左右的变压器，W7809加装散热片，555的引脚2暂不连接。

（2）测试稳压器输出：接通电源，用直流电压表测W7809引脚3，电压应为9V。

（3）调试单稳电路：先将电位器RP旋钮旋到中间位置，555的2脚连接到单次负脉冲源，然后接通电源，送单次脉冲信号，观察电磁阀，能听到其动作的声音，测量持续时间；如果时间不满足要求，调节RP旋钮，再送脉冲信号并计时直到满足要求（为方便，3脚可连接到逻辑电平显示电路）。

（4）调试传感装置：连接555的引脚2，接通电源，调整磁铁位置改变它与传感器的空气隙间距，测量传感器引脚3的电位，应为低电平，测量555引脚2的电位，应为高电平；接着在磁铁与传感器之间空气隙内放置取水牌，再次测量引脚3的电位，应为高电平，测量555引脚2的电位，应为低电平，并听到电磁阀动作的声音；移走取水牌后传感器引脚3的电位恢复为低电平。

阶段小结

本课题主要介绍了霍尔效应、霍尔传感器及霍尔元件的主要特性参数，设计了一个使用霍尔传感器的自动供水控制电路。

通过磁电效应，磁感应强度的变化可转变为电信号。磁敏传感器就是把磁物理量转换成电信号的传感器，应用极其广泛。

由于磁场对运动电荷具有洛仑兹力的作用，通以电流的半导体受到磁场作用会产生电势 U_H，此即霍尔效应。霍尔电势 $U_H = K_H I B \cos\theta$，其中 K_H 为霍尔常数，其大小与霍尔片的材料和尺寸有关，θ 为磁场方向与霍尔片法向夹角。以此为基础制造的有霍尔元件和集成霍尔传感器两种类型的霍尔传感器。霍尔元件输出电压一般较小，在许多方面应用不便。集成霍尔传感器是把霍尔元件、放大器、温度补偿电路及稳压电源等做在一个芯片上的集成电路，与霍尔元件相比，集成霍尔传感器使用方便，更具有微型化、可靠性高、寿命长、功耗低及负载能力强等优点。按输出信号的形式不同，集成霍尔传感器可分为开关型和线性两种。开关型集成霍尔传感器根据检测的磁感应强度大小输出高低两个电压信号，线性集成霍尔传感器输出一个与检测的磁感应强度信号成正比的电压信号。

自动供水控制电路的触发信号来自于铁制取水牌，通过巧妙安装，取水牌将旁路局部空间的磁感应线，此变化由开关型集成霍尔传感器检测后输出单次脉冲信号作为供水触发信号。

习题与思考题

1. 什么是霍尔效应？霍尔电势与哪些因素有关？
2. 霍尔元件由什么材料构成？为什么用这些材料？
3. 霍尔元件有哪些技术指标？使用时应注意什么？
4. 利用开关型集成霍尔传感器设计一个转速测量电路。
5. 如图 7-16 所示是采用霍尔开关制作的汽车点火器的结构示意图，试分析其工作原理。

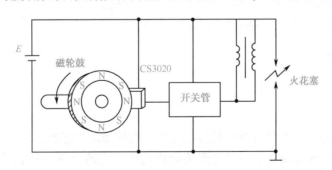

图 7-16　采用霍尔开关制作的汽车点火器结构示意图

6. 如图 7-17 所示是采用霍尔传感器 CS3020 设计的卫生间照明灯自动控制电路，H 表示 CS3020，G 表示磁钢，U1 型号为 CD4013。试分析其工作过程。（提示：①磁钢 G 装在门中，霍尔传感器 CS3020 装在门框中，门处于关闭位置时，CS3020 受磁场作用；门打开时，所受磁场作用减弱。②从电源接通、进卫生间开关门、出卫生间开关门三个环节分析电路的工作过程。）

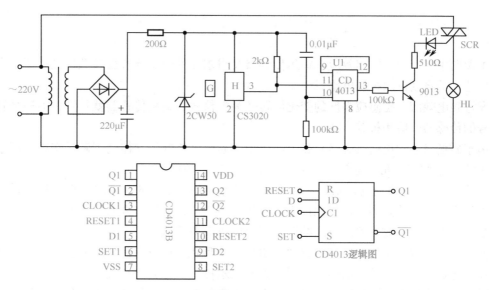

图7-17　卫生间照明灯自动控制电路

课题二　其他磁敏元器件

任务：自动统计钢球个数电路的设计

 任务目标

★ 熟悉磁敏电阻的原理，了解磁敏电阻的基本结构和主要特性参数；

★ 熟悉磁敏二极管、磁敏晶体管的结构、工作原理；

★ 利用磁敏元器件设计一个自动统计钢球个数的电路。

 知识积累

一、磁敏电阻

磁敏电阻是利用磁电阻效应制成的磁敏元件，也称 MR 传感器。

所谓磁电阻效应是指某些材料的电阻值随磁场而变化的现象。磁电阻效应的大小与元件的迁移率和几何形状有关；前者称为物理磁电阻效应，后者称为几何磁电阻效应。按照所用感磁材料不同，磁敏电阻有半导体材料构成的半导体磁敏电阻和金属材料构成的强磁性薄膜磁敏电阻。

1. 半导体磁敏电阻

以 P 型半导体磁敏电阻为例，其工作原理示意图如图 7-18 所示。图 7-18（a）与图 7-18（b）的上方示意图是无磁场电流分布的情况，下方示意图是加入磁场后电流分布的情况，图7-18（a）、图7-18（b）中的长宽关系分别是 $L<W$、$L>W$。无磁场时，元件的电流密度矢量一般呈直线状，当磁场垂直加在元件表面上时，在霍尔电场和洛仑兹力的作用下，电流密度矢量偏离合成电场方向 θ（霍尔角，如图7-18（c）所示），电流经过的路径变长，于是电阻值也相应增加。磁场变化使电流密度矢量发生变化，电阻也随着磁场变化，称为物理磁电阻效应。为了使磁敏电阻的磁电阻效应更为显著（即灵敏度提高），必须选用载流子迁移率大的材料。对于主体材料一定的半导体磁敏电阻，当长宽比或形状不同时，其电极间电流流向的偏斜角不同，因此造成电流路径的长短有所差异，即磁电阻效应的大小不同，这种磁电阻效应称为几何磁电阻效应。半导体磁敏电阻常用的主体材料有锑化铟、砷化镓，以及它们的某些共晶材料。

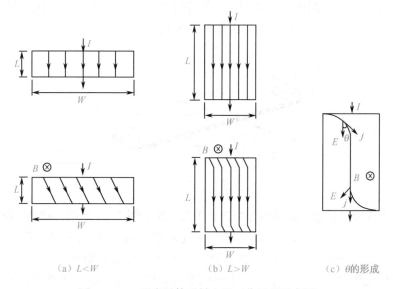

（a）$L<W$　　　　　　（b）$L>W$　　　　　　（c）θ的形成

图7-18　P型半导体磁敏电阻工作原理示意图

半导体磁敏电阻形状结构可根据实际需要灵活设计，主要有两端型单磁敏电阻、三端差分型磁敏电阻、四（六）端双差分型磁敏电阻及五端三差分型磁敏电阻等。常用的三端差分型磁敏电阻结构如图7-19所示，它由两个对称的磁敏电阻所构成，电路就是一个电阻分压器，由于半导体材料InSb温度系数较大，其中一个磁敏电阻可起到一定的温度补偿作用。

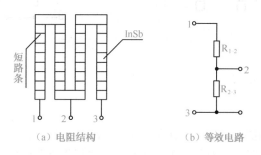

（a）电阻结构　　　　　　（b）等效电路

图7-19　常用的三端差分型磁敏电阻结构

2. 强磁性薄膜磁敏电阻

强磁性薄膜磁敏电阻是基于强磁性磁电阻效应的，这种效应的基本特征是在电流方向平行于磁化方向（外部磁场方向）时材料的电阻率与在电流方向垂直于磁化方向时的电阻率不同，即因强磁材料的磁化方向与电流方向夹角不同，其阻值有所不同。此现象又称为磁各向异性效应（简称 AMR）。如图 7-20 所示，若沿着一条长而薄的铁磁合金（铁镍合金）带的长度方向加一个电流，在沿薄片垂直电流的方向施加一个磁场，合金带自身的阻值会发生变化。磁化方向平行于电流方向时强磁性薄膜磁敏电阻阻值最大，磁化方向垂直于电流方向时强磁性薄膜磁敏电阻阻值最小（与霍尔元件正相反）。无外部磁场时，磁敏电阻内部的磁场方向平行于电流方向（由制作工艺决定）。常用的材料为镍基合金，它比半导体材料有更高的灵敏度，可靠性高，使用温度范围广，但易出现磁饱和。

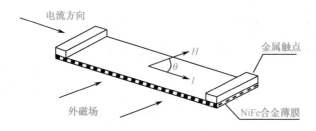

图 7-20　强磁性薄膜磁敏电阻工作原理

典型的强磁性薄膜磁敏电阻的内部结构和等效电路如图 7-21 所示，磁敏电阻属于三端差分型磁敏电阻，其中 H 表示外加磁场的磁场强度（磁感应强度 B 与磁场强度 H 的关系为 $B = \mu H$），R_A、R_B 对应的电阻电流是相互垂直的，在无外磁场或夹角 θ 为 45°时，两个电阻是相等的。以此磁敏电阻为基础通过半导体集成技术构成的磁敏传感器在各个领域得到了大量的应用。

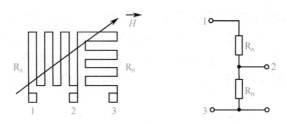

图 7-21　典型的强磁性薄膜磁敏电阻内部结构和等效电路

3. 磁敏电阻的主要特性参数

（1）灵敏度 K

R_B/R_0 的比值 K 称为磁敏电阻的灵敏度。其中，R_0 为无磁场时磁敏电阻的阻值，R_B 是磁感应强度为 B 时磁敏电阻的阻值。有的厂家也用在一定磁场强度下的电阻变化率来表示。

一般来说，磁敏电阻的灵敏度 $K \geqslant 2.7$。

（2）磁阻特性曲线（B-R 特性）

某型号磁敏电阻的阻值 R 随磁感应强度 B 变化的特性曲线（磁阻特性曲线）如图 7-22

所示。磁敏电阻的阻值与磁场的极性无关，只随磁场强度的增加而增加。

（3）温度系数

温度每变化1℃时，磁敏电阻阻值的相对变化称为温度系数（单位:%/℃）。磁敏电阻的温度系数约为−2%/℃，是比较大的，即磁敏电阻阻值受温度变化影响较大。为了补偿磁敏电阻的温度特性，可以采用两个磁敏电阻串联，用分压输出，可大大改善其温度特性。

4. 磁敏电阻的应用实例

利用磁敏电阻阻值可变的特点，磁敏电阻在无触点开关、转速计、磁通计、编码器和图形识别等多个方面得到了广泛应用。

如图7-23所示为简单的无触点开关电路。当用磁铁靠近锑化铟磁敏电阻时，其阻值变大，基极电位因而上升，功率晶体管饱和，继电器线圈被接通，实现了无触点开；而当磁铁远离磁敏电阻时，磁敏电阻阻值变小，其输出电压小，不能驱动功率晶体管，功率管截止使继电器线圈不得电，实现了无触点关。

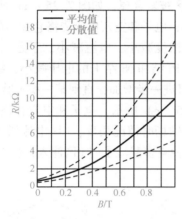

图7-22　磁阻特性曲线

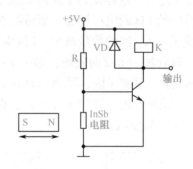

图7-23　简单的无触点开关电路

二、磁敏二极管与磁敏晶体管

磁敏二极管和磁敏晶体管是继霍尔元件和磁敏电阻之后发展起来的一种磁电转换元件。这种元件具有响应快、无触点、输出功率大及性能稳定等特点，有很高的灵敏度，可以在较弱的磁场条件下获得较大的输出电压，这是霍尔元件和磁敏电阻所不及的。其不但能检测出磁场大小，并且能测出磁场方向，体积小，测试电路简单，所以特别适合制作无触点开关、小量程高斯计、漏磁测量仪、磁力探伤仪等仪器和仪表。

1. 磁敏二极管

（1）磁敏二极管的结构和工作原理

磁敏二极管是一种阻值随磁场强度的大小和方向均改变的结型二端磁敏元件，它与磁敏电阻不同，磁敏电阻的阻值与磁场强度大小有关而与其方向（极性）无关。制作磁敏二极管的材料为锗和硅半导体。

磁敏二极管的结构与符号如图7-24所示。磁敏二极管的结构是 P^+-i-N^- 型，在本征半导体高纯度锗（或硅）的两端，用合金法制成高掺杂的 P 型和 N 型区，中间为本征区（i 区），

i区的长度远远大于载流子扩散的长度，在i区的一个侧面上用喷砂、研磨或扩散杂质等方法制成高复合区（r区），在r区载流子的复合速率较大，r区的对面则保持光滑无复合表面。

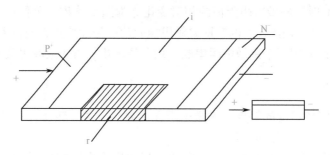

图7-24 磁敏二极管的结构与符号

当给磁敏二极管加上正向电压（即P区接"+"，N区接"-"）时，P区向i区注入空穴，N区向i区注入电子。在没有外加磁场的情况下，大部分的空穴和电子分别流入N区和P区而产生电流，只有一小部分电子和空穴在i区被复合掉，如图7-25（a）所示。

若加上一个正向磁场，如图7-25（b）所示，电子和空穴由于受洛仑兹力的作用均偏向r区，并在r区很快复合。这样使得i区的载流子浓度减小，电流减小，于是二极管的内阻增加，外部电压分配给i区的电压增加，而分配在Pi结和Ni结上的电压减小，结电压的减小，又进一步使载流子注入i区的数量减少，i区电阻进一步增加，直到某一稳定状态。

若给磁敏二极管加一个反向磁场，如图7-25（c）所示，电子和空穴在洛仑兹力的作用下，向r区对面偏转，偏离r区，结果与加正向磁场时情况相反，i区电流增大，电阻减小，分配给i区的电压减小，Pi、Ni结电压增加，促使更多载流子向i区注入，使i区电阻进一步减小，直到进入某一稳定状态。

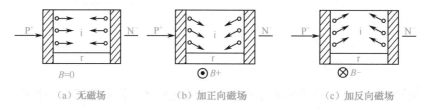

（a）无磁场   （b）加正向磁场   （c）加反向磁场

图7-25 磁敏二极管工作原理图

由以上分析可知，磁敏二极管是根据电子—空穴双重注入效应及复合效应原理工作的。当加上正向电压时，二极管的阻值将随磁场的大小和方向而改变，并且随着磁场大小和方向的变化可产生正/负输出电压的变化，利用这一点可以判别磁场方向。

若在磁敏二极管上加上反向电压，仅有微小电流流过，并且几乎与磁场无关，两端的电压也不会因受到磁场作用而有任何改变。因此磁敏二极管只能在正向电压下工作。

（2）磁敏二极管的主要技术参数

① 灵敏度。灵敏度是指在恒定电压（6V）作用下，磁感应强度由 $B = 0$ 变为 $B = \pm 0.1T$ 时所引起的磁敏二极管工作电流的相对变化量，即

$$S_I = \left| \frac{I_\pm - I_0}{\Delta B \cdot I_0} \right| \times 100\% = \left| \frac{I_\pm - I_0}{0.1 I_0} \right| \times 100\% \tag{7-7}$$

式中，S_I 为电流相对灵敏度，单位是 T^{-1}；$I_{\pm}$ 为 $B=\pm0.1T$ 时流过磁敏二极管的电流；I_0 为 $B=0$ 时流过磁敏二极管的电流。

上式为电流相对灵敏度的计算公式，为简便起见，也可用绝对灵敏度来表示，表达式为

$$S'_I = \frac{\Delta I_{\pm}}{B} = \frac{|I_{\pm}-I_0|}{\pm0.1} \tag{7-8}$$

式中，S_I' 的单位为 A/T。

电压灵敏度是指在恒定电流下（$I=3mA$），磁感应强度由 $B=0$ 变化到 $B=\pm0.1T$ 所引起的磁敏二极管输出电压的相对变化量，即

$$S_U = \left|\frac{U_{\pm}-U_0}{0.1U_0}\right| \times 100\% \tag{7-9}$$

式中，S_U 为电压相对灵敏度，单位为 T^{-1}；U_0 为 $B=0$ 时磁敏二极管两端的电压；$U_{\pm}$ 为 $B=\pm0.1T$ 时磁敏二极管两端的电压。

上式为电压相对灵敏度的计算公式，为简便起见，也可用绝对灵敏度来表示，表达式为

$$S'_U = \frac{\Delta U_{\pm}}{B} = \frac{|U_{\pm}-U_0|}{\pm0.1} \tag{7-10}$$

式中，S'_U 的单位为 V/T。

② 磁电特性。磁敏二极管的磁电特性是指在一定条件下，磁敏二极管的输出电压与外加磁场的关系，其特性曲线如图 7-26 所示。在弱磁场及一定的工作电流下，曲线有较好的线性，在强磁场下则呈非线性。

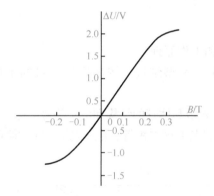

图 7-26 磁敏二极管磁电特性曲线

③ 伏安特性。伏安特性是指在给定磁场下磁敏二极管两端正向偏压和其中通过电流的关系。如图 7-27 所示是磁敏二极管的伏安特性曲线。由曲线可见，当所加磁感应强度一定时，通过磁敏二极管的电流越大，则输出电压越大，磁灵敏度越高；当所加电压一定时，在正向磁场作用下，随着磁感应强度增加，电阻增加、电流减小，在反向磁场作用下，随着磁感应强度增加，电阻减小、电流增大。

④ 温度特性。磁敏二极管的温度特性是指在标准测试条件下，其输出电压的变化量 ΔU 随温度变化的规律。如图 7-28 所示为磁敏二极管的温度特性曲线，温度越高，工作电压和灵敏度均下降。

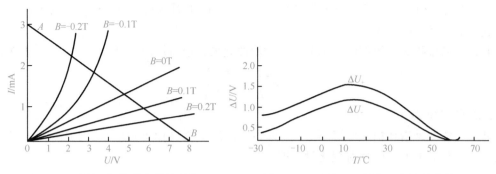

图 7-27　磁敏二极管伏安特性曲线　　　　　图 7-28　磁敏二极管的温度特性曲线

（3）应用实例

位移测量：利用两个磁敏二极管可以组成差分输出式位移传感器，其结构如图 7-29 所示。导磁板放置在两个磁敏二极管的中间，当导磁板向右移动时，磁敏二极管 VD_2 离导磁板距离减小，VD_2 中磁铁端面上的 B 增大，磁敏二极管 VD_2 的阻值增加，而磁敏二极管 VD_1 的阻值减小，电桥失去平衡。相反，当导磁板向左移动时，VD_1 的阻值将增加，VD_2 的阻值将减小，电桥也失去平衡，输出与位移成比例的信号。测量出电信号，就可以计算出位移量。

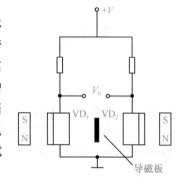

图 7-29　位移传感器电路的结构

2. 磁敏晶体管

（1）磁敏晶体管的结构和工作原理

磁敏晶体管有 PNP 型和 NPN 型结构，按半导体材料的不同，又可分为锗和硅磁敏晶体管。

如图 7-30 所示为 NPN 型磁敏晶体管的结构和电路符号。磁敏晶体管有两个 PN 结，其中发射极 e 和基极 b 之间的 PN 结是长基区二极管，在长基区 i 区的侧面设置一高复合区（r 区）。

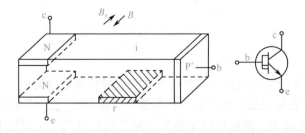

图 7-30　NPN 型磁敏晶体管的结构和电路符号

如图 7-31 所示为磁敏晶体管的工作原理图。如图 7-31（a）所示为在无外磁场作用时，从发射极 e 注入到 i 区的电子由于 i 区较长，在横向电场 U_{be} 的作用下，大部分被分流到基极，形成基极电流，只有少部分传输到集电极形成集电极电流，基极电流大于集电极电流，电流放大系数 $\beta = I_c/I_b < 1$。

如图 7-31（b）所示为有外部磁场 B_- 作用时的情况。从发射极注入到 i 区的电子，除受

横向电场 U_{be} 作用外，还受洛仑兹力的作用，使其向高复合区 r 方向偏转。结果使流入集电极的电子数和流入基极电子数的比例发生变化，使集电极电流下降，基极电流增加。

如图 7-31（c）所示为有外部磁场 B_+ 作用时的情况。从发射极注入到 i 区的电子，在洛仑兹力作用下，向集电结一侧偏转，使集电极电流增大，基极电流减小。

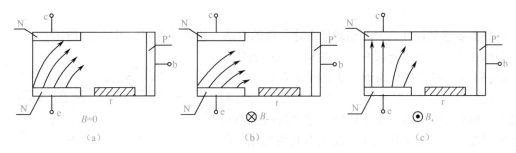

图 7-31　磁敏晶体管的工作原理图

综上所述，磁敏晶体管的工作原理与磁敏二极管完全相同。无外界磁场作用时，由于 i 区较长，在横向电场作用下，发射极电流大部分形成基极电流，小部分形成集电极电流。在反向或正向磁场作用下，会引起集电极电流的减小或增加，即晶体管的 β 值是随磁场变化而变化的。因此，可以用磁场方向控制集电极电流的增加或减小，用磁场的强弱控制集电极电流增加或减小的变化量。

（2）磁敏晶体管的主要技术参数

① 灵敏度 $h_\pm$。磁敏晶体管的灵敏度有正向灵敏度和负向灵敏度两种，它们表示当基极电流恒定在 $I_b = 2\text{mA}$（锗管）或 $I_b = 3\text{mA}$（硅管）时，外加磁感应强度由 $B = 0$ 变为 $B = \pm 0.1\text{T}$ 时所引起的集电极电流的相对变化量，即

$$h_\pm = \frac{|I_{c\pm} - I_{c0}|}{0.1 I_{c0}} \times 100\% \tag{7-11}$$

式中，I_{c0} 为 $B = 0$ 时的集电极电流；$I_{c\pm}$ 为 $B = \pm 0.1\text{T}$ 时的集电极电流；$h_\pm$ 的单位为 T^{-1}。

② 磁电特性。磁敏晶体管的磁电特性为在基极电流恒定时，集电极电流的变化量 ΔI_c 与外加磁场的关系曲线。如图 7-32 所示为 NPN 型锗磁敏晶体管 3BCM 的磁电特性曲线。从图中可以看出，在弱磁场区，曲线几乎呈线性变化，在强磁场区，曲线趋于饱和，与磁敏二极管相似。

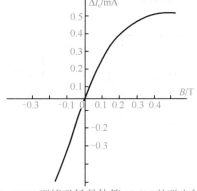

图 7-32　NPN 型锗磁敏晶体管 3BCM 的磁电特性曲线

③ 温度特性。磁敏晶体管的温度特性是指集电极电流随温度变化的特性，这种特性常用温度系数来表示。温度对磁敏晶体管集电极输出电流的影响较大，并且温度越高，磁敏晶体管对温度越敏感，因此实际使用时应进行温度补偿。

任务分析

本任务要求是设计一个自动统计钢球个数的电路，装置示意图如图 7-33 所示。

钢球在工作台面（绝缘板）上滚动，磁检测装置（霍尔传感器）安装在台面下方进行检测统计，如图 7-33 所示。要统计出钢球数量，首先要检测到有钢球通过，然后才能计数。由于钢球通过会影响磁路和磁感应强度，磁感应强度大小会发生不大的变化，此变化产生的信号不大，故要进行放大，接着进行整形变换成脉冲信号适合计数器计数。本任务的电路结构如图 7-34 所示。

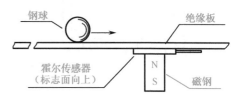

图 7-33　自动统计钢球个数装置示意图

图 7-34　自动统计钢球个数电路结构图

任务设计

自动统计钢球个数的电路如图 7-35 所示。磁检测所用元器件为 CS3501，信号放大器由 LM324 构成，而晶体管构成的反相器实现信号波形的变换，计数器电路省略。

CS3501 是线性霍尔传感器，灵敏度高，在 +5V 电源电压供电情况下灵敏度为 7.5～25mV/mT。当磁铁 N 极与传感器背面接触时，传感器始终会检测到一个较强的磁感应强度信号。当钢球通过瞬间，钢球、传感器敏感区、磁铁磁极位于一条直线上，钢球改变了传感器上方空间的磁感应线分布，将空间稀疏的磁感应线集中起来，敏感区的磁感应强度有所增加，故此瞬间传感器输出信号发生变化。结合磁极位置，由负极性磁场作用下 CS3501 的磁电特性曲线可知，输出信号是减小的；钢球通过传感器前后，敏感区的磁感应强度大小是不变的。可见仅钢球通过瞬间传感器输出一个单次负脉冲信号，通过一个较大的电解电容，此单次负脉冲信号耦合到放大电路。

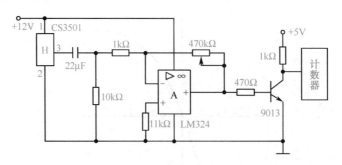

图 7-35　自动统计钢球个数的电路图

LM324 是通用运放，其输入信号是磁场变化产生的一个负脉冲信号，LM324 组成反相比例电路，将负脉冲信号放大变换成一个正脉冲信号。由于传感器输出的脉冲信号比较小，约为 20mV，故设置大的反馈电阻以实现大的增益，产生一个幅度足够大的正脉冲信号。

为避免放大后脉冲信号形状不好，故通过反相器进行变换，变成适合计数器计数的脉冲信号。

 任务实现

（1）按照图 7-35 所示安装电路。

（2）调整磁铁与传感器的间距：移走磁铁，接通电源，用直流电压表测量传感器的输出电压，应为 3.6V 左右；加上磁铁，重测输出电压，应为 3.0V 左右，如达不到该值，调整磁铁与传感器背面的间距，直到满足要求。

（3）调放大器增益：将若干个钢球置于传感器上方绝缘板上，电路输出接逻辑电平显示器，电位器置于中间位置；接通电源，让钢球连续通过传感器，观察逻辑电平显示器的状态，调节电位器阻值，直到逻辑电平显示器随钢球通过出现亮灭变化，要求显示器在亮时有足够的亮度。

 阶段小结

本课题主要介绍了磁敏电阻、磁敏二极管、磁敏晶体管的工作原理及特性参数，设计了一个自动统计钢球个数的电路。

半导体元件在磁场中不仅会发生霍尔效应，还会发生磁电阻效应。部分半导体材料和金属材料具有显著的磁电阻效应，可以此为基础制作磁敏电阻。半导体磁电阻效应表现为路径变长使电阻值增加；而铁磁金属材料的磁电阻效应是磁各向异性效应。作为基本传感器使用时磁敏电阻常采用三端差分型结构。现在大量使用的磁敏传感器是以磁敏电阻为基础的集成芯片，内部多个磁敏电阻按电桥结构形式连接。

磁敏二极管和磁敏晶体管在结构上比普通二极管和晶体管多一个高复合区，在磁场作用下载流子运动发生变化，进入或背离高复合区而出现电压或电流变化，即磁场可以控制输出电压变化或输出电流变化。

磁敏传感器的材料一般为半导体，半导体材料的参数会随温度的变化而变化，因此磁敏传感器的一些技术参数都会随之发生变化，使磁敏传感器产生温度误差。所以，在高精度或较高精度的测量中，必须进行温度补偿。

铁制物质导磁性好，会影响局部空间磁感应线的分布，高灵敏的线性霍尔传感器可以检测到这种磁感应强度的变化，以此为基础设计了自动统计钢球个数的电路。

习题与思考题

1. 什么是磁电阻效应？产生的原因是什么？
2. 试分析磁敏电阻在有外加磁场时阻值变化的原理。
3. 简述磁敏二极管、磁敏晶体管的工作原理。
4. 查阅资料，了解磁敏二极管、磁敏晶体管在实践中使用的实例。

模块八 微波和超声波传感器及其应用

课题一 微波传感器及其应用

任务：RTMS——远程交通微波传感器应用分析

 任务目标

★ 理解微波的性质与特点；
★ 熟悉常见微波天线的形状；
★ 会分析 RTMS——远程交通微波传感器的工作原理。

 知识积累

一、微波传感器概述

微波传感器通常由微波振荡器、微波天线、微波检测器三部分组成。

1. 微波的性质与特点

在电磁波谱图中人们把波长为 1mm~1m 的电磁波称为微波，可以细分为三个波段：分米波、厘米波、毫米波。它既有电磁波的特性，又与普通的无线电波及光波不同，是一种波长相对较长的电磁波。微波具有下述特点：

（1）可定向辐射，在空间沿直线传输，容易制造。

（2）遇到各种障碍物易于反射。

（3）绕射能力差。

（4）传输特性好，传输过程中受烟雾、火焰、灰尘、强光等影响小。

（5）介质对微波的吸收与介质的介电常数成比例，水对微波的吸收作用最强。

2. 微波振荡器与微波天线

微波是由微波振荡器产生的，由于微波波长非常短，因此其频率很高（300MHz~300GHz）。根据 $f = 1/2\pi\sqrt{LC}$，则要求振荡器中具有非常微小的电感与电容。因此，不能采用普通的电子管与晶体管构成微波振荡器。构成微波振荡器的元器件有速调管、磁控管或某些固态元器件，小型微波器也可以采用体效应管。由微波振荡器产生的振荡器信号需要用波导管（波长 10cm 以上可用同轴电缆）传输，并通过天线发射出去。为了使发射的微波具有尖锐的方向性，天线必须具有特殊的结构。常用的微波天线如图8-1所示，有喇叭形天线、抛物面天线、抛物柱面天线等。喇叭形天线结构简单，制造方便，它可看作波导管的延续。喇叭形天线在波导管与敞开的空间之间起匹配作用，可以获得最大能量输出。抛物面天线犹如凹面镜产生平行光一样，能使微波发射的方向性得到改善。

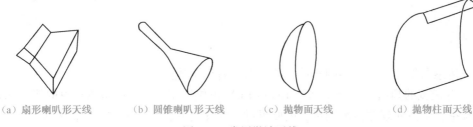

（a）扇形喇叭形天线　　　（b）圆锥喇叭形天线　　　（c）抛物面天线　　　（d）抛物柱面天线

图 8-1　常用微波天线

3. 微波检测器

电磁波作为空间的微小电场变动而传播，所以使用电流—电压特性呈现非线性的电子元器件来作为探测它的敏感探头。与其他传感器相比，敏感探头在其工作频率范围内必须有足够快的响应速度。作为非线性的电子元器件，几兆赫以下的频率通常可使用半导体 PN 结，而对于频率比较高的可使用肖特基结。在灵敏度特性要求特别高的情况下可使用超导材料的约瑟夫苏结检测器、SIS 检测器等超导隧道结元器件，而在接近光的频率区域可使用金属-氧化物-金属构成隧道结元器件。

二、微波传感器及其分类

微波传感器是利用微波特性来检测一些物理量的元器件或装置。发射天线发出微波，遇到被测物体时将被吸收或反射，使微波功率发生变化。若利用接收天线接收通过被测物体或由被测物体反射回来的微波，将它转换成电信号，再经过信号处理电路处理，根据发射与接收时间差，即可显示出被测量，实现微波检测过程。根据上述原理制成的微波传感器可以分为两类：

1. 反射式微波传感器

反射式微波传感器是通过检测被测物体反射回来的微波功率或经过的时间间隔来测量被测物的位置、厚度等参数的。

2. 遮断式微波传感器

遮断式微波传感器是通过检测接收天线接收到的微波功率大小来判断发射天线与接收天线之间有无被测物体或被测物体的位置与含水量等参数的。

与一般传感器不同，微波传感器的敏感元器件可认为一个微波源，其他部分可视为一个转换器和接收器，如图8-2所示。图中 MS 是微波源，T 是转换器，R 是接收器。

转换器可以是一个微波源的有限空间，被测物体即处于其中。如果 MS 与 T 合二为一，称为有源微波传感器；如果 MS 与 R 合二为一，则称为自振式微波传感器。

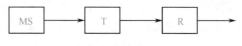

图 8-2　微波传感器的构成

三、微波传感器的优点与问题

1. 微波传感器的优点

微波传感器作为一种新型的非接触传感器具有以下优点：

（1）有极宽的频谱（波长范围为 1mm~1m）可供选用，可根据被测对象的特点选择不同的测量频率，可以实现非接触测量，因此可进行活体检测，大部分测量不需要取样。

（2）时间常数小，检测速度快，灵敏度高，可以进行动态检测与实时处理，便于自动控制。

（3）在烟雾、粉尘、高压、有毒及有放射线环境下对检测信号的传播影响极小，因此可以在恶劣环境下检测。

（4）测量信号本身就是电信号，无须进行非电量转换，从而简化了传感器与微处理器的接口，便于实现遥测与遥控。

2. 微波传感器存在的问题

微波传感器的主要问题是零点漂移和标定尚未得到很好的解决。此外，使用时受外界因素影响较多，如温度、气压及取样位置等。

 任务分析

　　RTMS——远程交通微波传感器是一种价格低、性能优越的交通检测器，可广泛应用于城市交通和高速公路的交通信息检测。一台 RTMS 可同时检测多达 8 个车道的车流量、道路占用率、平均车速和长车流量。RTMS 的输出与环形线圈的输出兼容，可直接通过无极性接触器接入现有的交通控制器，也可通过 RS-232 接口与其他系统相连。RTMS 安装简便，无须中断交通。如图 8-3 所示为 RTMS——远程交通微波传感器示意图。

图 8-3　RTMS——远程交通微波传感器示意图

1. 工作原理

RTMS 工作在微波波段，在扇形区域内发射连续的低功率调制微波，并在路面上留下一条长长的投影。RTMS 以 2m 为一"层"，将投影分割为 32 层。用户可将检测区域定义为一层或多层。RTMS 根据被检测目标返回的回波，测算出目标的交通信息，每隔 10~600s，通过 RS-232 接口向控制中心发送。

2. 技术规格

（1）探测区域

垂直射角：45°；水平射角：15°；有效距离：3~60m。

（2）探测能力

车道数量：8 车道；车道宽度：2~10m，范围可调；车道长度：2m；探测时间：使用无极性接触器输出，时间间隔为 10ms。延迟时间可编程控制在 30ms~3s；统计周期：以 10s 为间隔，最大可达 600s。

（3）测量精度

实时探测：精度 98% 以上；正向平均车速：误差低于 5%；旁侧平均车速：误差低于 10%；车流量、道路占用率、长车流量：误差低于 5%。

（4）电源要求

12~24V 交流/直流，功率为 6W，电源冲击防护符合 IEEE 587 标准，C 项（外部电源线）；电源故障恢复：出现电源故障 5s 内自动恢复。

（5）微波发射

波段：10.525GHz；瞬时频宽：45MHz；发射功率：10mW。

 **任务设计**

1. 多道性

多数车辆检测器为单车道设备。在多车道的公路上应用时，每个安装处都要有多个检测器单元，因此带来高额的成本和复杂的安装要求，并且随着单元和布线的增加其可靠性下降且更不便于维修。RTMS 能够根据车的长度探测多达 8 条车道的车的类型、道路占用率、车流量和平均车速。由于 RTMS 的安装高度在 5m 左右，所以可方便地放置在现有的电线杆上。RTMS 在安装的方便性、可靠性及稳定性方面的性价比很高。

2. 真实再现

多数交通检测器都不是再现式设备，如果物体移动得很慢或不动，则不能够探测到交通情况，被动红外传感器就是很好的例子。这意味着对于这些检测器来说，一条交通拥挤的道路看起来是一条空路。RTMS 和感应线圈一样，是一种能够真实再现的传感器。不论车辆是静止的还是移动的，都能够真实探测。

3. 侧向安装

所有可选择的检测器都是正向架空安装设备，即仅可安装在标志桥或过街桥上面。这就限制了它们在有很多桥或需要在常规路口新建桥情况下的部署。进一步说，在安装和维修时，检测器下方的道路必须被关闭。RTMS 是唯一的能够在不中断交通的情况下安装在现有路侧电线杆上的离路检测器，而且安装不会造成交通中断，在安装时最多需要在路边放置围栏。

4. 全天候

除微波检测器以外，所有的检测器在天气变化时维持良好的运行都有困难，被动视频和短波红外线设备不能在有雾、大雨和大雪环境下运行。当早晨和傍晚太阳的位置很低时，视频图像系统会出现运行问题（它们主要是根据车灯来监测的，所以占用率的读入很成问题）。所有基于镜头工作的设备都需要经常擦拭和维护。超声波检测器非常容易受到由风引起的振动的影响，从而产生误报。RTMS 作为一种真正的实时再现的雷达设备，它的波长长，能够全天候工作。

任务实现

1. 高速公路机动车交通管理

采用 RTMS 的高速公路机动车交通管理系统，可实现高速公路的自动事故检测。RTMS 安装结构简单，支持无线连接，比有线系统更经济。基于 Windows 的分析和报告软件，可用来分析从 RTMS 单元传过来的数据。

2. 远程车流量管理

这是一种能自动控制的机动车计数系统，RTMS 具有存储功能，可将测得的数据进行存储或通过网络传输到交通信息中心。RTMS 自带分析和报告软件，探测器还可用电池和太阳能供电。与该系统配套的设备还有 RTCP（远程交通计数器），该计数器作为交通信息的存储部件，可存储长达 7 天的交通信息。

3. 城市交通信号控制系统

这是一种能够配合交通信号控制器使用的城市交通控制系统。控制器根据 RTMS 探测到的车流量、道路占用率及平均车速等实时交通信息，自动编程控制信息灯的指示，智能化地指挥交通。

4. 区域交通事故报警系统

这是一种能够为数据库收集真实交通数据的报警系统，由 RTMS 探测器、无线 Modem、控制器和计算机软件等组成。由于数据可通过电话线（4 芯）进行传输，所以应用灵活且线路成本低。

课题二 超声波传感器及其应用

任务：超声波移动物体探测器应用分析

 任务目标

★ 理解超声波的特性；
★ 会分析超声波移动物体探测器的工作原理。

 知识积累

一、超声波传感器的原理

超声波是一种振动频率高于声波的机械波，人们听到的声音是由物体振动产生的，它的频率为20Hz ~20kHz。超过20kHz的称为超声波，低于20Hz的称为次声波。超声波是由换能晶片在电压的激励下振动产生的，具有频率高、波长短、绕射现象少，特别是方向性好，能够成为射线而定向传播等特点。超声波对液体、固体的穿透能力很强，尤其是在不透明的固体中，可穿透几十米。超声波碰到杂质或分界面会产生显著反射形成反射回波，碰到活动物体能产生多普勒效应。因此超声波检测广泛应用在工业、国防、生物医学等方面。超声波传感器是利用超声波的特性研制而成的传感器。

要以超声波作为检测手段，必须能产生和接收超声波。完成这种功能的装置就是超声波传感器（见图8-4），习惯上称为超声换能器，或者超声波探头。超声波探头主要由压电晶片组成，既可以发射超声波，也可以接收超声波。小功率超声波探头多起探测作用，它有许多不同的结构，可分直探头（纵波）、斜探头（横波）、表面波探头（表面波）、兰姆波探头（兰姆波）及双探头（一个探头反射、一个探头接收）等。超声波探头的核心是其塑料外套或者金属外套中的一块压电晶片。构成晶片的材料可以有许多种，晶片的大小，如直径和厚度也各不相同，因此每个探头的性能是不同的，使用前必须预先了解它的性能。

图8-4 超声波传感器外形图

1. 超声波的特性

（1）传播速度
超声波的传播速度与介质的密度和弹性特性有关，在不同的介质如空气、液体、固体中，超声波的传播速度是不同的。

（2）折射与反射
超声波在通过两种不同的介质时，会产生折射与反射现象。

（3）传播中的衰减

超声波在传播中有一定的衰减，这是由介质吸收超声波的能量而引起的。超声波在空气中衰减较快，尤其是在频率高时更快。故在空气中传播时采用频率较低的超声波，一般为几十千赫，典型值为40kHz；而在液体及固体中衰减较慢，传播较远，可采用较高频率的超声波，一般为几百千赫或更高。

2. 超声波技术的应用场合

利用超声波的上述特性，可制成各种超声波传感器，配上不同的电路可以构成各种不同用途的测量仪器及装置，广泛应用于工农业生产、通信医疗及家用电器等领域，具体应用情况见表8-1。

表8-1　超声波技术应用情况表

领域	工业	通信	测距	医疗	家用电器
用途	化工、石油、制药、轻工等用超声波流量计； 各种制造业的金属材料及部分非金属材料的探伤； 可在线测量金属材料的厚度； 超声波切割、钻空、焊接、清洗零件，浓度检测硬度计、温度计等； 超声波料位及液位检测、控制	定向通信	汽车倒车测距报警、装修工程测距、盲人防撞装置	超声波血流计、洁牙器、超声波胎儿状态检查、超声波断层图像、B超心电图诊断仪	遥控器、防盗报警器、加湿器、驱虫器、驱鼠器

3. 超声波传感器主要性能指标

（1）工作频率

工作频率就是压电晶片的共振频率。当加到它两端的交流电压的频率和晶片的共振频率相等时，输出的能量最大，灵敏度也最高。

（2）工作温度

由于压电材料的居里点一般比较高，特别是诊断用超声波探头使用功率较小，所以工作温度比较低，可以长时间工作而不失效。医疗用的超声波探头的温度比较高，需要单独的制冷设备。

（3）灵敏度

灵敏度主要取决于制造晶片本身。其机电耦合系数大，灵敏度高；反之，灵敏度低。

4. 制造超声波传感器常用材料

制造超声波传感器的材料主要为压电材料（电致伸缩），主要有金属氧化物压电陶瓷，如锆钛酸铅、锂钽酸铅、镁铌酸铅等，具有可传递性，可以将电能转变成机械振荡而产生超声波，也能接收超声波并转变为电能，可以制成超声波发送器及接收器。

另外一种材料是镍、铁铝合金（磁致伸缩）材料，主要有镍、铁铝合金等，通常用于制造大功率超声波发生器，如超声波清洗机、超声波加工设备。

5. 超声波传感器类型

超声波传感器规格品种较多，因篇幅的限制，仅介绍在空气中传播应用较为广泛的小型超声波传感器。

（1）按工作方式分类

超声波传感器实质上是一种可逆的换能元器件，它既可以把电振荡的能量转换为机械振荡形成超声波，又可以把接收到的超声波能量转换为电振荡，因此超声波传感器按工作方式，可以分为发送器和接收器。

（2）按封装方式分类

小型超声波传感器按其封装方式，可以分为敞开型及密封型两大类，分别用于遥控、遥测、防盗报警等场合。

二、超声波传感技术的应用

超声波传感技术可应用在生产实践的不同方面，而医学上的应用是其最主要的应用之一，下面举例说明。超声波传感技术在医学上的应用主要为诊断疾病，它已经成为了临床医学中不可缺少的诊断方法。超声波诊断的优点：受检者无痛苦、无损害，方法简便、显像清晰、诊断的准确率高等，因而容易推广，受到了医务工作者和患者的欢迎。超声波诊断可以基于不同的医学原理，如其中有代表性的 A 型方法。这个方法利用了超声波的反射，当超声波在人体组织中传播遇到两层声阻抗不同的介质界面时，在该界面就产生反射回声。遇到反射面时，回声在示波器的屏幕上显示出来，而两个界面的阻抗差值也决定了回声振幅的高低。

在工业方面，超声波传感技术的典型应用是对金属的无损探伤和超声波测厚。过去，许多技术因为无法探测到物体组织内部而受到阻碍，超声波传感技术的出现改变了这种状况。当然更多的超声波传感器固定安装在不同的装置上，"悄无声息"地探测人们所需要的信号。在未来的应用中，超声波传感技术将与信息技术、新材料技术结合起来，将出现更多的智能化、高灵敏度的超声波传感器。

1. 超声波产生电路

如图 8-5 所示是由数字集成电路构成的超声波振荡电路，振荡器产生的高频电压通过耦合电容 C_p 供给超声波振子 MA40S2S。H_1 和 H_2 产生与超声波频率相对应的高频电压信号，此信号通过反相器 $H_3 \sim H_6$ 进行功率放大，再经过耦合电容 C_p 传给超声波振子 MA40S2S。超声波振子若长时间加直流电压，会使传感器特性明显变差。因此，一般将交流电压通过耦合电容供给传感器。

2. 超声波接收电路

超声波传感器接收到的信号极其微弱，因此，一般要接几十分贝以上的高增益放大器。如图 8-6 所示是晶体管超声波接收电路，超声波传感器采用 MA40S2S，放大器采用晶体管，超声波传感器一般用于检测反射波，它远离超声波发生源，能量衰减较大，只能接收几十毫伏左右的信号，因此在实际应用时要加多级放大器。

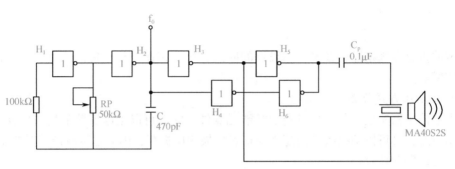

图 8-5　由数字集成电路构成的超声波振荡电路

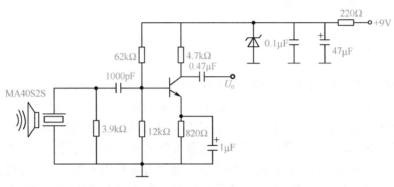

图 8-6　晶体管超声波接收电路

任务分析

超声波移动物体探测器的基本原理是设计一个 40kHz 中频正弦波振荡器，先放大振荡信号，然后驱动超声波传感器转换成超声波，定向发射出去，超声波对液体、固体的穿透能力很强，尤其是在不透明的固体中，它可穿透几十米。超声波碰到杂质或分界面会产生显著反射形成反射回波，碰到活动物体能产生多普勒效应。反射回波经过超声波接收传感器电路转变为电信号，经过放大、幅度检波，最后经过驱动电路进行声光报警。

任务设计

发送电路采用 NE555 产生 40kHz 的振荡信号，如图 8-7（a）所示。由反相器 4069 构成驱动电路，超声波发送传感器选用 T40-16。接收电路如图 8-7（b）所示，反射回来的信号经过 R40-16 超声波接收传感器变为电信号，经运放 A_1 和 A_2 放大，放大后的信号经 VD_1 和 VD_2 进行幅度检波，在所探测区域没有移动物体时输出为零，有移动物体时就有电信号，该电信号再经 A_3、A_4 放大，VT_1 射极跟随后，再经 VD_3 和 VD_4 整流对 C_{13} 充电，当 C_{13} 充电电压达到一定幅度，经过接成射极跟随器的 A_5 输出后，比较器 A_6 翻转，驱动有关电路进行动作（声光报警）。

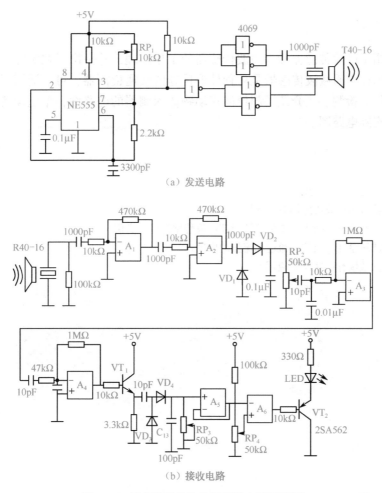

（a）发送电路

（b）接收电路

图 8-7 超声波移动物体探测器电路原理图

 任务实现

该电路的特点是发射电路振荡器采用 NE555，发射驱动电路采用两个非门 4069 并联，目的是增大输出电流，以尽可能大的电流驱动超声波传感器发出超声波，获得尽可能强的超声波输出。

接收电路经过 R40-16 超声波接收传感器变成电信号后，经过运算放大器 A_1、A_2、A_3、A_4 放大，再经射极跟随器 VT_1，送到接成射极跟随器的 A_5，经比较器 A_6 翻转，最后经发光二极管发光报警。

一旦检测到移动物体，C_{13} 越大，保持该状态的时间越长。电路中，电位器 RP_1 用于调节发送电路的振荡频率。在接收器前面无移动物体时调节 RP_4 使 LED 熄灭，然后，人在前面活动，调节 RP_2 使 LED 亮，再调节 RP_2 和 RP_3 即可。

阶段小结

　　本模块介绍了微波传感器和超声波传感器的工作原理，并举出了在实际工程中的应用例子，如 RTMS 远程交通微波传感器是一种性能优越的交通检测器，可广泛用于城市交通和高速公路的交通信息检测。还介绍了超声波移动物体探测器的电路图，希望读者在理解工作原理后，能看懂实际电路图。

习题与思考题

　　1. 简述微波与超声波的特点。

　　2. 微波传感器与超声波传感器有何异同？

　　3. 查一下其他参考书，找出微波传感器与超声波传感器应用实例。

　　4. 简述超声波测厚度、液位、流速和流量的原理。

　　5. 微波在检测领域有哪些典型应用？

模块九　生物传感器及其应用

课题　生物传感器的分类与特性

任务：水质污染技术指标检测实例分析

 任务目标

- ★ 了解生物传感器的定义和工作原理；
- ★ 了解生物传感器的特点及应用；
- ★ 会分析水质污染技术指标检测实例。

 知识积累

一、生物传感器的工作原理

　　生物传感器是将各种生物分子探针表面的生化反应转变成可定量测定的物理信号的一种电子元器件，可以用于检测生物分子的存在与浓度等。生物传感器最先由美国发明于 20 世纪 60 年代中期，全面兴起于 20 世纪 80 年代。有人将 21 世纪称为生命科学的世纪，也有人将 21 世纪称为信息科学的世纪。生物传感器正是在生命科学和信息科学之间发展起来的一项新型交叉技术。

　　生物传感器一般是在基础传感器上再耦合一个生物敏感膜制成的，或者说生物传感器是半导体技术与生物工程技术的结合，生物敏感物质附着于膜上，或包含于膜中，被测量的物质经扩散作用进入生物敏感膜层，经分子识别，发生生物学反应（物理、化学变化），其所产生的信息可通过相应的化学或物理换能器转变成可定量、可处理、可显示的电信号，就可知道被测物质的浓度。生物传感器的工作原理如图 9-1 所示。

二、生物敏感膜

　　生物敏感膜又称分子识别元件，是利用生物体内具有奇特功能的物质制成的膜，它与被测物质相接触时产生伴有物理、化学变化的生化反应，可以进行分子识别。生物敏感膜是生物传感器的关键元件，直接决定着传感器的功能与质量。生物敏感膜是被一个半透明膜包着的生物细胞，许多生命现象与膜物质对信息感受及与物质交换的能力有关，如生物电的产生、细胞间的相互作用、肌肉的收缩、神经的兴奋、各种感觉器官的工作等。生物体内有许多种酶，它们具有很强的催化作用，各种酶又具有专一性。生物体具有免疫功能，生物体内侵入异种物质后，会产生受控物质，将其复合掉，称为抗原和抗体；生物体内存在像嗅觉、味觉那样能反映物质气味、识别物质味道等奇特与敏感的功能，将这些具有奇特与敏感功能的生物物质固定在基质或承载体上，得到生物敏感膜，而且生物敏感膜具有专一性与选择亲和性，只与相应物质结合后才能产生生化反应或复合物质，此后换能器将产生的生化现象或复合物质转换为电信号即可测得被测物质或生物量。

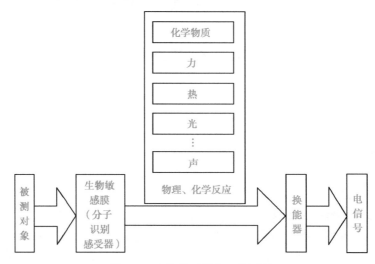

图 9-1　生物传感器的工作原理

三、生物传感器的特点

从上面介绍可知，生物传感器工作时，在生物学反应过程中产生的信息是多元化的，传感器技术和半导体技术为这些信息的转换与检测提供了丰富的手段，使研究者研制出形形色色的生物传感器，可以从中总结出生物传感器的特点。

（1）根据生物反应的奇异性和多样性制成，从理论上可以制造出测定所有生物物质的多种多样的生物传感器。

（2）生物传感器是在无试剂条件下工作的（缓冲液除外），比各种传统的生物学和化学分析法操作简便、快速、准确。

（3）可连续测量，可联机操作直接显示与读出测试结果。

四、生物传感器的分类方法

生物传感器有两种分类方法，即按信号检测器中的敏感物质（或称按分子识别元件）分类和依据所用变换元器件不同分类。

（1）根据生物传感器的信号检测器中的敏感物质分类

生物传感器与其他传感器的最大区别在于生物传感器的信号检测器中含有敏感的生命物质。这些敏感物质有酶、微生物、动植物组织、细胞器、抗原和抗体等。根据敏感物质的不同，生物传感器可分为酶传感器、微生物传感器、组织传感器、细胞器传感器、免疫传感器等。

（2）根据所用变换元器件不同对生物传感器进行分类

生物传感器中的信号转换器与传统的转换器并没有本质的区别，如可以用电化学电极、场效应晶体管、热敏电阻、光电元器件、声学装置等作为生物传感器中的信号转换器。据此又将传感器分为电化学生物传感器、半导体生物传感器、测热型生物传感器、测光型生物传感器、测声型生物传感器等。

随着生物传感器技术的发展和新型生物传感器的出现，近年来又出现新的分类方法，如直径在微米级甚至更小的生物传感器统称为微型生物传感器；凡是以分子之间特异识别并结合为基础的生物传感器统称为亲和生物传感器；以酶压电传感器、免疫传感器为代表，能同时测定两个以上指标或综合指标的生物传感器称为多功能传感器，如滋味传感器、嗅觉传感器、鲜度传感器及血液成分传感器等；由两个以上不同的分子识别元件组成的生物传感器称为复合生物传感器，如多酶传感器、酶微生物复合传感器等。

五、生物传感器的主要应用领域

下面讲述生物传感器的四个主要应用领域。

1. 食品工业

生物传感器在食品工业中的应用包括食品成分、食品添加剂、农药残留量、微生物和毒素、食品鲜度等的分析、检测。

（1）食品成分分析

在食品工业中，葡萄糖的含量是衡量水果成熟度和储存寿命的一个重要指标，已开发的酶电极型生物传感器可用来分析白酒、苹果汁、果酱和蜂蜜中的葡萄糖含量。其他糖类，如果糖，啤酒、麦芽汁中的麦芽糖，也有成熟的测定传感器。科研人员研制出一种安培生物传感器，可用于检测饮料中的乙醇含量。这种生物传感器是将一种配蛋白醇脱氢酶埋在聚乙烯中，酶和聚合物的比例不同可以影响该生物传感器的性能。在目前进行的实验中，该生物传感器对乙醇的测量极限为1nm。

（2）食品添加剂的分析

亚硫酸盐通常用于食品工业中的漂白剂和防腐剂，采用亚硫酸盐氧化酶为敏感材料制成的电流型二氧化硫酶电极可用于测定食品中的亚硫酸盐含量。如饮料、布丁等食品中的甜味素，科研人员采用天冬氨酶结合氨电极来测定，线性范围为 $2 \times 10^{-5} \sim 1 \times 10^{-3} \, mol/L$。此外，也有用生物传感器测定色素和乳化剂的。

（3）农药残留物的分析

近年来，人们对食品中的农药残留问题越来越重视，各国政府也在不断加强对食品中的农药残留的检测工作。科研人员发明了一种使用人造酶测定有机磷杀虫剂的电流式生物传感器，利用有机磷杀虫剂水解酶，对硝基酚和二乙基酚的测定极限为 $10^{-7} \, mol/L$，在40℃下测定只要4min。用戊二醛交联法将乙酰胆碱酯酶固定在铜丝碳糊电极表面上，制成一种可检测浓度为 $10^{-10} \, mol/L$ 的对氧磷和浓度为 $10^{-11} \, mol/L$ 的克百威的生物传感器，可用于直接检测自来水和果汁样品中两种农药的残留。

（4）微生物和毒素的检验

食品中病原性微生物的存在会给消费者的健康带来极大的危害，食品中的毒素不仅种类繁多而且毒性大，大多有致癌、致畸、致突变作用，因此，加强对食品中的病原性微生物及毒素的检测至关重要。比如，食用牛肉很容易被大肠杆菌 0157. H7 所感染，因此，需要使用快速灵敏的方法来检测和防御大肠杆菌 0157. H7 一类的病原体。科研人员研究的光纤生物传感器可以在几分钟内检测出食物中的病原体，而用传统的方法则需要几天。这种生物传感器从检测出病原体到从样品中重新获得病原体并使它在培养基上独立生长只需 1 天时间，而传统方法需要 4 天。

还有一种快速灵敏的免疫生物传感器可以用于测量牛奶中双氢除虫菌素的残余物，它基于细胞质基因组的反应，通过光学系统来传输信号，已达到的检测极限为 16.2ng/ml（纳克/毫升），一天可以检测 20 个牛奶样品。

（5）食品鲜度的检测

食品工业中对食品鲜度尤其是对鱼类、肉类的鲜度检测是评价食品质量的一个主要指标。科研人员以黄嘌呤氧化酶为生物敏感材料，结合过氧化氢电极，通过测定鱼降解过程中产生的一磷酸肌苷（IMP）肌苷（IIXR）和次黄嘌呤（HX）的浓度，评价鱼的鲜度，其线性范围为 $5 \times 10^{-10} \sim 2 \times 10^{-4} mol/L$。

2. 环境监测

近年来，环境问题日益引起人们的关注，人们迫切希望拥有一种能对污染物进行连续、快速、在线监测的仪器，生物传感器满足了人们的要求。目前，已有相当多的生物传感器应用于环境监测中。

（1）水污染监测

生物传感器可以测定水中多种污染物的浓度，其中生化需氧量（BOD）是一种广泛采用的表征有机污染程度的综合性指标。在水体监测和污水处理厂的运行控制中，生化需氧量也是最常用、最重要的指标之一。常规的 BOD 测定需要 5 天的培养期，而且操作复杂，重复性差，耗时耗力，干扰性大，不适合现场监测。科研人员利用一种毛孢子菌和芽孢杆菌制作了一种微生物 BOD 传感器。该 BOD 生物传感器能同时精确测量葡萄糖和谷氨酸的浓度。测量范围为 0.5~40mg/L，该生物传感器稳定性好，在 58 次实验中，标准偏差仅为 0.0362，所需反应时间为 5~10min。

（2）大气环境监测

二氧化硫（SO_2）是酸雨酸雾形成的主要原因，传统的检测方法很复杂。科研人员将亚细胞类脂类（含亚硫酸盐氧化酶的肝微粒体）固定在醋酸纤维膜上，和氧电极制成安培型生物传感器，对 SO_2 形成的酸雨酸雾样品溶液进行检测，10min 可以得到稳定的测试结果。

NO_x（氮氧化合物的总称，包括 NO、NO_2）不仅是造成酸雨酸雾的原因之一，同时也是光化学烟雾的罪魁祸首，科研人员用多孔渗透膜、固定化硝化细菌和氧电极组成的微生物传感器来测定样品中的亚硝酸盐含量，从而推知空气中 NO_x 的浓度，其检测极限为 $0.01 \times 10^{-6} mol/L$。

3. 发酵工业

在各种生物传感器中，微生物传感器具有成本低、设备简单、不受发酵液混浊程度限制、可能消除发酵过程中干扰物质的干扰等特点。因此，现在发酵工业中广泛地采用微生物传感器作为一种有效的测量工具。

（1）原材料及代谢产物的测定

微生物传感器可用于测量发酵工业中的原材料（如糖蜜、乙酸等）和代谢产物（如头孢霉素、谷氨酸、甲酸、醇类、乳酸等）。测量的装置基本上都是由适合的微生物电极与氧电极组成的，原理是利用微生物的同化作用耗氧，通过测量氧电极电流的变化量来测量氧气的减少量，从而达到测量底物浓度的目的。

（2）微生物细胞数的测定

发酵液中细胞数的测定是非常重要的，细胞数（菌体浓度）即单位发酵液中的细胞数量。一般情况下，需取一定的发酵液样品，采用显微计数方法测定，这种测定方法耗时较多，不适于连续测定。在发酵控制方面迫切需要直接测定细胞数的简单而连续的方法。人们发现，在阳极表面上，菌体可以直接被氧化并产生电流，这种电化学系统可以应用于细胞数的测定，测定结果与常规的细胞计数法测定的数值相近。利用这种电化学微生物细胞数传感器可以实现菌体浓度连续、在线测定。

4. 医疗检验

在医学领域，生物传感器发挥着越来越大的作用。生物传感技术不仅为基础医学研究及临床诊断提供了一种快速简便的新型方法，而且因为其专一、灵敏、响应快等特点，在军事医学方面也具有广泛的应用前景。

（1）临床医学

在临床医学中，酶电极是最早研制且应用最多的一种传感器，目前，已成功地应用于血糖、乳酸、维生素C、尿酸、尿素、谷氨酸、转氨酶等的检测。其原理是用固定化技术将酶装在生物敏感膜上，检测样品中若含有相应的酶底物，则可反应产生可接受的信息物质，指示电极发生响应可转换成电信号的变化，根据这一变化，就可测定某种物质的有无和多少。利用具有不同生物特性的微生物代替酶，可制成微生物传感器，在临床中应用的微生物传感器有检测葡萄糖、乙酸、胆固醇等的传感器。若选择适宜的含某种酶较多的组织来代替相应的酶制成的传感器称为生物电极传感器，如用猪肾、兔肝、牛肝、甜菜、南瓜和黄瓜叶等制成的传感器，可分别用于检测谷酰胺、鸟嘌呤、过氧化氢、酪氨酸、维生素C和胱氨酸等。

DNA传感器是目前生物传感器中应用较多的一种，可用于临床疾病诊断是DNA传感器的最大优势，它可以帮助医生从DNA、RNA、蛋白质及其相互作用层次上了解疾病的发生、发展过程，有助于对疾病的及时诊断和治疗。此外，可进行药物检测也是DNA传感器的一大亮点。科研人员利用DNA传感器研究了常用铂类抗癌药物的作用机理并测定了血液中该类药物的浓度。

（2）军事医学

在军事医学中，对生物毒素的及时快速检测是防御生物武器的有效措施。生物传感器已应用于监测多种细菌、病毒及其毒素，如炭疽芽胞杆菌、鼠疫耶尔森菌、埃博拉出血热病毒、肉毒杆菌类毒素等。

生物传感器主要应用领域如图9-2所示。

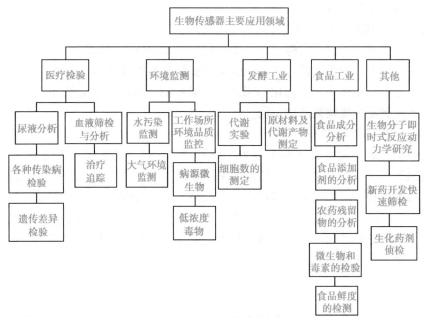

图 9-2　生物传感器主要应用领域

六、几种主要的生物传感器

1. 酶传感器

酶传感器是生物传感器中非常重要的一种，1967 年科研人员研制出世界上第一个葡萄糖氧化酶电极，用于定量检测血清中葡萄糖的含量。此后，酶生物传感器引起了各领域科学家的高度重视和广泛研究，得到了迅速发展。酶生物传感器是将酶作为生物敏感基元，通过各种物理、化学信号转换器捕捉目标物与敏感基元之间的反应所产生的与目标物浓度成比例关系的可测信号，实现对目标物定量测定的分析仪器。与传统分析方法相比，酶生物传感器由固定化的生物敏感膜和与之密切结合的换能系统组成，它把固化酶和电化学传感器结合在一起，因而具有独特的优点。由于酶的专属反应性，使其具有高的选择性，能够直接在复杂试样中进行测定。因此，酶传感器在生物传感器领域中占有非常重要的地位。酶传感器工作原理示意图如图 9-3 所示。

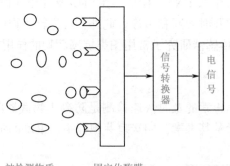

被检测物质　　　　固定化酶膜

图 9-3　酶传感器工作原理示意图

（1）酶传感器的工作原理

酶传感器的基本结构单元由物质识别元件（固定化酶膜）和信号转换器（基体电极）组成，当酶膜上发生酶促反应时，产生的电活性物质由基体电极对其响应，基体电极的作用是使化学信号转变为电信号，从而加以检测。

当酶电极浸入被测溶液中时，待测底物进入酶层的内部并参与反应，大部分酶反应会产生或消耗一种可植电极测定的物质，当反应达到稳态时，电活性物质的浓度可以通过电位或电流模式进行测定。因此，酶传感器可分为电位型和电流型两类。电位型酶传感器是指酶电极与参比电极间输出电位信号，而电流型酶传感器将酶促反应所引起的物质量的变化转变成电流信号输出，输出电流大小直接与底物浓度有关。电流型酶传感器与电位型酶传感器相比较具有更简单、直观的效果。

（2）酶传感器的基本构成

酶传感器主要由固定化酶膜与电化学电极系统复合而成。它既有酶的分子识别功能和选择催化功能，又具有电化学电极响应速度快、操作简便的优点。酶传感器按其结构可分为密接型和分离型两种，如图 9-4 所示。在图 9-4（a）中，密接型酶传感器化学电极的敏感面上组装固定化酶膜。当酶膜接触待测物质（试料）时，对其基质（酶可以与之产生催化反应的物质）做出响应，催化它的固有反应，结果是与此反应有关的物质明显增加或减少，该变化再转化为电极中的电位或电流的变化。在图 9-4（b）中，分离型酶传感器（也称为液流偶联型酶传感器）将固定化酶填充在反应器内，待测物质（试料）流经反应器时，发生酶催化反应，随后产物再流经电极表面引起响应。一般在酶膜外再加一层尼龙布或半透明的保护层，以防酶的流失。

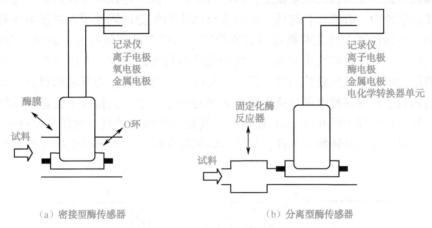

（a）密接型酶传感器　　　　　　　　（b）分离型酶传感器

图 9-4　酶传感器结构图

几种酶传感器及其性能见表 9-1。

表 9-1　几种酶传感器及其性能

测定项目	酶	固定化方法	使用电极	稳定性/天	测定范围/mg·L⁻¹
葡萄糖	葡萄糖氧化酶	共价	氧电极	100	$1 \sim 5 \times 10^2$
胆固醇	胆固醇酯酶	共价	铂电极	30	$10 \sim 5 \times 10^3$
青霉素	青霉素酶	包埋	pH 电极	7~14	$10 \sim 1 \times 10^3$
尿素	尿素酶	交联	铵离子电极	60	$10 \sim 1 \times 10^3$

（续表）

测 定 项 目	酶	固定化方法	使 用 电 极	稳定性/天	测定范围/mg·L^{-1}
磷脂	磷脂酶	共价	铂电极	30	$10^2 \sim 5 \times 13^2$
乙醇	乙醇氧化酶	关联	氧电极	120	$10 \sim 5 \times 10^3$
尿酸	尿酸酶	交联	氧电极	120	$10 \sim 1 \times 10^3$
L—谷氨酸	谷氨酸脱氨酶	吸附	铵离子电极	2	$10 \sim 1 \times 10^4$
L—谷酰胺	谷酰胺酶	吸附	铵离子电极	2	$10 \sim 1 \times 10^4$
L—酪氨酸	L—酪氨酸脱羧	吸附	二氧化碳电极	20	$10 \sim 1 \times 10^4$

2. 微生物传感器

微生物传感器是生物传感器的一个重要分支，它由固定化微生物换能器和信号输出装置组成，是以微生物活体作为分子识别敏感材料固定于电极表面构成的一种生物传感器。它的基本原理是固定化的微生物数量和活性在保持恒定的情况下，它所消耗的溶解氧量或所产生的电极活性物质的量，反映了被检测物质的量。

微生物与待测物质之间的作用关系分为两种：一种是需氧性微生物作为其敏感材料，它与待测物质作用时，其细胞的呼吸活性有所提高，因此可以通过测定其呼吸活性来测定待测物质，如此就构成了测定呼吸活性型微生物传感器，其工作原理如图 9-5 （a）所示。把需氧性微生物固定化膜装在隔膜式氧电极上，构成微生物电极。将该电极插入含有可被同化的有机化合物样品溶液中，有机化合物就扩散到含有微生物细胞的固相膜内并被微生物同化，微生物细胞的呼吸活性则在同化有机物后有所提高，这样扩散到氧探头上的氧量就相应减少，则氧电流值降低，据此可间接求出被微生物同化的有机物的浓度。正因为如此，这类微生物传感器一般都是电流型微生物传感器。另一种是厌氧性微生物作为其敏感材料，通过测定它在同化有机物后生成的各种电极敏感代谢物来进行分子识别，就构成了测定代谢物质型微生物传感器，其工作原理如图 9-5 （b）所示。若同化产生物中的某一物质是电极的敏感物质，则可利用该电极作为信号转换元器件，与微生物固定化膜一起组成微生物传感器来测定待测物质的浓度。

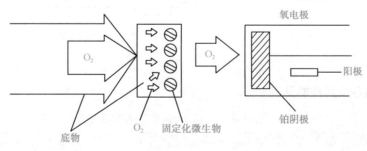

（a）测定呼吸活性型微生物传感器

图 9-5　微生物传感器的一般工作原理

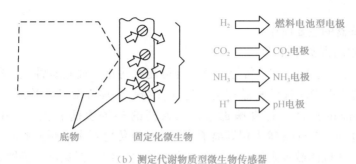

（b）测定代谢物质型微生物传感器

图 9-5 微生物传感器的一般工作原理（续）

几种微生物传感器及其性能见表 9-2。

表 9-2 几种微生物传感器及其性能

测定项目	微 生 物	测定电极	检测范围/mg·L^{-1}
葡萄糖	荧光假单胞菌	O_2	5~200
乙醇	芸苔丝孢酵母	O_2	5~300
亚硝酸盐	硝化菌	O_2	51~200
维生素 B12	大肠杆菌	O_2	
谷氨酸	大肠杆菌	CO_2	8~800
赖氨酸	大肠杆菌	CO_2	10~100
维生素 B1	发酵乳杆菌	燃料电池	0.01~10
甲酸	梭状芽胞杆菌	燃料电池	1~300
头孢菌素	费式柠檬酸细菌	pH	
烟酸	阿拉伯糖乳杆菌	pH	

3. 免疫传感器

近年来，免疫传感器作为一种新兴的生物传感器，以其鉴定物质的高度特异性、敏感性和稳定性受到青睐，它的问世使传统的免疫分析发生了很大的变化。它将传统的免疫测试和生物传感技术融为一体，集两者的诸多优点于一身，不仅减少了分析时间，提高了灵敏度和测试精度，也使测定过程变得简单，易于实现自动化，有着广阔的应用前景。随着生物工程技术的发展，目前已经研制出能对各种微生物、细胞表面抗原或各种蛋白质抗原分泌单克隆抗体的融合细胞，由这些细胞产生的单克隆抗体，已广泛进入生物学及其他领域。

（1）免疫传感器原理与结构

一旦有病原体或者其他异种蛋白（抗原）侵入某种动物体内，动物体内即可产生能识别这些异物并把它们从体内排除的抗体。抗原和抗体结合即发生免疫反应，其特异性很高，即具有极高的选择性和灵敏度。免疫传感器就是利用抗原（抗体）对抗体（抗原）的识别功能而研制成的生物传感器。

使用光敏元器件作为信息转换器，并利用光学原理工作的光学免疫传感器，是免疫传感器家族中的一个重要成员。光敏元器件有光纤、波导材料、光栅等。生物识别分子被固化在传感器中，通过与光敏元器件的相互作用，产生变化的光学信号，通过检测变化的光学信号来检测免疫反应。

（2）免疫传感器的主要应用

① 检测食品中的毒素和细菌。

食品在生产、运输、加工和销售等环节都有可能被污染，而且毒性大，很多有致畸、致癌的作用。为了防止毒素超标的食品和饲料进入食物链，加强对其的检测非常重要。比如，伏马菌素（Fumonisins）是一种真菌毒素，和人畜的多种疾病有关。其中 Fumonisins B1（FB1）是天然污染物。Wayne 等人用等离子体共振免疫传感器来检测玉米抽提物中的 FB1 浓度。抗 FB1 的多克隆抗体被吸附到一个结合在表面等离子体共振免疫传感器装置中的玻璃棱镜的金膜上，二极管发射的光束通过棱镜聚焦到金膜表面以激发 SPR。加入样品后反射光改变，改变的角度与 FB1 的浓度成比例，检测下限为 50ng/mL。

② 对药物的检测。

对麻醉和精神药物的检测，大都通过对生物体液，如血液、尿液，甚至头发中的代谢物进行。由于体内药物含量及样本量常常很少，所以要求检测仪器有很高的灵敏度、精确度和可靠性。光学免疫传感器正符合这样的要求，常用在有酶免疫光学测试和荧光免疫光学测试中。此外，光学免疫传感器还用在了其他的一些领域中，如在法医学中鉴定微量血痕样本使用了荧光免疫光学分析法，可以测量二十万倍稀释的血痕样本。在环境监测方面光学免疫传感器也用得越来越多。

4. 生物组织传感器

将形态相似、功能相同的一群细胞和细胞间质组合起来，称为组织。例如，一个人体内约有 1800 万亿个细胞，一头巨鲸的细胞数简直是天文数字了。这么多细胞既不是千篇一律，也不是杂乱无章的。许多形态和功能相似的细胞，通过细胞间质连接在一起，共同组成生物组织。

（1）生物组织传感器的基本原理与作用

生物组织传感器以活的动植物组织细胞切片作为分子识别元件，并包括相应的变换元件。生物组织传感器又分为植物组织传感器和动物组织传感器，这些组织和器官包括藻类、大豆和短尾石蝇等。大豆的电生理反应可用于对酸雨和环境胁迫（指环境对生物体所处的生存状态产生的压力）状况的检测，固定在光学纤维上的微藻可进行重金属和碱性磷酸酶活性检测，转基因短尾石蝇可用于检测环境胁迫状况。

（2）生物组织传感器的特点

① 生物组织含有丰富的酶类，这些酶在适宜的自然环境中可以得到相当稳定的酶活性，许多生物组织传感器工作寿命比相应的酶传感器长得多。

② 在所需要的酶难以提纯时，直接利用生物组织可以得到足够高的酶活性。

③ 分子识别元件制作简便，一般不需要采用固定化技术。

利用相应的生物组织制成的各种传感器可以测定抗坏血酸、谷氨酰氨、腺苷等。生物组织传感器在使用过程中也存在问题，如选择性差、动植物材料不易保存等。

几种生物组织传感器及其性能见表 9-3。

表 9-3 几种生物组织传感器及其传能

测定项目	组织膜	基础电极	稳定性/天	线性范围
谷氧酸	木瓜	CO_2	7	$2×10^{-4}～1.3×10^{-2}$ mol/L
尿素	夹克豆	CO_2	94	$3.4×10^{-5}～1.5×10^{-3}$ mol/L
L—谷氨酰胺	肾	NH_3	30	$1×10^{-4}～1.1×10^{-2}$ mol/L
多巴胺	蕉香	O_2	14	
丙酮酸	玉米芯	CO_2	7	$8×10^{-5}～3×10^{-3}$ mol/L
过氧化氢	肝	O_2	14	$5×10^{-3}～2.5×10^{-1}$ U/mL

5. 细胞传感器

细胞传感器是生物传感器的一个重要分支，它采用动植物的活细胞作为分子识别元件，可以探测被分析物的功能性信息，结合传感器和理化换能器，能够产生间断或连续的数字电信号。

细胞传感器分为四类：

（1）检测细胞内外环境的细胞传感器

内环境：细胞内自由离子浓度，如氯离子、钠离子；外环境：细胞内生理状态的改变会引起细胞外代谢物的相应变化，测量代谢后培养基可间接检测细胞的变化。

（2）检测细胞电生理行为的细胞传感器

面对外界刺激（光、电、药物等），可兴奋细胞（肌肉细胞、神经细胞等）会产生动作电位。

（3）检测细胞特殊行为的细胞传感器

某些细胞具有特殊性质，对于外界的刺激有特殊响应，特殊性质表现为对外界重金属离子浓度及 pH 值敏感。例如，某些细菌对某些重金属敏感，从而发出荧光，可用于环境污染检测。

（4）检测细胞力学行为的细胞传感器

许多效应因子可以改变活细胞的性能或特性，如一些细胞受到荷尔蒙刺激会产生移动，某些种类细胞被病毒感染会引起细胞大小的变化。

七、生物芯片

所谓生物芯片，是指通过微加工技术和微电子技术在固体芯片表面上构建微型生物化学分析系统，将成千上万与生命相关的信息集成在一块面积约为 $1cm^2$ 的硅、玻璃、塑料等材料制成的芯片上，在待分析样品中的生物分子与生物芯片的探针分子发生相互作用后，对作用信号进行检测和分析，以达到对基因、细胞、蛋白质、抗原及其他生物组分准确、快速地分析和检测的目的。

几种主要的生物芯片介绍如下：

（1）基因芯片，也称 DNA 芯片，它是在基因探针基础上研制而成的。

（2）蛋白质芯片。以蛋白质代替 DNA 作为检测目的物，蛋白质芯片与基因芯片的原理基本相同，但其利用的不是碱基配对而是抗体与抗原结合的特异性，即免疫反应来实现检测。

（3）细胞芯片。由裸片、封装盖板和底板组成，裸片上密集分布有 6000～10000 个乃至更多的不同细胞阵列，封装于盖板与底板之间。细胞芯片能够通过控制细胞培养条件使芯片上所有细胞处于同一细胞周期中，在不同细胞间生化反应结果的可比性强，一块芯片上可同时进行多信息量检测。

（4）组织芯片，是基因芯片技术的发展和延伸，它可以将数十个甚至上千个不同个体的临床组织标本按预先设计的顺序排列在一个玻璃芯片上进行分析研究。

任务分析

目前环境问题日益引起人们的重视，人们迫切希望拥有一种能对水质进行连续、快速、在线监测的仪器。饮用水卫生与安全的指标包括四大类：微生物学指标、水的感官性状和一般化学指标、毒理学指标、放射性指标。详细的技术指标有上百种，由于篇幅的限制，本任务只考虑水质的污染度指标，有 BOD（生化需氧量）、COD（化学需氧量）、TOC（用碳的含量来表示水中有机物质的总量）、TOD（总需氧量）、UV（紫外吸收量）。其中 BOD 是一种广泛采用的表征有机污染程度的综合性指标。本任务只分析 BOD 的测定过程。

生化需氧量（BOD）是指在一定条件下，微生物分解存在于水中的某些可被氧化物质特别是有机物的过程中消耗的溶解氧的量，是衡量有机物对水质污染的重要质量指标。BOD 测定仪广泛应用于地表水、生活污水和工业污水中 BOD 的测定，适用于污水处理厂、各类高科技生物实验室、环保监测和分析检测中心。

过去采用的 BOD 标准稀释法是水体有机污染程度的常规监测方法之一，它需要将含有微生物的水样在 20℃下培养 5 天，因此被称为 BOD5 法，需要熟练的操作技巧，操作过程烦琐，准确度差，不能及时反映水质情况。为了简单、快速地测定 BOD，科研人员研发的 BOD 传感器，可完全代替标准稀释法，不仅能满足实际监测的要求，并且有快速、灵敏的特点。

任务设计

BOD 传感器是将从土壤和活性污泥中分离出来的复合微生物酵母与醋酸纤维素、胶原膜进行固化处理，然后装在氧电极的聚四氟乙烯膜上进行检测的。若将这个传感器放入保持溶解饱和状态的缓冲液中便可得到稳定电流值，该值代表微生物自己的吸收水平。将含有葡萄糖和谷氨酸的标准 BOD 样品溶液注入测量系统时，这些有机化合物透过多孔性膜被固定化的微生物所利用。固定化微生物开始消耗氧，引起膜附近溶液的溶解氧含量减少。结果，氧电极输出电流随时间明显减小，18min 内达到某一稳态值，此时氧分子向膜内的扩散和细胞呼吸之间建立了新的耗氧与供氧的动力学平衡。

稳态电流值的大小取决于样品溶液的 BOD 浓度。样品溶液流过之后，再将缓冲液通入流通池，使传感器的输出电流值恢复到初始水平。生物传感器的响应时间（达到稳态电流所需的时间）视样品溶液的种类而异。对含有乙酸的样品溶液，响应时间为 8min；对含有葡萄糖的样品溶液，响应时间为 18min。因此，实验中注入样品的时间采用 20min。该生物传感器的电流差值（初始电流和稳态电流之差）与五天标准稀释法测得的 BOD 浓度之间为线性关系。如图 9-6 所示为 BOD 传感器的示意图，如图 9-7 所示为 BOD 传感器的外形图。

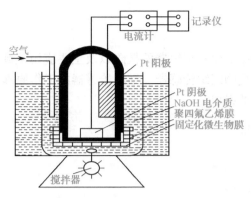

图 9-6 BOD 传感器示意图

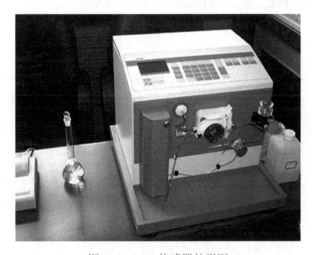

图 9-7 BOD 传感器外形图

 任务实现

该方案中 BOD 检测浓度最低值为 3mg/L，在 BOD 含量为 40mg/L 时，10 次实验中电流差值可以重现（相对误差在±6% 以内）。据报道，对纸浆厂污水中 BOD 的测定，其测量最小值可达 2mg/L，所用时间仅为 5min。从以上设计可以看出，在适宜的 BOD 物质浓度范围内，电极输出电流降低值与 BOD 物质浓度之间为线性关系，而 BOD 物质浓度又和 BOD 值之间存在定量关系，因而可以进行 BOD 的测定。

目前新型的 BOD 测量仪传感系统有 6 或 12 个测试点，采用独特的呼吸测量原理，依据测量空气或密封的富含氧容器中微生物消耗氧量（在稳定的温度和空气流动条件下），细菌新陈代谢产生的二氧化碳与密封容器中的氢氧化钾溶液发生化学反应，采用压力呼吸法的 BOD 测量仪在保持持续数量的同时更新由于氧气消耗而引起的压力变化。BOD 传感器可方便、精确地进行 BOD 测量，BOD 值将以 mg/L 为单位直接显示在仪器屏幕上。微电脑 BOD 测定仪具有 RS-232 数据传输接口，可便捷地与计算机连接进行数据传输分析处理，实时存储和调出数据。此项功能将使实验分析简捷化、系统化。用户可直观查阅包括测量存储数据在内的详细信息，并可进行各种相关操作，以达到系统记录、分析、存储、打印等目的。

 阶段小结

　　本模块较为详细地介绍了生物传感器的概念以及主要应用领域，分析了酶传感器、微生物传感器、免疫传感器、生物组织传感器、细胞传感器的工作原理，分析了几种主要传感器的性能，介绍了生物芯片的组成。

 习题与思考题

　　1. 简述生物传感器的特点及分类。

　　2. 生物传感器主要用在哪些领域？

　　3. 举出一个身边使用生物传感器的实例，画出方框图，并进行分析。

　　4. 对几种生物传感器的性能、特点、应用范围进行列表归纳总结。

模块十　智能传感器及其应用

课题　智能传感器的工作原理及应用

任务：智能水质检测、节水管理系统实例分析

 任务目标

★ 掌握智能传感器的基本原理；
★ 了解智能传感器的形式；
★ 掌握传感器网络的工作原理。

 知识积累

一、智能传感器概述

前面讲述的传感器都是基于将被测非电量转化为电信号的，其本身不对信号进行处理，称为第一代传感器，其功能特征着重于测量物理参数。随着微处理器技术的迅猛发展及测控系统自动化、智能化的发展，以及虚拟仪器的飞速发展，要求传感器准确度高、可靠性高、稳定性好，而且具备一定的数据处理能力，并能够进行自检、自校、自补偿。很显然，传统的传感器已不能满足这样的要求。另外，要制造高性能的传感器，光靠改进材料工艺也很困难，需要将计算机技术与传感技术相结合来弥补其性能的不足。计算机技术促使传感技术发生了巨大的变革，将微处理器（或微计算机）和传感器相结合产生了功能强大的智能式传感器的设想已变成现实。这就是目前广泛应用的被称为第二代的传感器，即智能传感器。它是具有一种或多种敏感功能，能够完成信号探测、变换处理、逻辑判断、功能计算、双向通信，内部可实现自检、自校、自补偿、自诊断，且具有学习能力的计算机化和有创新思维能力的"聪明"传感器。

智能传感器技术是一门正在蓬勃发展的现代传感器技术，它涉及微机械及微电子技术、信号处理技术、计算机技术、电路与系统、神经网络技术、传感技术及模糊控制理论等多种学科，是一门综合性技术。因此，智能传感器技术对推动产业发展起着极其重要的作用。

二、智能传感器的工作原理、检测系统

1. 智能传感器工作原理

除具有感受被测非电信号的普通传感器的功能外，智能传感器还具有测量信号调理（如滤波、放大、A/D 转换等）、数据处理、数据显示以及自校、自检、自补偿及双向数据通信等功能。如图 10-1 所示是智能传感器的原理框图。

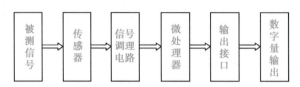

图 10-1　智能传感器原理框图

微处理器是智能传感器的核心，它不但可以对传感器的测量数据进行计算、存储、数据处理，还可以通过反馈回路对传感器进行调节。微处理器充分发挥了各种软件的功能，可以完成硬件难以完成的任务，从而大大降低了传感器在制造工艺上的难度，提高了传感器的性能，降低了成本。需要指出的是，除微处理器以外，智能传感器相对于传统传感器的另一显著特征是其有信号调理电路。被测的物理量转换成相应的电信号后，送到信号调理电路中，进行滤波、放大、转换，再送入计算机（微处理器）中进行处理。

对比第一代传感器，可看出智能传感器的最大特点就是带有微处理器，兼有信息检测和信息处理、逻辑思维与判断功能，将信息检测和信息处理功能结合在了一起。如今的智能传感器还具有双向通信功能，通过测试数据传输或接收指令来实现各项功能，如增益的设置、补偿参数的设置、内检参数设置、测试数据输出等。

2. 智能传感器构成的检测系统

如图 10-2 所示是多路传感器构成的智能化传感器检测系统方框图，它是一个典型的以微处理器为核心的计算机检测系统。

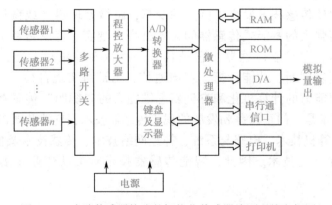

图 10-2　多路传感器构成的智能化传感器检测系统方框图

与传统的传感器相比，智能化传感器检测系统具有以下功能：

（1）能够进行自动补偿。如对非线性信号进行线性化处理，进行误差与环境补偿，以提高测量精度等。

（2）具有自检、自诊断和自校准功能。智能传感器可以通过对环境的判断和自诊断，进行零位和增益等参数的调整。当智能传感器由于某些内部故障不能正常工作时，它能够借助其内部检测线路找出存在异常现象或故障的部件。

（3）具有复合敏感功能。进一步拓宽了智能探测及其应用领域，能够完成多传感器多参数混合测量。

（4）具有判断、决策能力。智能传感器能进行判断和决策处理。

（5）具有数据储存、记忆与信息处理功能。能够自动采集储存大量数据，并对数据进行预处理。

（6）智能传感器具有双向通信和标准化数字输出功能。

智能传感器是传感技术和信息处理技术的结合，因此它具有如下特点：

（1）精度高。智能传感器具有多项功能以保证其高精度，如通过自动校零去除零点；与标准参考基准实时对比以自动进行整体系统标定；对整体系统的非线性等系统误差进行自动校正；通过对采集的大量数据进行统计处理以消除偶然误差的影响等。

（2）可靠性与稳定性好。智能传感器能自动补偿因工作条件与环境参数发生变化所引起的系统特性的漂移，如温度变化产生的零点和灵敏度漂移，当被测参数变化后能自动改换量程，能实时、自动地对系统进行自我检验，分析、判断所采集数据的合理性，并对异常情况进行应急处理（报警或提示故障）。

（3）信噪比高、分辨力强。由于智能传感器具有数据储存、记忆与信息处理功能，通过软件进行数字滤波、相关分析等处理，可以去除输入数据中的噪声，将有用信号提取出来，通过数据融合、神经网络技术，可以消除多参数状态下交叉灵敏度的影响，从而保证在多参数状态下对特定参数的分辨能力。

（4）自适应性强。智能传感器具有判断、分析与处理能力，它能根据系统工作情况决定各部分的供电情况和对上位计算机的数据传送速度，使系统工作在最优低功耗状态和传送效率优化的状态下。

（5）性能价格比高。智能传感器所具有的上述高性能，不是像传统传感器技术用追求传感器本身的完善、对传感器的各个环节进行精心设计与调试而得到的，而是通过与微处理器相结合，采用集成电路和芯片以及强大的软件来实现的。因此，其性能价格比高。

三、智能传感器的两种形式

智能传感器包括传感器的智能化和集成智能化传感器两种主要形式。

1. 传感器的智能化

传感器的智能化是指采用微处理器或微型计算机系统来扩展和提高传统传感器的功能。传感器与微处理器可为两个分立的功能单元，传感器的输出信号经放大调理和转换后由接口送入微处理器进行处理。

2. 集成智能化传感器

集成是指借助于半导体技术将传感器部分与信号放大调理电路、接口电路和微处理器等制作在同一块芯片上，因此也可称为集成化智能传感器。集成智能化传感器具有多功能、一体化、集成度高、体积小、适宜大批量生产、使用方便等优点，它是传感器发展的必然趋势，它的发展水平取决于半导体集成化工艺水平的进步与提高。

目前广泛使用的智能传感器，仍然有不少是通过传感器的智能化来实现的。如今已有相当数量的集成智能化传感器产品出现，其中以美国的霍尼韦尔公司的产品为典型代表。

四、智能传感器实现的主要途径

1. 非集成化的实现

将传统传感器、预处理及接口电路、微处理器、输出接口、数据通信线路等组合为一个整体而构成系统，是在传统传感器基础上非集成化的最经济、最简单快捷的一种方法。如图 10-3 所示为非集成化智能传感器框图。

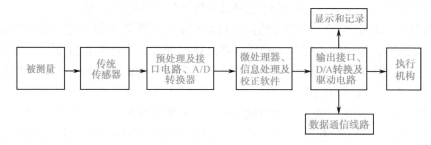

图 10-3 非集成化智能传感器框图

2. 集成化实现

集成化智能传感器是采用微机械加工技术和大规模集成电路工艺技术，利用硅作为基体材料来制作敏感元器件、信号处理电路、微处理器单元的，且这些功能单元都在同一块芯片上实现。因此与非集成化智能传感器相比，集成化智能传感器具有如下特点：

（1）微型化

如微型压力传感器可以装在飞机或发动机叶片表面上，用来测量气体的流速和压力；甚至已经可以小到放在注射针头内送进血管中测量血液流动情况；使用微型加速度计后，可以使火箭或飞船的制导系统质量从几千克减少到几克。

（2）结构一体化

压阻式压力（差）传感器是最早实现一体化结构的传感器。传统的做法是先宏观机械加工金属圆膜片与圆柱状环，然后把二者粘贴起来形成周边固支结构的"金属杯"，再在膜片上粘贴电阻变换器（应变片）而构成压力（差）传感器，这就不可避免地存在蠕变、迟滞、非线性特性。

采用微机械加工和集成化工艺，不仅"硅杯"可一次整体成形，而且电阻变换器与"硅杯"是完全一体化的，进而可在"硅杯"非受力区制作调理电路和微处理器单元，甚至微执行器，从而实现不同程度的乃至整个系统的一体化。

（3）高精度

比起分体结构，传感器结构一体化后，迟滞、重复性指标将大大改善，时间漂移大大减少，精度提高。如后续的信号调理电路与敏感元器件一体化后，可以大大减少由引线长度带来的寄生参量的影响，这对电容式传感器具有特别重要的意义。

（4）多功能化

微米级敏感元器件结构的实现特别有利于在同一硅片上制作不同功能的多个传感器。美国霍尼韦尔公司生产的 ST-3000 型智能压力（差）和温度变送器，就是在一块硅片上制作了可感受压力、压差及温度三个参量的，具有三种功能（可测压力、压差、温度）的敏感元器件结构的传感器。不仅增加了传感器的功能，而且可以通过数据融合技术消除交叉灵敏度的影响，提高传感器的稳定性与精度。

（5）阵列化

利用微米技术已经可以实现在一平方厘米大小的硅芯片上制作含有几千个传感器的阵列。将敏感元器件构成阵列后，配合相应的图像处理软件，可以实现图形成像且构成多维图像传感器。这时的智能传感器就达到了它的最高级形式。

（6）全数字化

通过微机械加工技术可以制作各种形式的微结构，其固有谐振频率可以设计成某种物理参量（如温度或压力）的单值函数。因此，可以通过检测其谐振频率来检测被测物理量。这是一种谐振式传感器，可以直接输出数字量（频率）。它的性能极为稳定，精度高，不需A/D转换器便能与微处理器方便地连接，免去 A/D 转换器，对于节省芯片面积、简化集成化工艺均十分有利。

（7）使用极其方便，操作极其简单

它没有外部元器件，外部连线数量极少，包括电源、通信线可以少至两条，因此接线极其简便。它还可以自动进行整体自校，无须用户长时间地反复多环节调节与校验。智能技术含量越高的传感器，操作使用越简便，用户只需编制简单的主程序。

3. 混合实现

尽管集成智能化传感器是传感器发展的必然趋势，但是其实现往往存在一些困难。

（1）敏感元器件与集成电路工艺的兼容性问题

材料兼容性：目前的集成电路工艺可以用的材料十分有限，而传感器敏感元器件所用到的材料十分广泛，如氧化钒材料。

工艺兼容性：多晶硅材料是微传感器中常用到的结构材料，但是其工艺温度高达1000℃，而标准 CMOS 电路完成后将不能承受如此高的温度。

（2）有限的芯片面积

随着敏感元器件的阵列化和集成化，信号处理电路将变得越来越复杂，必将占据更多的面积，这样能留给敏感元器件的位置十分有限。

（3）测试环境对信号处理电路的影响

集成电路有一定的使用范围要求，而测试环境很可能超出这个要求的范围，如过高的温度、湿度、压力，过强的振动等。

混合实现就是根据需要与可能，将系统各个集成化环节，如敏感元器件、信号处理电路、微处理器单元、数字总线接口等，以不同的组合方式集成在两块或三块芯片上。其中，信号处理电路包括多路开关、仪用放大器、A/D 转换器等。微处理器单元包括数字存储器、I/O 接口、微处理器、D/A 转换器等。

五、智能传感器的应用实例

下面介绍美国达拉斯公司生产的 DS18B20 温度测量传感器，其内部结构框图如图 10-4 所示。它主要由 64 位光刻 ROM，温度敏感元器件，高、低温报警触发器 T_H 和 T_L，配置寄存器等组成。其中 DQ 为数字信号输入、输出端，V_{DD} 为外接供电电源输入端，C 为滤波电容，DS18B20 的封装形式、引脚排列和主要特性在模块四的课题二——集成温度传感器中已介绍，在此不再详述。

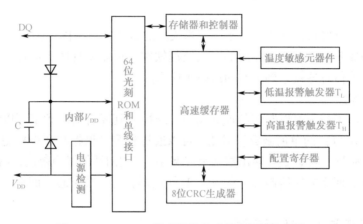

图 10-4　DS18B20 温度测量传感器内部结构框图

光刻 ROM 中的 64 位序列号是出厂前已被光刻好的，它可以看作 DS18B20 的地址序列码。64 位序列号的排列顺序是，开始 8 位（28H）是产品类型号，接着 48 位是该传感器自身的序列号，最后 8 位是前面 56 位的循环冗余校验码（CRC 码）。光刻 ROM 的作用是使每个 DS18B20 各不相同，这样就可以实现在一根总线上挂接多个 DS18B20。

DS18B20 完成温度转换后，把测到的温度值 T 与 T_H、T_L（T_H 和 T_L 分别为最高和最低检测温度）做比较，若 $T > T_H$ 或 $T < T_L$，则将报警标志置位，并对主机发出的报警搜索命令做出响应。因此可用多个 DS18B20 同时测量温度并进行报警搜索，一旦某测温点越限，主机利用报警探索命令即可识别出正在报警的元器件，并读出其序列号而不必考虑非报警元器件，高、低温报警触发器 T_H 和 T_L、配置寄存器均由一个字节的 E^2PROM 组成，使用一个存储器功能命令可对 T_H 和 T_L 或配置寄存器进行写入操作。

高速缓存器是一个 9 字节的存储器，开始两个字节包含被测温度的数字量信息，第 3、4、5 字节分别是 T_H、T_L、配置寄存器的临时复制内容，每次上电复位时被刷新，第 6 字节未使用，表现为全逻辑 1，第 7、8 字节为计数剩余值和每度计数值，第 9 字节读出的是前面 8 个字节的 CRC 码，用来保证通信正确。

DS18B20 测量温度原理框图如图 10-5 所示。

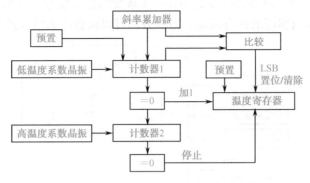

图 10-5　DS18B20 测量温度原理框图

图中低温度系数晶振的振荡频率受温度影响很小，用于产生固定频率的脉冲信号送给计数器 1，高温度系数晶振随温度变化其振荡频率明显改变，所产生的信号作为计数器 2 的脉冲输入，计数器 1 和温度寄存器被预置在-55℃所对应的基数值上。计数器 1 对低温度系数晶振产生的脉冲信号进行减法计数，当计数器 1 的预置值减到 0 时，温度寄存器的值将加 1，计数器 1 的预置值将重新被装入，计数器 1 重新开始对低温度系数晶振产生的脉冲信号进行计数，如此循环直到计数器 2 计数到 0，停止温度寄存器的累加。此时温度寄存器的数值即为所测温度。斜率累加器用于补偿和修正测温过程中的非线性，其输出用于修正计数器 1 的预置值。

DS18B20 使用单总线方式通信，其连接方式很简单，大致有如下两种方式，一种是从数据线上间隙充电提供电能，另一种供电方法是从 V_{DD} 引脚接入一个外部电源，由于篇幅限制，不再详述。

六、传感器网络

通信技术和计算机技术飞速发展，人类社会已经进入了网络时代。智能传感器的开发和大量使用，导致了在分布式控制系统中，对传感信息交换提出了许多新的要求。单独的传感器数据采集已经不能适应现代控制技术和检测技术的发展，取而代之的是分布式数据采集系统组成的传感器网络，传感器网络可以实施远程采集数据，并进行分类存储和应用，智能传感器网络的概念由此而产生。智能传感器网络技术致力于研究智能传感器的网络通信功能，将传感器技术、通信技术和计算机技术相融合，从而实现信息的采集、传输和处理的统一和协同。

智能传感器网络是指使智能传感器的处理单元实现网络通信协议，从而构成一个分布式的网络系统。在该网络中，传感器成为一个可存取的节点，可以对智能传感器中的数据、信息进行远程访问和对传感器功能进行在线编程。

可以看出，智能传感器网络的研究将对工业控制、智能建筑、远程医疗和教育等领域带来重大的影响。它将改变传统的布线方式和信息处理技术，不仅可以节约大量现场布线，而且可实现现场信息共享。

1. 有线传感器网络

典型的有线传感器网络结构示意图如图 10-6 所示，亮度、烟雾、温度、声音、气压五种传感器分别将对应的非电量转化成电信号，通过传感器总线上的多个节点，送到数字信号处理接口电路，经过内部的模/数转换变成单片机可接受的数字信号，经单片机处理后，一方面通过 LCD 显示，并控制相应的执行设备，另一方面可以以数据通信方式与网络相连接。

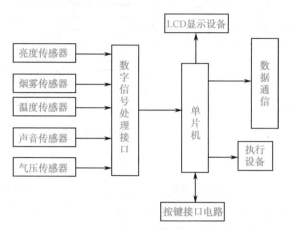

图 10-6　典型的有线传感器网络结构示意图

智能传感器网络的发展分为三个阶段：

第一代传感器网络是由传统传感器组成的、点到点输出的测控系统，采用二线制 4～20mA 电流、1～5V 电压标准，这种方式在目前工业测控领域中仍延续使用。它的最大缺点是布线复杂，抗干扰性差，将会被逐渐淘汰。

第二代传感器网络是基于智能传感器的测控网络，信号传输方式和第一代基本相同，但随着现场采集信息量的不断扩大，传感器智能化的不断提高，人们逐渐认识到通信技术是智能传感器网络发展的关键因素。其中数据通信标准 RS-232、RS-422、RS-485 等的应用大大促进了智能传感器的应用。

第三代智能传感器网络即基于现场总线的智能传感器网络。现场总线是连接现场智能设备与控制室的全数字式、开放的、双向的通信网络。现场总线的不断发展和基于现场总线的智能传感器的广泛使用，使智能传感器网络进入局部测控网络阶段，这些局部测控网络通过网关和路由器实现与 Internet/Intranet 网络相连。

2. 无线传感器网络

无线传感器网络是指在无线网状网架构的基础上，融合了传感技术、信息处理技术和网络通信技术的定位感知技术，由一定数量的传感器节点通过某种有线或无线通信协议连接而成的网络体系。这些节点由传感器、数据处理和数据通信等功能模块构成，以集成方式设置在被测对象内部或附近，通常尺寸很小，具有低成本、低功耗、多功能等特点。典型的无线传感器网络结构节点主要由数据采集模块（传感器、A/D 转换器）、数据处理和控制模块（微处理器、存储器）、通信模块（无线收发器）和供电模块（电池、DC/DC 能量转换器）等组成，节点间的通信方式可以是对等的或主从的。

（1）无线传感器网络基本组成与工作原理

无线传感器网络是一种集传感器、控制器、计算模块、通信模块于一体的嵌入式设备。将收集到的信息通过传感器网络传送给其他的计算设备，如传统的计算机等。随着传感技术、嵌入式技术、通信技术和半导体微机电系统制造技术的飞速发展，制造微型、低功耗的无线传感器网络已逐渐成为现实，如图 10-7 所示为无线传感器网络结构框图。

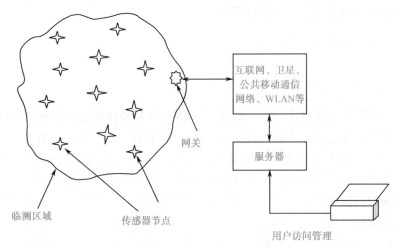

图 10-7　无线传感器网络结构框图

由结构框图可以看出，无线传感器网络是由大量具有通信与计算能力、密集布设在无人值守的监控区域的微小型节点构成的能够根据环境自主完成指定任务的自治探测网络。它是一种超大规模、无人值守、资源严格受限的分布式系统，采用多跳对等的通信方式，其网络拓扑结构动态变化，具有自组织、自适应等智能属性。这些设备具有传感、计算并与其他设备相互通信的功能，收集本地信息后通过广域网（如 Internet 网络或卫星网络）将数据送至地面监控中心进行统计分析和处理，来获得对物理环境的综合判断。配置以性能良好的系统软件平台，就可以完成强大的实时跟踪、环境监测、状态监测等功能。

（2）无线传感器网络的特点

低速率：无线传感器网络节点通常只需定期传输温度、湿度、压力、流量、电量等被测参数，相对而言，被测参数的数据量小，采集数据频率较低。

低功耗：通常无线传感器节点利用电池供电，且分布区域复杂、广阔，很难通过更换电池的方式来补充能量，因此，要求无线传感器网络节点的功耗要低，传感器的体积要小。

低成本：监测区域广、无线传感器网络节点多，且有些区域环境地形复杂，甚至连工作人员都无法进入，一旦安装了传感器则很难更换，因而要求传感器的成本低。

短距离：为了组网和传递数据方便，两个无线传感器节点之间的距离通常要求在几十米到几百米。

高可靠：信息是靠分布在监测区域内的各个传感器检测到的，如传感器本身不可靠，则其信息的传输和处理是没有任何意义的。

大容量：要求网络能容纳上千、上万个节点。

动态性：对于在复杂环境中的组网，其覆盖区域往往会遇到各种电、磁因素的干扰，加之供电能量的不断损耗，易引起无线传感器节点故障，因此要求无线传感器网络具有自组网、智能化和协同感知等功能。

（3）无线传感器网络的应用

无线传感器网络有着十分广泛的应用和发展前景。它不仅在工业、农业、医疗、环境、航空、航天和军事等领域有着巨大的应用价值，在许多新兴领域也蕴藏着巨大商机，如在家居、防灾、保健、环保等领域也体现出独特的优越性而大显身手。另外，它还可以工作在一些人类无法到达的区域或无法工作的环境中。

七、无线传感器网络的应用实例

1. 智能家居远程监控系统实例

目前，人们对现代家居的安全性、智能性、舒适性和便捷性提出了更高的要求。智能家居控制系统就是为适应这种需求而出现的新事物，且正朝着智能化、远程化、小型化、低成本方向发展，如通过手机远程遥控自己家中的电器，远程查看设备或安防系统状况。比如，在下班前半个小时通过手机远程遥控打开家中空调，这样回家的时候就可以享受到舒适的温度，或者提前遥控接通热水器，回家后即有热水可供使用，从而给用户提供更加舒适、方便和更具人性化的智能家居环境。同时，一旦家中发生煤气泄露、火灾、被盗等事故时，多种传感器能够立即发出警报，及时处理。下面介绍一种基于短信服务和 ATMEGA128 的智能家居远程监控系统的实例。

（1）系统结构及工作原理

智能家居远程监控系统由 CPU 模块、短信收发模块、电源模块、时钟模块、LCD 显示模块、键盘模块、接口驱动模块、无线收发模块、检测模块等组成，如图 10-8 所示。系统的工作原理：用户通过手机将控制或查询命令以短信的形式通过 GSM 网发送到短信收发模块，CPU 通过串口将短信读入内存，对命令分析处理后做出响应，控制相应电器的开通或关断，实现家电的远程控制。CPU 定时检测烟感传感器、CO 传感器、门禁系统的信号，一旦家中发生煤气泄露、火灾、被盗等事故时，系统立即切断电源，蜂鸣器发出警报并向指定的手机发送报警短信，实现了家居的远程监视。为了达到更人性化的设计，用户在家时可通过手持无线遥控器控制各个家电的通断，通过自带的小键盘设定授权手机号码、权限和设定系统的精确时间等参数。LCD 用来实时显示各电器的状态和各个传感器的状态。

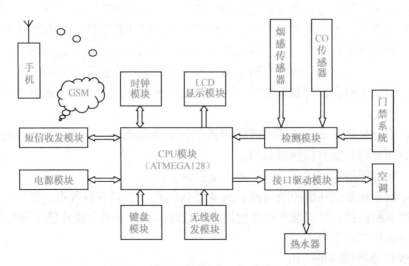

图 10-8　智能家居远程监控系统构框图

（2）元器件选用

CPU 选用 ATMEGA128 单片机，它是基于 AVR RISC 结构的 8 位低功耗 CMOS 微处理器，具有性价比高、功耗小、可靠性高等特点。短信收发模块选择 Saro310 GSM Modem，传感器选择 SS-168 烟感探测报警器、HD-111 家用 CO 探测报警器，它们在检测到危险信号时输出开关量信号，能及时准确地向 CPU 发出报警信号。LCD 显示模块选用 LCD12864 带中文字符型液晶显示屏，它自带汉字字库，只需查询中文字库表便能实现 LCD 的中文显示，占用 CPU 引脚少，只需三个引脚便能完成通信和控制。

2. 公交车信息查询系统实例

本实例介绍使用手机登录网站查询城市公交信息的方案，不仅能够查询到各条线路的起停站点，同时还能够分析出换乘车辆情况以及反映出某一时刻某一站点的来车详细信息，包括距用户还有多少站以及车上乘客数量。这样即使正在赶往公交站台的路上，也不用担心会误了最快到达的公交车。同时用户也可以做出等待还是换乘别的路线公交车的选择，这样不仅节省了时间而且使公交资源被最大化利用。

（1）系统的总体结构方框图

系统结合物联网的技术理念，利用特定装置如红外扫描等对公交车的乘客数量进行统计，将 RFID 标签（RFID 射频识别是一种非接触式的自动识别技术）嵌入到公交站牌上，公交车路过站牌时自动提取站点信息，同时实现弯道提醒、线路提醒等功能。车载信息存储模块将乘客数量信息、站点信息和车辆上下行信息进行汇总和储存，并通过 GPRS 网络发送至综合信息处理平台，平台对各班次公交车的信息进行排序整理，做出为每个站点的两个方向生成各自数据模块等处理，同时上传网络，并实时更新。

从技术架构上看，基于物联网的公交信息查询系统可分为三层：感知层、网络层和应用层。

① 感知层由各种传感器及传感器网关构成，包括红外传感器、RFID 等感知终端。感知层主要功能是识别物体和采集信息。

② 网络层由无线通信、互联网和网络管理系统等组成，负责传递和处理感知层获取的信息。系统建立公交信息综合处理平台，基于互联网编程实现公交信息数据库的建立和维护，并对接收的信息进行排序、添加、删除及实时更新，进行整个平台的维护等。

③ 应用层是公交信息查询系统和用户的接口，实现公交信息查询系统的智能应用。本系统采用用户手机浏览公交信息查询系统网页的方式实现。

系统总体结构方框图如图 10-9 所示。

（2）综合信息处理平台的设计

综合信息处理平台包括网络通信模块、历史记录分析模块、Web 登录管理界面模块。Web 登录管理界面模块用于登录管理公交查询系统的综合信息处理平台，网络通信模块用于接收移动通信终端传输的实时公交信息，并将其数据传输至历史记录分析模块进行存储和分析，待用户登录查看。综合信息处理平台结构框图如图 10-10 所示。

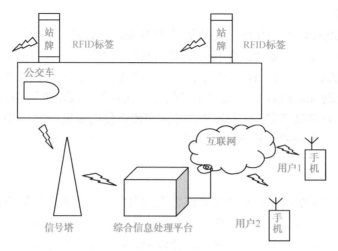

图 10-9　系统总体结构方框图

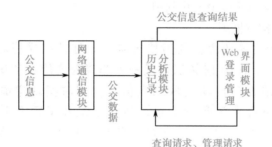

图 10-10　综合信息处理平台结构框图

系统中，当综合信息处理平台接收到网络通信模块发来的公交数据时，首先对数据进行分类、统计和储存，当有用户通过 Web 界面连接到平台之后，新建立一个子线程为其服务，之后接收到用户传输过来的查询数据，按照协议对数据进行分类、统计和分析，并将结果反馈给用户。

任务分析

自来水水质关系到自来水用户的健康，是供水企业和用户非常关心的指标，也是评价自来水是否合格的重要标准。下面以杭州山可能源科技公司智能水质检测、节水管理系统为例来进行分析。该公司是一家专业从事科技管理、节能系统产品研发、生产及推广服务的新型高科技企业，其主营业务为智能水质检测、节水和节电管理。下面主要分析该公司智能水质检测、节水管理系统的工作原理。

该智能水质检测、节水管理系统由"四监一控"组成，分别是供水管网水流量远程监测管理系统、供水管网压力远程控制管理系统、供水管网漏水声远程监测管理系统、供水管网水质远程监测管理系统，以及使用数字化水平衡监测管理平台监控管理系统。

如图 10-11 所示为智能水质检测、节水管理系统结构框图。工作原理：使用水流量传感器采集水流量信息，水压力传感器采集瞬时供水管网压力，漏水声传感器随时监测水管破裂漏水以及各水管与阀门接头处漏水滴水声，水质传感器采集瞬时水的浑浊度、pH 值和余氯等指标。通过以上四个传感器获取对应的电信号，通过 RS-485 接口传输至数据传输控制器（内含数字信号处理接口），存储传感器实时采集用户水表的计量数据，经处理后用无线通信方式上传至数据中心服务器平台，服务器平台经过水平衡监测管理平台软件对上传的数据进行统计、分析、比较，从而发现水的漏损量和区域漏损位置。通过 GPS 网发送短信到用户手机，用户根据报警信息提供的测量点处哪个参数出现故障，及时到现场检查并予以解决。

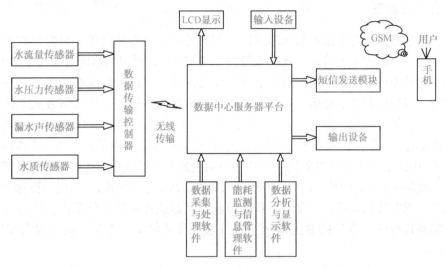

图 10-11 智能水质检测、节水管理系统结构框图

任务设计

在此重点介绍其中使用的四种传感器。

1. 水流量传感器

智能远传水表由普通水表和霍尔传感器组成，可以通过利用霍尔效应制作的传感器实现对流量数据的采集，无须更换原水表，简单方便。采用 WS-40-200 垂直螺翼式水表，用于计量流经自来水管道的水的总量，不适宜于有腐蚀性的液体。霍尔传感器由磁头和传感元器件两个部分组成，磁头与传感元器件通过有效的霍尔技术进行数据的实时采集，其中磁头安装在水表指针处，通过外加钢圈将传感元器件固定在磁头上方即可完成，改造非常方便，并对原水表无任何负面影响。改造安装后的效果如图 10-12 所示。

图 10-12 采集流量数据的智能远传水表

磁头由磁铁制成，产生数据采集环境所需的磁场。水流通过水表推动叶片，磁头利用齿轮轴和叶片进行同步运动。叶片转动多少圈，磁头也相应转动多少圈，进而进行磁力线的切割。根据霍尔效应转换成电信号，利用导线传输给数据传输控制器进行数据的分析、处理和存储。

2. 水压力传感器

水压力传感器由压力变送器和压阻式压力传感器组成。安装简单，只需要在水管壁上将水管打一小孔把压阻式压力传感器放入水管内，利用单晶硅材料的压阻效应和集成电子技术，将压力的变化转换成电流的变化，再通过压力变送的处理、放大形成有效的信号发送给数据传输控制器，利用控制器的分析、处理、存储、传输功能，通过无线通信方式上传至数据中心。数据中心在保证用户正常用水的前提下，通过加装的调压设备，根据用水实际情况调节管网压力至最优的运行条件。采取压力管理方法，在确保供水管网满足用户压力需求的前提下降低管网的富余压力，可大大降低管网由于压力过高造成漏失的频率，尤其是对降低背景渗漏等不可避免的漏失有很好的效果，还可以有效降低爆管事故发生的可能性，延长管道的使用寿命。

将防水外罩安装在监测井井壁上，数据传输控制器放置在防水外罩内，压力变送器信号线接在控制器自带的防水接线盒上即可完成安装，安装简单、方便。硬件设备安装原理如图10-13所示。

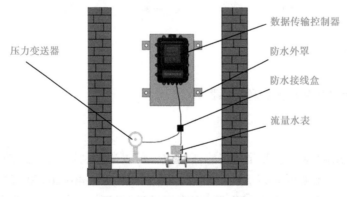

图 10-13　硬件设备安装原理图

3. 漏水声传感器

当管道发生漏水时，在漏口处会产生漏水声波，并沿管道向远方传播，而我们可以在阀门、水表、消火栓等供水管道附属构筑物上监测到该声波。预警系统正是根据噪声产生的原理，基于对噪声的监测而发明的。它是一套由多个记录仪（LOG）组成的整体化的声波接收系统。多台记录仪安装在管网的不同地点中，如消火栓、阀门或暴露管道上，按预定时间（夜间2：00~4：00，该时间段外界背景噪声最低且用户用水量最少）开关机，并记录管网中的噪声信号，记录仪通过分析记录到的噪声强度和离散度来判断是否有漏点及漏损点的具体位置，将这些信息存储在记录仪的存储器内并传输到数据中心，使用户能及时检查管道是否存在渗漏或大的泄漏，起到检漏和预警的作用，从而降低爆管概率和避免供水安全事故的发生。记录仪的数据读取方式既可以采取人工到现场巡视方式；也可以采用永久性的固定网络，将记录仪中的遥测数据，以无线传输方式定时发送到数据中心。

4. 水质传感器

水质传感器主要由现场感应探头和信号处理电路两部分组成。现场感应探头是水质传感器的关键部分，它根据水中某些物质的生物、化学、物理特性来测定该物质的浓度；信号处理电路对感应探头的信号进行放大、去噪等处理。

测量水质浑浊度的传感器由光源、透镜、光电元器件等组成。当光线通过被测水样时，与入射光成 90°的散射光作用于光电元器件，检测其透射光强来检测水质浑浊的程度。当水中含有杂质、灰尘、泥沙的颗粒大小、密度不同时，光电晶体管的光电流近似按线性变化，产生随浊度变化的电信号，该电信号与基准信号一起送入信号处理器，对信号进行放大、滤波、运算、补偿等处理使输出信号在整个测量范围内与水的浊度为线性关系。

余氯传感器含有两个测量电极：HClO 电极和温度电极。HClO 电极属于克拉克型电流传感器，用于测量水中次氯酸（HClO）的浓度。HClO 电极由小型的电化学式的三个电极组成，一个工作电极（WE）、一个反电极（CE）和一个参考电极（RE）。电极浸没在电解液腔中，电解液腔通过多孔亲水膜与水接触。次氯酸通过多孔亲水膜扩散进入电解液腔，在电极表面形成电流，电流大小取决于次氯酸扩散进入电解液腔的速度，而扩散速度与溶液中余氯浓度成正比。测量水中的次氯酸（HClO）浓度的方法是测量工作电极由于次氯酸浓度变化所产生的电流变化。传感器将这个变化信号转化成为电压信号传输出来。

由于在一定次氯酸（HClO）浓度下，温度和 pH 值的变化会影响到余氯传感器的精确度，所以在测定余氯值时还需要同时对水的温度、pH 值进行检测。温度电极是一个标准的硅传感器，它安装在探头上，毗邻集成的 HClO 电极，它将测量到的温度信号集成到传感器电路中，和余氯传感器同时放入水中的 pH 值传感器将 pH 值转换为电信号同样集成到传感器电路中，传感器电路将这两个变化信号转化为电压信号传输出来。仪表将 HClO 电压信号处理后与温度信号、pH 值信号进行补偿、计算，最终显示并输出水中的余氯含量。

 ## 任务实现

（1）对已经调试完成的系统供电，由于数据传输控制器是有源供电的，传感器的电流也是控制器提供的，因此只需要让装载软件的服务器运转即可。

（2）传感器会实时采集监测点的数据并且存储在控制器中，可以根据控制命令，选择实时上传还是在某个时间点将前一时间段存储的数据上传至数据中心。

（3）数据中心会对上传的数据进行处理，并根据程序设置进行分析、比较和管理。如果硬件设备发出报警信号或者上传的数据不在设置范围内，就会启动系统的报警功能并且编制出报警信息在显示屏上显现，经过 D/A 模块转换成模拟信号（如声音、光、图像等）表现出来，或者通过 GSM 网发送短信到相应的 SIM 卡上。

（4）服务器平台的管理人员或者手机持有者，根据报警信息判断故障原因并采取积极措施进行解决。

（5）待故障问题解决后，服务器管理人员利用输入设备对数据中心的相应报警信息进行处理并消除报警信号，否则报警动作会一直存在。

（6）服务器管理人员可以利用输出设备（如打印机）将采集到的数据信息、日志或者报警信息以 Word、Excel 报表的形式打印出来。

 阶段小结

　　本模块介绍了智能传感器的概念和发展状况，分析了智能传感器的方框图和多路传感器构成的智能式化传感器检测系统方框图的工作原理，以及智能化传感器检测系统具有的功能、特点及智能传感器的两种主要形式，介绍了传感器网络的概念、有线传感器网络和无线传感器网络的工作原理，最后分析了杭州山可能源科技公司智能水质检测、节水管理系统整体方框图以及智能水质检测、节水运行工作原理。

 习题与思考题

1. 什么是智能传感器，它具有什么样的功能和特点？
2. 举出一个智能传感器的应用实例，并画出方框图加以分析。
3. 有线和无线传感器网络与单个传感器的用途有什么不同？
4. 设计一个监测大气环境的无线传感器网络，要求画出方框图，并简述工作原理。

模块十一 传感器接口电路与检测系统的干扰抑制技术

课题 传感器输出信号的检测电路

任务：多路信号巡回检测系统的设计

任务目标

★ 掌握计算机控制现代测试系统的基本组成；
★ 了解各种传感器输出信号的特点；
★ 掌握常见传感器输出信号的检测电路；
★ 根据传感器输出信号的特点，与计算机灵活对接。

知识积累

一、接口电路概述

以计算机为中心的现代测控系统，采用数据采集与传感器相结合的方式，能最大限度地完成测试工作的全过程，既能实现对信号的检测，又能对所获信号进行分析处理获得有用信息。

如图 11-1 所示为计算机控制现代测试系统框图，它能完成对多点、多种随时间变化的被测参量的快速、实时测量，并能排除噪声干扰，进行数据处理、信号分析，由测得的信号获得与研究对象有关信息的量值或给出对其状态的判别。

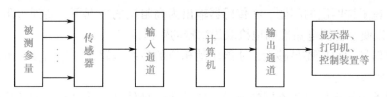

图 11-1 计算机控制现代测试系统框图

传感器的作用是完成信号的收集，它把各种被测参量转换成电信号。计算机是系统的神经中枢，它使整个测控系统成为一个智能化的有机整体，在软件导引下按预定的程序自动进行信号采集与存储，自动进行数据的运算分析与处理，通过指令以适当形式输出、显示或记录测量结果，驱动控制装置。

输入通道是传感器及其他装置向计算机传送数据及信息的通道。其主要功能是将传感器送来的信号变换成计算机所能接收的数字量，以便进行相应的运算。这一通道也称为传感器接口电路。根据信号类型的不同，输入通道又分为模拟量输入通道和数字量输入通道。

在实际应用中，需要根据不同的测量对象，选用不同的传感器，不同的传感器具有不同的输出信号。传感器接口电路的选择是根据传感器的输出信号特点和用途确定的，所以传感器接口电路具有多样性。本模块主要介绍传感器与微型计算机的常用接口电路。

二、传感器输出信号的特点及接口电路应满足的要求

1. 传感器输出信号的特点

传感器输出信号一般具有以下特点：

（1）传感器输出信号的类型不同，分为模拟信号和数字信号，如输出量为电阻、电容、电感、电压、电流等的都是模拟量，数字信号又分为数字开关量、数字脉冲列。开关量信号是一种接点信号，即由继电器或其他电气节点的接通、断开产生的"通""断"信号，如机械触点的闭合与断开和电子开关的导通与截止。数字脉冲列是一种电平信号，由信号电平的"高""低"组成的脉冲序列，如频率信号。

（2）传感器输出信号一般比较微弱，如电压信号为 μV 级、mV 级，电流信号为 nA 级、mA 级。

（3）传感器的输出阻抗比较高，会使传感器输出信号在传递过程中产生较大的衰减。

（4）传感器内部噪声（如热噪声、散粒噪声等）的存在，会使输出信号与噪声混合在一起。当传感器的信噪比小，而输出信号又比较弱时，信号会淹没在噪声中。

（5）传感器的输出信号动态范围很宽。输出信号随着输入信号的变化而变化，一部分传感器的输入与输出特性为线性或基本为线性比例关系，但部分传感器的输入与输出特性是非线性的，如按指数函数、对数函数或开方函数等关系变化。

（6）传感器的输出特性会受外界环境干扰及各种电磁干扰的影响，主要受温度影响，存在温度系数。

（7）传感器的输出特性与电源性能有关，一般需采用恒压供电或恒流供电。

2. 传感器接口电路应满足的要求

（1）要考虑阻抗匹配的问题。在传感器输出为高阻抗的情况下，要通过阻抗变换电路变换为低阻抗，以便于检测电路准确地检取传感器的输出信号。

（2）输出信号的幅值要足够大，才能驱动相应的后续电路，一般由放大电路将微弱的传感器输出信号放大。

（3）传感器的输出信号为不同的变量，要进行信号处理，通过相应的转换电路转换成电压信号。如电桥电路可将电阻、电容、电感量转换为电流或电压信号；I/V 变换器可将电流信号转换为电压信号；电荷放大器将电场型传感器输出产生的电荷转换为电压；F/V 转换电路可将频率信号转换为电压信号。

（4）考虑到环境温度的影响，要加温度补偿电路。

（5）要考虑传感器的输出特性不是线性的情况。在传感器的输出特性不是线性的情况下，可通过线性化电路来进行线性校正。现在也可通过软件由计算机进行线性化处理。

（6）接口电路要能够抗干扰，具有较好的稳定性。对噪声要进行噪声抑制，对电磁干扰要进行滤波、屏蔽和隔离。

（7）当输出信号有多个（如多点巡回检测）时，一台计算机要对它们实时分时采样，需在输入通道的某个适当位置配置多路模拟开关。另外，当模拟量变化较快时，要加采样保持器。

（8）传感器的输出信号为模拟量时，经放大、信号处理后，输入计算机前要进行模/数转换，常用转换电路有 A/D 转换器、V/F 转换器等。

三、传感器输出信号的检测电路

完成对传感器输出信号预处理的各种接口电路统称为检测电路，经检测电路预处理过的信号，应成为可供测量、控制使用及便于向计算机输入的信号形式。下面具体介绍常用电路：

1. 阻抗匹配器

（1）半导体管阻抗匹配器

半导体管阻抗匹配器是一个射极输出器电路，也被称为电压跟随器。如图 11-2 所示为其电路图，输入电阻为

$$r_i = R_b \parallel \beta R'_L \tag{11-1}$$
$$R'_L = R_e \parallel R_L \tag{11-2}$$

式中，R_L、R'_L 为负载电阻。其特点是电压放大倍数 β 小于 1 而近于 1，输出电压与输入电压同相，输入阻抗高，输出阻抗低。虽然射极输出器的电压放大倍数小于 1，但是它的输入阻抗高，可减小放大器对信号源（或前级）所取的信号电流。同时，它的输出电阻低，可减小负载变动对放大倍数的影响。另外，它对电流仍有放大作用。

在射极输出器基本电路的基础上，可以采取若干措施来进一步提高输入电阻。如图 11-3 所示为采用自举电路以提高射极输出器输入电阻的电路。其工作原理请读者自行分析。

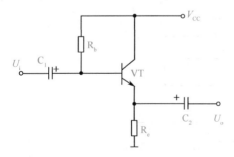

图 11-2　射极输出器电路图

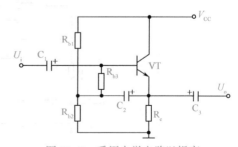

图 11-3　采用自举电路以提高
射极输出器输入电阻的电路图

（2）场效应管阻抗匹配器

场效应管阻抗匹配器为场效应管共漏极电路——源极输出器，电路如图 11-4 所示。输入电阻为

$$R_\mathrm{i} = R_\mathrm{g3} + (R_\mathrm{g1} \parallel R_\mathrm{g2}) \tag{11-3}$$

源极输出器的特点是电压放大倍数小于 1 而近于 1，输入、输出电压同相，输入阻抗高，输出阻抗低。

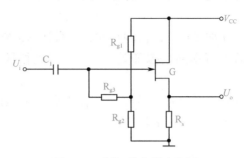

图 11-4　源极输出器电路图

为提高输入阻抗，可采用阻值高的 R_g3。但当 R_g3 很大时，自身的稳定性会变差，噪声会变大，对放大器的低噪声设计不利，所以常采用如图 11-5 所示的自举反馈电路。

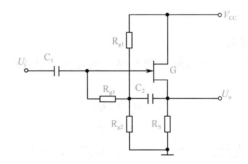

图 11-5　采用自举反馈电路的源极输出器电路图

（3）运算放大器阻抗匹配器

如图 11-6 所示为自举型高输入阻抗放大器，A_1、A_2 为理想放大器。根据虚地原理，A_1 的"-"端与"+"端电位相同均为 0；而 A_2 与 A_1 情况相同。

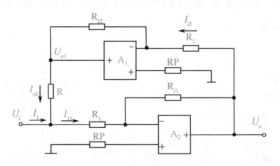

图 11-6　自举型高输入阻抗放大器

当 $R_\mathrm{f1} = R_2$，$R_\mathrm{f2} = 2R_1$ 时，经计算可得输入阻抗为

$$R_\mathrm{i} = \frac{U_\mathrm{i}}{I_\mathrm{i}} = \frac{RR_1}{R - R_1} \tag{11-4}$$

故选择适当阻值，可使 R_i 很大。若 $\dfrac{R-R_1}{R}$ 为 0.01%，$R_1=10\text{k}\Omega$，则 $R_i=100\text{M}\Omega$。

2. 电桥电路

（1）直流电桥

直流电桥主要用于测量电阻或在传感器中做 R/V 转换电路。如图 11-7 所示为直流电桥的原理图，E 为直流电源，$R_1\sim R_4$ 为直流电阻，构成四个桥臂，其输出电压为

$$U_o=\frac{R_2R_3-R_1R_4}{(R_1+R_2)\ (R_3+R_4)}\cdot E \tag{11-5}$$

电桥的平衡条件为

$$R_2R_3=R_1R_4 \tag{11-6}$$

当电桥平衡时，$U_o=0$，利用这一关系可以很方便地为传感器设置零点。

若采用如图 11-8 所示电路，此电路为全桥电路，其输出电压为

$$U_o=E\cdot\frac{\Delta R}{R} \tag{11-7}$$

其灵敏度又提高一倍，输出为线性的，且可起到温度补偿作用，因此全桥电路应用较广。

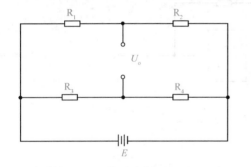

图 11-7　直流电桥原理图　　　　　图 11-8　直流全桥电路原理图

（2）交流电桥

交流电桥主要用于测量电容式传感器、电感式传感器的电容、电感的变化。

如图 11-9 所示为交流电桥电路原理图，Z_1 和 Z_2 为阻抗元件，同时为电感或电容，电桥两臂为差分方式。

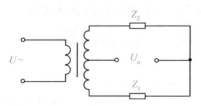

图 11-9　交流电桥电路原理图

电桥平衡条件为

$$Z_1=Z_2=Z_0 \tag{11-8}$$

式中，Z_0 为桥臂阻抗，当电桥平衡时 $U_o=0$。

测量时，若 $Z_1=Z_0+\Delta Z$，$Z_2=Z_0-\Delta Z$，则电桥输出电压为

$$U_o = \left(\frac{Z_0 + \Delta Z}{2Z_0} - \frac{1}{2}\right)U = \frac{\Delta Z}{2Z_0}U \qquad (11-9)$$

若 $Z_1 = Z_0 - \Delta Z$，$Z_2 = Z_0 + \Delta Z$，则

$$U_o = -\frac{\Delta Z}{2Z_0}U \qquad (11-10)$$

3. 放大电路

传感器的输出信号一般比较微弱，需通过放大电路将其输出的直流信号或交流信号进行放大处理，为检测系统提供高精度的信号。放大电路各种各样，以满足系统不同的精度及稳定性要求。这里仅介绍由运算放大器构成的放大电路。

（1）反相放大器

反相放大器基本电路如图11-10所示，输入信号 U_i 通过 R_1 接到反相输入端，同相输入端接地。输出信号 U_o 通过反馈电阻 R_f 反馈到反相输入端。输出电压 U_o 的表达式为

$$U_o = -\frac{R_f}{R_1}U_i \qquad (11-11)$$

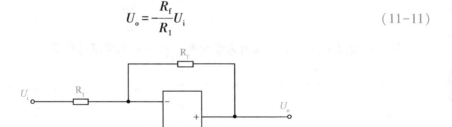

图 11-10　反相放大器基本电路

由上式可得反相放大器特点：

① 输出电压与输入电压反相。

② 放大倍数只取决于 R_f 与 R_1 的比值，既可大于1，也可小于1，具有很大的灵活性。因此反相放大器也被称为比例放大器，广泛应用于各种比例运算中。

（2）同相放大器

同相放大器的基本电路如图11-11所示，输入电压 U_i 直接接入同相输入端，输出电压通过反馈电阻 R_f 反馈到反相输入端。输出电压 U_o 的表达式为

$$U_o = \left(1 + \frac{R_f}{R_1}\right)U_i \qquad (11-12)$$

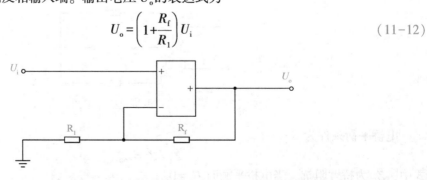

图 11-11　同相放大器基本电路

由上式可得同相放大器特点：

① 输出电压与输入电压同相。

② 放大倍数取决于 R_f 与 R_1 的比值，但数值不能小于 1（只能放大，不能缩小）。

（3）差分放大器

差分放大器的基本电路如图 11-12 所示，两个输入电压 U_1 和 U_2 分别经 R_1 和 R_2 加到运算放大器的反相输入端和同相输入端，输出电压 U_o 经反馈电阻 R_f 反馈到反相输入端。

由叠加原理可得输出电压 U_o 为

$$U_o = \left(1 + \frac{R_f}{R_1}\right) \cdot \frac{R_3}{R_2 + R_3} U_2 - \frac{R_f}{R_1} U_1 \tag{11-13}$$

令 $R_1 = R_2$，$R_f = R_3$，可得

$$U_o = \frac{R_f}{R_1}(U_2 - U_1) \tag{11-14}$$

由上式可得差分放大器的特点：

① 输出电压正比于 U_2 与 U_1 的差值。

② 抗干扰能力强，既能抑制共模信号，又能抑制零点漂移。

4. 电荷放大器

电荷放大器是一种带电容负反馈的高输入阻抗（电荷损失很少）、高放大倍数的运算放大电路，其原理图如图 11-13 所示。

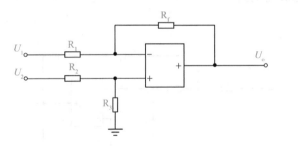

图 11-12 差分放大器基本电路

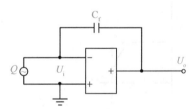

图 11-13 电荷放大器原理图

输入信号为电荷量 Q，输出信号电压 U_o 经反馈电容 C_f 反馈到反相输入端，同相端接地。由"虚地"可知 $U_i = 0$，则

$$Q = (0 - U_o) C_f \tag{11-15}$$

即

$$U_o = -\frac{Q}{C_f} \tag{11-16}$$

由上式可以看出，电荷放大器的输出电压 U_o 只与电荷 Q 和反馈电容 C_f 有关。

5. 抗干扰电路

在传感器获取的测量信号中，往往会混入一些与被测量无关的干扰信号，使测量结果产生误差，导致装置误动作，所以需采取相应措施，提取有用信号，抑制噪声等干扰信号。抑

传感器及检测技术应用（第3版）

制系统内噪声重要的是抑制噪声源，选用质量好的元器件；抑制系统间噪声要防止外来噪声的侵入，主要采用屏蔽、滤波、隔离电路等来完成。

（1）屏蔽

屏蔽就是用低电阻材料或磁性材料把元器件、传输导线、电路及组合件包围起来，以隔离内外电磁或电场的相互干扰。屏蔽可分三种，即电场屏蔽、磁场屏蔽和电磁屏蔽。电场屏蔽主要用来防止元器件或电路间因分布电容耦合产生的干扰。磁场屏蔽主要用来消除元器件或电路间因磁场寄生耦合产生的干扰，磁场屏蔽一般选用高磁导系数的磁性材料。电磁屏蔽主要用来防止高频电磁场的干扰，电磁屏蔽应选用高磁导系数的材料，如铁、镍铁合金等，利用电磁场在屏蔽金属内部产生的涡流起屏蔽作用。电磁屏蔽体可以不接地，但为防止分布电容的影响，可以使电磁屏蔽体接地，兼起电场屏蔽作用。电场屏蔽体必须可靠接地。

（2）滤波

滤波器是一种能使有用频率信号顺利通过而同时抑制（或大为衰减）无用频率信号的电子装置，可以是由 R、L、C 组成的无源滤波器，也可以是由运算放大器和 R、C 组成的有源滤波器。

滤波器的特性用幅频响应来表征。对于幅频响应，把能够通过的信号频率范围定义为通带，而把受阻或衰减的信号频率范围称为阻带。按照通带和阻带的相互位置不同，滤波电路通常可分为以下几类：

① 低通滤波器。其幅频响应如图 11-14 所示，A_1 表示低频增益，$|A|$ 为增益的幅值。由图可知，低通滤波器只允许有用的低频信号通过，而高频干扰信号被滤除。

如图 11-15 所示为一个有源低通滤波器电路。

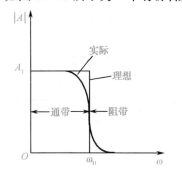

图 11-14　低通滤波器幅频响应

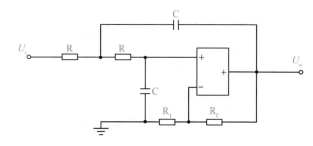

图 11-15　有源低通滤波器电路

② 高通滤波器。其幅频响应如图 11-16 所示。由图可知，与低通滤波器相反，它将低频干扰信号滤除，而让高频有用信号通过。

如图 11-17 所示为一个有源高通滤波器电路。

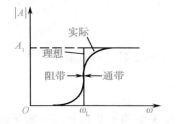

图 11-16　高通滤波器幅频响应

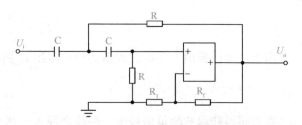

图 11-17　有源高通滤波器电路

③ 带通滤波器。其幅频响应如图 11-18 所示。由图可知，它有两个阻带，一个通带，只允许某一频带内（通带）的信号通过。而通带下限频率 ω_L 以下、上限频率 ω_H 以上的信号均被滤除。

如图 11-19 所示为一个有源带通滤波器电路。

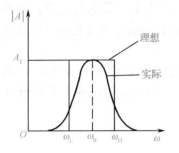

图 11-18 带通滤波器幅频响应

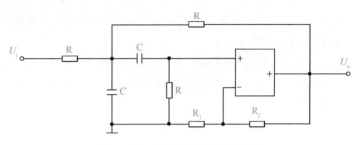

图 11-19 有源带通滤波器电路

④ 带阻滤波器。其幅频响应如图 11-20 所示。由图可知，与带通滤波器相反，它有两个通带，一个阻带，只使某一个频带内的信号被阻隔，其余部分可以通过。

如图 11-21 所示为一个有源带阻滤波器电路。

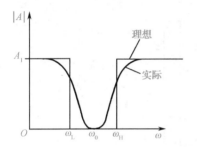

图 11-20 带阻滤波器幅频响应

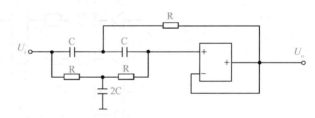

图 11-21 有源带阻滤波器电路

除以上介绍的几种滤波电路外，滤波器还有很多种，在此不再一一介绍。

（3）隔离

当前后两个电路信号端接地时，易形成环路电流，引起噪声干扰。所以需采用隔离的方法，把两个电路隔开。常用的隔离方法有两种：变压器隔离和光电隔离。

① 变压器隔离。在两个电路之间加入隔离变压器，将电路分为互相绝缘的两部分，电路上完全隔离，而输入信号经变压器以磁通耦合方式传递到输出端，这样以磁为媒介，实现了电信号的传输。

② 光电隔离。光电隔离电路由发光二极管和光电晶体管构成。如图 11-22 所示，当输入端加上电信号时，发光二极管有电流流过而发光，使光电晶体管受到光照后而导通。当输入端无电信号时，发光二极管不亮，光电晶体管截止。这样通过光电耦合的方法实现了电路的隔离，即以光为媒介，实现电信号的传输。

光电耦合能传送各种信号，一般在直流或超低

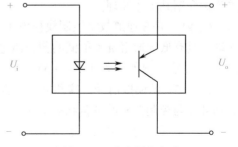

图 11-22 光电隔离电路

频测量系统中，常采用光电隔离。

四、传感器与微型计算机的连接

由检测电路预处理过的检测信号在输入计算机前还要经相应的接口电路进行处理，转换成 CPU 能直接运算处理的信号，如模拟信号要转换成数字量，而数字信号也要转换成能被计算机所接收的数字量。

不同类型的传感器，其输出信号类型不同，进入计算机前的接口电路也不同。多路模拟信号输入通道的结构比较复杂，其结构框图如图 11-23 所示，下面分别介绍各个组成单元。

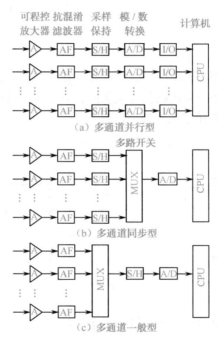

图 11-23　多路模拟信号输入通道结构框图

1. 多路模拟开关（MUX）

在有多个输入信号时，常用多路模拟开关对它们进行巡回检测，以节省 A/D 转换器和 I/O接口。这种开关的种类很多，但它们的工作原理基本上是一样的。下面以 CD4051 模拟开关为例介绍其工作原理。

CD4051 是 8 通道数字控制模拟电子开关，有三个二进制控制输入端 A、B、C 和 INH 输入端，具有低导通阻抗和很低的截止漏电流，幅值为 4.5~20V 的数字信号可控制峰值至 20V 的模拟信号。例如，若 $V_{DD} = +5V$，$V_{SS} = 0$，$V_{EE} = -13.5V$，则 $0 \sim 5V$ 的数字信号可控制 $-13.5 \sim 4.5V$ 的模拟信号。这些开关电路在整个 $V_{DD}-V_{SS}$ 和 $V_{DD}-V_{EE}$ 电源范围内具有极低的静态功耗，与控制信号的逻辑状态无关。当 INH 输入端为"1"时，所有的通道截止。三位二进制信号选通 8 通道中的一个通道，可连接该输入端至输出。

表 11-1 及图 11-24 分别为 CD4051 引脚功能说明及 CD4051 的引脚图。

表 11-1 CD4051 引脚功能说明

引 脚 号	符 号	功 能
CD4051 引脚功能说明		
1、2、4、5、12、13、14、15	IN/OUT	输入/输出端
9、10、11	A、B、C	地址端
3	OUT/IN	公共输出/输入端
6	INH	禁止端
7	V_{EE}	模拟信号接地端
8	V_{SS}	数字信号接地端
16	V_{DD}	电源（正）

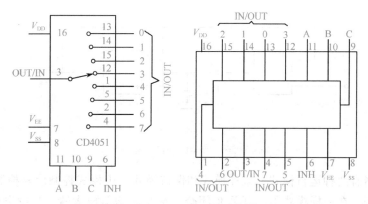

图 11-24 CD4051 的引脚图

表 11-2 为 CD4051 真值表。

表 11-2 CD4051 真值表

C	B	A	INH	"ON"
0	0	0	0	0
0	0	1	0	1
0	1	0	0	2
0	1	1	0	3
1	0	0	0	4
1	0	1	0	5
1	1	0	0	6
1	1	1	0	7
×	×	×	1	不通

2. 采样保持器（S/H）

A/D 转换芯片完成一次转换需要一定的时间。当被测量变化很快时，为了使 A/D 转换芯片的输入信号在转换期间保持不变，需要使用采样保持器。如图 11-25 所示为采样保持器工作波形示意图，图中每个采样值都会被保持到下一次采样为止。

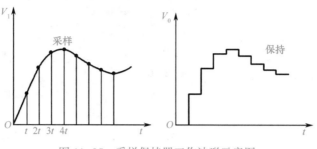

图 11-25　采样保持器工作波形示意图

如图 11-26 所示为其电路原理图，由输入/输出缓冲放大器 A_1 和 A_2、保持电容 C_H、开关 K 组成。

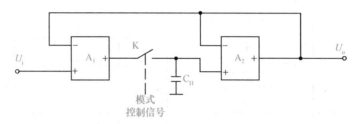

图 11-26　采样保持器电路原理图

采样保持器有两种运行模式：采样模式和保持模式，由模式控制信号控制。开关 K 受模式控制信号控制，在采样模式下，开关 K 闭合，A_1 是高增益放大器，其输出对 C_H 快速充电，使 C_H 上电压和输出电压 U_o 快速跟踪 U_i 的变化；在保持期间，开关 K 断开，由于 A_2 的输入阻抗很高，C_H 上电压保持充电电压的终值，使采样保持器的输出保持在发出保持命令时的输入值上。

随着电子技术的迅猛发展，此种保持电路已经被集成封装在一些 A/D 转换芯片当中。对于变化较快的信号，也可利用软件来达到准确采样的目的，不必使用专门的芯片来完成采样保持。

3. A/D 转换器（ADC）

A/D 转换器是集成在一块芯片上能完成模拟信号向数字信号转换的单元电路。其种类很多，按转换原理和特点的不同，可分成两大类：直接 A/D 转换器和间接 A/D 转换器。

（1）直接 A/D 转换器

直接 A/D 转换器把模拟电压直接转换为输出的数字量，而不需要经过中间变量。常用的有逐位逼近式、计数式和并行式。下面介绍逐位逼近式 ADC。

逐位逼近式 ADC 转换速度快，结构比较简单，价格不高，是计算机应用系统中最常用的一种。

逐位逼近式 ADC 的工作原理如图 11-27 所示。电路由比较器、D/A 转换器、寄存器及控制逻辑等组成。

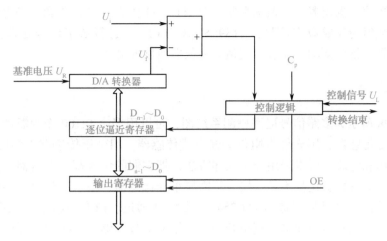

图 11-27 逐位逼近式 ADC 工作原理

转换开始前先将寄存器清零，所以 D/A 转换器输出全为零。控制信号 U_L 变为高电平时开始转换，时钟信号首先将寄存器的最高位置 1，使寄存器输出为 100…0。这个数字量被 D/A 转换器转换成相应的模拟电压 U_f，并送到比较器与输入信号 U_i 进行比较。如果 $U_f>U_i$，说明数字过大了，则这个 1 应去掉；如果 $U_f<U_i$，说明这个数字还不够大，这个 1 应予以保留。再按同样的方法将次高位置 1，并比较 U_f 与 U_i 的大小以决定这一位的 1 是否应当保留。这样逐位比较下去，直到最低位比较完为止，这时寄存器所存的结果就是所求的输出数字量。

（2）间接 A/D 转换器

间接 A/D 转换器（ADC）将模拟电压先变成中间变量，再将中间变量变成数字量。常用的有 U/T 变换型和 U/F 变换型两类。

① U/T 变换型。U/T 变换型 ADC 先把输入的模拟电压信号转换成与之成正比的时间宽度信号，然后在这个时间宽度里对固定频率的时钟脉冲计数，计数的结果就是正比于输入模拟电压的数字信号。

应用最广的是双积分式 ADC，其线性和噪声消除特性好、精度高、价格低，缺点是转换时间长，一般仅适用于变化缓慢的传感器输出信号的转换，如热电偶等。

② U/F 变换型。U/F 变换型 ADC 先把输入的模拟电压信号转换成与之成正比的频率信号，然后在一个固定的时间间隔里对得到的频率信号计数，所得到的计数结果就是正比于输入模拟电压的数字量。

U/F 变换型 ADC 在转换线性度、精度、抗干扰能力和积分输入特性等方面有独特的优点，且接口简单，占用计算机资源少；缺点是转换速度低。在遥测、遥控传输距离较远的低速模拟输入通道中，获得了越来越多的应用。

任务分析

在电厂和变电站中，电网中的电压和电流值由于多种原因常常处于波动状态，为了给工作人员提供有效数据，并在超值范围内采取有效措施，监测电网中的电压和电流值是非常必要的。另外，变电站为了能较好地保持高压线路的畅通，还要检测其他一些参数，如环境温度、湿度、大气压强、风力及光照等。由于大的电厂和变电站要检测的线路多，这样使得总的要检测的参数信号也较多。该系统主要采用 TLC2543 作为 A/D 转换器，把电压和电流等其他参数的实时数值转换成数字信号，AT89C52 作为 CPU，进行数字信号处理，PS7219 作为LED 显示驱动器，把监测的电压和电流值等参数巡回显示出来。

如图 11-28 所示为多路信号巡回检测系统图，可以用多个 Pt100 作为温度传感器，用湿敏电容作为湿度传感器，用光敏电阻作为光电式传感器，用微压传感器来感应气压和风力。至于电网的电压和电流，可以采用分压取样方法，把它们的信号都经变送器转换为 0~5V 电压信号。由于这些参数变化都不是很快，不需要采样保持器，输入通道只由多路模拟开关和A/D 转换器组成。A/D 转换器选用 TLC2543，其为 11 通道、12 位 ADC，且内部具有 11 通道选通模拟开关，因此不需另加多路模拟开关。如果通道数不够，有些参数可以采用数字式的传感器直接与单片机的 I/O 口相连接，如检测温度可以使用 DS18B20 数字式温度传感器；有些参数可将其信号转化成脉冲信号来计数，如检测高压的工作频率。系统的参数检测可以按如图 11-28所示连接方式完成。

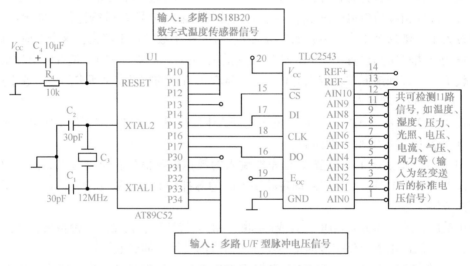

图 11-28　多路信号巡回检测系统图

1. 在设计制作时要注意的问题

（1）电源去耦

当使用 TLC2543 这种 12 位 A/D 转换器时，每个模拟 IC 的电源端必须用一个 0.1μF 的陶瓷电容连接到地，用作去耦电容。在噪声影响较大的环境中，建议每个电源和陶瓷电容端并联一个 10μF 的钽电容，这样能够减少噪声的影响。

（2）接地

对模拟元器件和数字元器件，电源的地线回路必须分开，以防止数字部分的噪声电流通过模拟地回路引入，产生噪声电压，从而对模拟信号产生干扰。所有的地线回路都有一定的阻抗，因此地线要尽可能宽，以减小阻抗，连线应当尽可能短，如果使用开关电源，则开关电源要远离模拟元器件。

（3）电路板布线

使用 TLC2543 时一定要注意电路板的布线，电路板的布线要确保数字信号和模拟信号隔开，模拟线和数字线特别是时钟信号线不能互相平行，也不能在 TLC2543 芯片下面布数字信号线。

2. 功能实现

通过 LED 显示，能很直观地观察到各个参数的变化情况，改变环境参数看各信号是否随之变化。

 阶段小结

传感器接口电路对于传感器和计算机控制的检测系统是一个非常重要的连接环节，其性能的好坏直接影响到整个系统的测量精度和灵敏度。接口电路实际上就是输入通道，包括信息检测电路和与计算机连接的电路。前者主要包括阻抗匹配器、电桥电路、放大电路及滤波电路等，其作用是将传感器输出的微弱信号提取出来；后者是将检测电路预处理过的信号转换成能被计算机接收的信号，主要电路有多路模拟开关、采样保持器及 A/D 转换器等。

接口电路多种多样、功能各异、型号繁多，学习时一定要弄清楚各种接口电路的原理及用途，结合具体系统要求选择使用。

习题与思考题

1. 传感器接口电路的作用是什么？
2. 输入通道有哪几种结构？是根据什么来确定的？
3. 运算放大电路有哪几种类型？分别写出输出与输入信号的关系式。
4. 直流电桥电路中哪种接法灵敏度最高？
5. 简述滤波电路的类型及各自对信号的处理方式。
6. 常用隔离电路有哪几种？各自是通过什么方式进行电路隔离的？
7. A/D 转换器可分为哪几类？各有什么优缺点？
8. 试说明逐位逼近式 ADC 的工作原理。

模块十二　传感器技术综合应用实例

课题一　机器人传感器

任务：机器人传感器应用实例分析

任务目标

★ 了解集多种不同传感器为一体的机器人传感器的定义；
★ 了解机器人传感器的特点及分类。

知识积累

一、机器人传感器概述

前面的模块分别介绍了不同传感器的工作原理和应用实例，基本上为每个设备都设计了独立的传感器，但其设备功能是单一的。本模块介绍集多种不同类型的传感器为一体且具有一定智能和明显代表性的两种传感技术应用实例，即机器人传感器和汽车用传感器。

关于机器人，我们都不陌生，那什么叫机器人呢？可以给它下个定义：计算机控制的、能模拟人的感觉、手工操纵，具有自动行走能力而又足以完成有效工作的装置，称为机器人。按照其功能机器人已经发展到第三代，而传感器在机器人的发展过程中起着举足轻重的作用。第一代机器人是一种进行重复性操作的机械，主要指通常所说的机械手，它虽配有电子存储装置，能记忆重复动作，然而因未采用传感器，所以没有适应外界环境变化的能力。第二代机器人已初步具有感觉和反馈控制的能力，能进行识别、选取和判断，这是由于采用了传感器，机器人具备了初步的智能。因而传感器的采用与否已成为衡量第二代机器人的重要特征。第三代机器人为高级的智能机器人，"计算机化"是这一代机器人的重要标志。计算机处理的信息必须要通过各种传感器来获取，因而这一代机器人需要有更多的、性能更好的、功能更强和集成度更高的传感器。

机器人传感器可以定义为一种能把机器人目标特性（或参量）变换为电量的输出装置。机器人通过传感器实现类似于人类知觉的功能，它具有类似人的肢体及感官功能；动作灵活；有一定程度的智能；在工作时可以不依赖人的操纵。

随着技术的发展，机器人应用范围日益扩大，要求它从事的工作越来越复杂，对变化的环境有更强的适应能力，要求能进行更精确的定位和控制，因而传感器的应用不仅十分必要，而且对其提出了更高的要求。

二、机器人传感器的特点

机器人传感器可分为机器人内部传感器和机器人外部传感器两大类。

机器人内部传感器的功能是测量运动学及动力学参数，其提供信息的目的是控制机器人按规定的位置、轨迹、速度、加速度和受力大小来工作，以便调整和控制机器人的行为。

机器人外部传感器和人的视、听、嗅、味、触五种感觉相对应，故也称为感觉传感器。

感觉传感器的特点：

① 传感器包括信息获取和处理两部分，两者密切结合。

② 传感器检测的信息直接用于控制，以决定机器人的行动。

③ 与过程控制传感器不同，感觉传感器具有既能检测信息又能随环境状态大幅度变化的功能，因此收集新信息能力强。

④ 传感器对敏感材料的柔性和功能有特定要求。

由此可见感觉传感器不仅包括传感器装置本身，而且必须包含传感器信息处理装置。

三、机器人传感器的分类

机器人用外界检测传感器的分类见表12-1。

表 12-1　机器人用外界检测传感器的分类

传 感 器	检测内容	检测元器件	应 用
触觉	接触	限制开关	动作顺序控制
	把握力	应变计、半导体感压计	把握力控制
	荷重	弹簧变位测量计	张力控制、指压力控制
	分布压力	导电橡胶、感压高分子材料	姿势、形状判别
	多元力	应变计、半导体感压元器件	装配力控制
	力矩	压阻元器件、电动机电流计	协调性控制
	滑动	光学旋转检测器、光纤	滑动判定、力控制
接近觉	接近	光电开关、LED、激光	动作顺序控制
	间隔	红外光电晶体管、光电二极管	障碍物躲避
	倾斜	电磁线圈、超声波传感器	轨迹移动控制、探索
视觉	平面位置	ITV 摄像机、位置传感器	位置决定、控制
	距离	测距器	移动控制
	形状	线图像传感器	物体识别、判别
	缺陷	面图像传感器	检查、异常检测
听觉	声音	麦克风	语言控制（人机接口）
	超声波	超声波传感器	移动控制
嗅觉	气体成分	气体传感器、射线传感器	化学成分探测
味觉	味道	离子传感器、pH 计	化学成分探测

1. 触觉传感器

机器人的触觉，实际上是对人的触觉的某些模仿。它是指机器人和对象之间直接接触的感觉。

机器人的触觉主要可实现两方面的功能：

① 检测功能：对操作检测进行物理性质的检测，如检测表面光洁度、硬度等。其目的是感知危险状态，实施自我保护；另外可灵活地控制手指及关节的操作对象，使操作具有适应性和顺从性。

② 识别功能：识别操作对象的形状（如识别接触到的表面形状）。人的触觉是四肢和皮肤对外界物体的一种物性感知，为了感知被接触物体的特性及传感器接触物体后自身的状况，如是否握牢物体和物体在传感器何部位。常使用的触觉传感器有机械式（如微动开关）针式差分变压器、含碳海绵及导电橡胶等几种。当有接触力作用时，这些传感器的通断方式决定输出高、低电平，实现传感器对物体的感知。

2. 接近觉传感器

接近觉传感器是检测物体与传感器距离信息的一种传感器，它能感知几毫米至几十厘米的距离，利用距离信息测出物体的表面状态。

接近觉传感器有电磁感应式、光电式、电容式、气动式、超声波式和红外式等类型。下面以电磁感应式为例来分析检测对象为金属时的工作原理。

如图 12-1 所示，一个铁芯套着磁线圈 L_0 及可以连接成差分电路的检测线圈 L_1 和 L_2，当有金属物体接近时，金属产生的涡流使磁通量 Φ 发生变化，两个检测线圈和物体的距离不等，使差分电路失去平衡，输出随和物体的距离不同而不同。

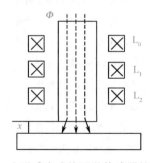

图 12-1　电磁感应式接近觉传感器的工作原理

3. 视觉传感器

视觉传感器的工作过程可分为视觉检测、视觉图像分析、描绘和识别四个主要步骤。

（1）视觉检测

视觉检测主要利用图像信号输入设备，将视觉信息转换成电信号常用的图像信号，常用输入设备有摄像管和固态图像传感器。摄像管分为光导摄像管（如电视摄像装置中用的摄像头）和析像管两种，前者是存储型的，后者是非存储型的。

输入到视觉检测部件的信息有亮度、距离和颜色等，这些信息一般可以通过电视摄像机获得，亮度信息用 A/D 转换器按 4～10bit 量化，再以矩阵形式构成数字图像存于计算机内，若采用彩色摄像机可获得各点的颜色信息，对三维空间还必须处理距离信息。常用于处理距离信息的方法有光投影法和立体视法。光投影法是向被测物体投以特殊形式的光束，然后检测反射光，即可获得距离信息。

（2）视觉图像分析

视觉图像分析是指把摄取到的所有信息去掉杂波及无价值像素，重新把有价值的像素按线段或区域等排列成有效像素集合。被测图像被划分为各个组成部分的预处理过程称为视觉图像分析。

（3）描绘

图像信息的描绘是指利用求取平面图形的面积、周长、直径、孔数、顶点数二阶矩、周长平方与总面积之比，以及直线数目、弧的数目、最大惯性矩和最小惯性矩之比等方法，把这些方法中所隐含的图像特征提取出来的过程。因此，描绘的目的是从物体图像中提取特征。

（4）识别

识别是指对描绘过程的物体给予标志，如标志为钳子、螺帽等。它必须包括信息获取和处理两部分，才能把物体特征通过分析处理、描绘识别出来。从一定意义上说，一个典型视觉传感器的结构原理框图如图 12-2 所示。

图 12-2 典型视觉传感器的结构原理框图

4. 听觉传感器

听觉也是机器人的重要感觉之一，用计算机技术、语音处理及识别技术已能识别讲话的人，还能正确理解一些简单的语句。但是距离机器人完全正确地识别复杂的语言，尽可能地接近人耳还相差甚远。

从应用的目的来看，可以将声音识别的系统分为两大类：

（1）发音人识别系统。发音人识别系统的任务是判别接收到的声音是否是事先指定的某个人的声音，也可以判别是否是事先指定的一批人中的哪个人的声音。

（2）语义识别系统。语义识别系统可以判别语音是什么字、短语、句子，而不管说话人是谁。

机器人听觉系统中的听觉传感器的基本形态与话筒相似，所以声音的输入端方面问题较小，其工作原理多为压电效应、磁电效应，在前面几个模块中已介绍，在此不再赘述。

5. 嗅觉传感器

嗅觉传感器主要采用气体传感器、射线传感器，用于检测空气中的化学成分、浓度等，在存在放射线、高温煤气、可燃性气体及其他有毒气体的恶劣环境中，开发机器人嗅觉传感器，对于检测上述有害成分是非常重要的。

6. 味觉传感器

模仿人的味觉，我们要做出一个好的机器人味觉传感器还要不懈地努力，一般在发展离子传感器与生物传感器的基础上配合计算机进行信息的组合来识别各种味道。通常味觉是指对液体进行化学成分分析，实用的味觉识别设备有 pH 计和化学分析器等。

 任务分析

下面以塔米 116E 双足类人机器人为例来分析机器人的工作原理，其外形如图 12-3 所示。

图 12-3 塔米 116E 双足类人机器人外形图

116E 双足类人机器人具有 16 个自由度，采用了智能技术，通过同步控制可以实现多个机器人同时进行表演，可以模拟人类的前进、后退、转弯、横向跨步、前滚翻、后滚翻、侧手翻、单腿支撑蹲起、倒立、做俯卧撑及伏地起身等各种各样的动作。通过和机器人硬件配套的操控软件，用户可以进行二次开发，用软件平台编写出许多个性化的有趣的组合动作。如图 12-4 所示为步态行走原理图，如图 12-5 所示为结构原理图。

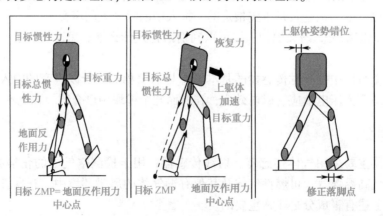

图 12-4 步态行走原理图

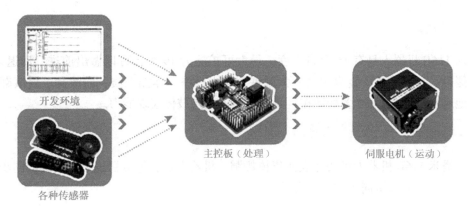

图 12-5　结构原理图

任务设计

如图 12-6 所示为机器人的整体框图。其基本特性为：

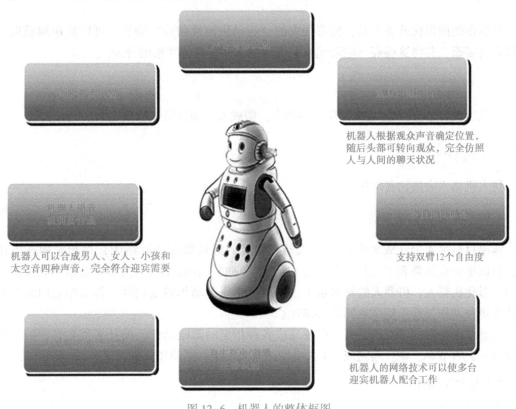

机器人根据观众声音确定位置，随后头部可转向观众，完全仿照人与人间的聊天状况

机器人可以合成男人、女人、小孩和太空音四种声音，完全符合迎宾需要

支持双臂 12 个自由度

机器人的网络技术可以使多台迎宾机器人配合工作

图 12-6　机器人的整体框图

1. 平衡能力强

塔米 116E 机器人内置倾角传感器和陀螺仪，无论向哪个方向摔倒，机器人不需要人扶就可以自行站立起来；机器人在走路或表演舞蹈时，陀螺仪可以帮助机器人保持平衡，保证机器人顺利完成各种高难度动作。

2. 动作丰富

塔米116E机器人具有16个自由度，最大可扩展为19个，可以做出前进、后退、转弯、下蹲、侧翻、单腿下蹲、金鸡独立、大鹏展翅、太极拳、体操表演、前滚翻、后滚翻、俯卧撑、伏地起身及倒立等60多种动作，具有丰富的类人肢体表现能力。

3. 精准同步

多台塔米116E机器人可协作表演集体舞蹈、机器人乐队等节目。采用精确的同步控制技术能确保多个机器人协同工作、配合默契。

4. 可扩展性

塔米116E机器人可扩充声音、测距和加速度等高性能传感器及语音合成、摄像头等高性能模块。

5. 自定义舞蹈

易操作的图形化开发工具，拥有强大的"运动快照及联动"功能，可以快速地捕捉多个机器人的姿态，并将这些姿态联动起来，极大地方便了自创舞蹈的开发。

6. 外壳坚固

高强度的合金材料和ABS工程塑料外壳，防碰撞，确保机体质量上乘。

 任务实现

仿人机器人表演比赛举例：

1. 仿人机器人舞蹈表演比赛

该项目是由4个（或8个）仿人机器人构成的群机器人（舞蹈队）在指定的音乐伴奏下，协调地完成跳舞表演（指定的动作）的比赛项目。在这里仿人机器人是指具有双臂、双腿的人形化机器人，机器人的舞蹈水平主要取决于每种动作的复杂性、各动作之间的圆滑连接性及每种动作与音乐旋律之间的协调性。

比赛要求参赛的所有机器人不但要完成各种指定的舞蹈动作，而且必须在自定的音乐旋律控制下，有节奏、整齐地完成。4人组舞蹈与8人组舞蹈动作分别如下：

4人组舞蹈动作：
整齐地入场；
表演开始与结束时做行礼动作；
双臂与双腿同时协调动作（任意）；
在单腿站立和弯腰条件下双臂挥动；
左翻滚或右翻滚；
自动卧倒与起立；

匍匐前进；

双手拍掌双腿蹬地。

8 人组舞蹈动作：

整齐地入场；

表演开始与结束时做行礼动作；

双臂与双腿同时协调动作（任意）；

在单腿站立和弯腰条件下双臂挥动；

左翻滚或右翻滚；

卧倒与起立；

"千手观音"；

双手拍掌双腿蹬地。

2. 仿人机器人拳击比赛

拳击是考验一个机器人能否猛烈地打击对方使对方倒地或在对方的猛烈打击条件下能否抵挡住或保持平衡的对抗赛。如果说机器人舞蹈主要表现机器人的动作技巧与机器人的协调与合作能力，那么拳击主要表现机器人如何产生爆发力，并且打中对方的要害部分（头部），将对方机器人打倒。

3. 仿人机器人击剑比赛

击剑是考验一个机器人利用长剑能否猛烈地刺杀对方要害部分（胸部）或在对方的激烈的攻击条件下能否抵挡或避免被刺杀能力的对抗赛。如果说机器人拳击主要表现机器人如何产生爆发力，把对方打倒，那么机器人击剑主要表现机器人如何用剑（武器）精确地攻击对方的要害部位（胸部）。

4. 仿人机器人竞技表演比赛

（1）短跑比赛。该项目是机器人从起点快步跑到终点（距离为 1.2m），再由终点倒退跑回到起点的比赛项目，这种比赛项目主要考验步行速度。

（2）点球比赛。该项目是参赛的两个球队中，若某一方为守门员，则另一方为攻手；反过来若某一方为攻手，则另一方为守门员，轮流交换攻手进行射门的比赛项目。

（3）举重比赛。该项目是考验机器人在各种姿态条件下举重负荷能力的比赛项目。

课题二　汽车用传感器

任务：磁电式汽车轮速传感器实例分析

任务目标

★ 掌握汽车用传感器的分类；

★ 了解汽车用传感器的工作原理。

 知识积累

随着电子技术的发展，汽车电子化程度不断提高，传统的机械系统已经难以解决某些与汽车功能要求有关的问题，而逐渐被电子控制系统代替。传感器就是根据规定的被测量的大小，定量提供有用的电输出信号的部件。传感器作为汽车电控系统的关键部件，直接影响汽车技术性能的发挥。目前，一辆普通家用轿车上大约要安装几十到近百个传感器，而豪华轿车上的传感器数量可达两百多个。传感器在汽车上主要用在发动机控制系统、底盘控制系统、车身控制系统和导航系统中。

1. 发动机控制系统用传感器

发动机控制系统用传感器是整个汽车用传感器的核心，种类很多，包括温度传感器、压力传感器、转速和角度传感器、流量传感器、位置传感器、气体浓度传感器、爆震传感器等。这些传感器向发动机的电子控制单元（ECU）提供发动机的工作状况信息，供 ECU 对发动机工作状况进行精确控制，以提高发动机的动力性，降低油耗，减少废气排放和进行故障检测。由于发动机工作在高温（发动机表面温度可达 150℃，排气管温度可达 650℃）、振动（加速度可达 30g）、冲击（加速度可达 50g）、潮湿（100%RH，−40~120℃），以及蒸汽、烟雾、腐蚀和油泥污染的恶劣环境中，因此发动机控制系统用传感器耐恶劣环境的技术指标要比一般工业用传感器高 1~2 个数量级，其中最关键的是测量精度和可靠性。否则，由传感器带来的测量误差将最终导致发动机控制系统难以正常工作或产生故障。

（1）温度传感器

温度传感器主要用于检测发动机温度、进气温度、冷却水温度、燃油温度及催化温度等。温度传感器有线绕电阻式、热敏电阻式和热偶电阻式三种主要类型。三种类型传感器各有特点，其应用场合也略有区别。线绕电阻式温度传感器的精度高，但响应特性差；热敏电阻式温度传感器灵敏度高，响应特性较好，但线性度差，适应温度较低；热偶电阻式温度传感器的精度高，测量温度范围宽，但需要配合放大器和冷端处理一起使用。已实用化的产品有热敏电阻式温度传感器（通用型 −50~130℃，精度 1.5%，响应时间 10ms；高温型 600~1000℃，精度 5%，响应时间 10ms）、铁氧体式温度传感器（ON/OFF 型，−40~120℃，精度 2.0%）、金属或半导体膜空气温度传感器（−40~150℃，精度 2.0%、5%，响应时间 20ms）等。

（2）压力传感器

压力传感器主要用于检测汽缸负压、大气压，涡轮发动机的升压比，汽缸内压、油压等。吸气负压式传感器主要用于吸气压、负压、油压检测。汽车用压力传感器应用较多的有电容式、压阻式、差分变压器（LVDT）式和表面弹性波（SAW）式等。电容式压力传感器主要用于检测负压、液压、气压，测量范围为（20~100）kPa，具有输入能量高，动态响应特性好、环境适应性好等特点；压阻式压力传感器受温度影响较大，需要另设温度补偿电路，但适宜于大量生产；LVDT 式压力传感器有较大的输出，易于数字输出，但抗干扰性差；SAW式压力传感器具有体积小、质量小、功耗低、可靠性高、灵敏度高、分辨率高及易于数字输出等特点，用于汽车吸气阀压力检测，能在高温下稳定地工作，是一种较为理想的传感器。

（3）转速和角度传感器

转速和角度传感器主要用于检测曲轴转角、发动机转速和车速等，主要有发电机式、磁阻式、霍尔效应式、光学式和振动式等。转速和角度传感器种类繁多，有检测车轮旋转的，也有检测动力传动轴转动的，还有检测差速从动轴转动的。当车速高于 100km/h 时，一般测量方法误差较大，为此而开发了非接触式光电速度传感器，测速范围为（0.5~250）km/h，重复精度 0.1%，距离测量误差优于 0.3%。

（4）氧传感器

氧传感器安装在排气管内，测量排气管中的含氧量，确定发动机的实际空燃比与理论值的偏差，控制系统根据反馈信号调节可燃混合气的浓度，使空燃比接近于理论值，从而提高经济性，降低排气污染。实际应用的是氧化锆和氧化钛传感器。

（5）流量传感器

流量传感器主要用于发动机空气流量和燃料流量的测量。空气流量的测量用于发动机控制系统确定燃烧条件，控制空燃比、启动和点火等。空气流量传感器（空气流量计）有旋转翼片式（叶片式）、卡门涡旋式、热线式和热膜式等类型。旋转翼片式（叶片式）空气流量计结构简单，测量精度较低，测得的空气流量需要进行温度补偿；卡门涡旋式空气流量计无可动部件，反应灵敏，精度较高，也需要进行温度补偿；热线式空气流量计测量精度高，不需要温度补偿，但易受气体脉动的影响，易断丝；热线式空气流量计和热膜式空气流量计测量原理一样，但体积小，适合大批量生产，成本低。空气流量传感器的主要技术指标：工作范围为 0.11~103m³/min，工作温度为 -40~120℃，精度≤1%。燃料流量传感器用于检测燃料流量，主要有水轮式和循环球式，其动态范围为 0~60kg/h，工作温度为 -40~120℃，精度 ±1%，响应时间小于 10ms。

（6）爆震传感器

爆震传感器用于检测发动机的振动，通过调整点火提前角来避免发动机发生爆震。可以通过检测汽缸压力、发动机机体振动和燃烧噪声三种方法来检测爆震。爆震传感器有磁致伸缩式和压电式。磁致伸缩式爆震传感器的使用温度为 -40~125℃，频率范围为（5~10）kHz；压电式爆震传感器在中心频率 5.417kHz 处，其灵敏度可达 200mV/g，在振幅为 0.1~10g 范围内具有良好线性度。

2. 底盘控制系统用传感器

底盘控制系统用传感器是指分布在变速器控制系统、悬架控制系统、动力转向系统、防抱死制动系统中的传感器，在不同系统中作用不同，但其工作原理与发动机中的传感器是相同的，主要有以下几种形式的传感器：

（1）变速器控制传感器

变速器控制传感器多用于电控自动变速器的控制。它是根据车速传感器、加速度传感器、发动机负荷传感器、发动机转速传感器、水温传感器、油温传感器检测后所获得的信息，经处理后使电控装置控制换挡点和液力变矩器锁止，实现最大动力和最佳燃油经济性。

（2）悬架系统控制传感器

悬架系统控制传感器主要有车速传感器、节气门开度传感器、加速度传感器、车身高度传感器、转向盘转角传感器等。根据检测到的信息自动调整车高，抑制车辆姿态的变化，实现对车辆舒适性、操纵稳定性和行车稳定性的控制。

（3）动力转向系统传感器

它根据车速传感器、发动机转速传感器、转矩传感器等使动力转向电控系统实现转向操纵轻便，提高响应特性，减少发动机损耗，增大输出功率，节省燃油等。

（4）防抱死制动传感器

它根据车轮角速度传感器检测车轮转速，在各车轮的滑移率为20%时，控制制动油压、改善制动性能，确保车辆的操纵性和稳定性。

3. 车身控制系统用传感器

采用这类传感器的主要目的是提高汽车安全性、可靠性、舒适性等，主要有应用于自动空调系统中的多种温度传感器、风量传感器、日照传感器等，安全气囊系统中的加速度传感器，亮度自控中的光传感器，死角报警系统中的超声波传感器及图像传感器等。

4. 汽车用传感器技术研究开发趋势

未来的汽车用传感器技术，总的发展趋势是多功能、集成化、智能化。多功能是指一个传感器能检测两个或两个以上的特性参数或化学参数；集成化是指利用 IC 制造技术和精细加工技术制作 IC 式传感器；智能化是指传感器与大规模集成电路相结合，带有 MPU，具有智能作用。新近研发的汽车用传感器具有如下特点：数字化信号输出，线性化微处理器补偿，传感器信号共用和加工，传感器间接测量，复合传感器信号处理，IC 化和精细加工等。由于传感器在电控系统中具有重要作用，所以世界各国对其理论研究、新材料应用及产品开发都非常重视。

任务分析

磁电式汽车轮速传感器整体框图如图 12-7 所示。

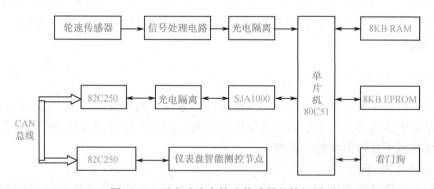

图 12-7　磁电式汽车轮速传感器整体框图

车轮绕轮轴旋转的线速度传感器（简称轮速传感器）广泛地应用在汽车上，是防抱死制动系统（ABS）的关键部件之一，其性能的好坏直接决定了 ABS 性能的高低。

轮速传感器系统的硬件以 80C51 单片微机为核心（外部扩展为 8KB RAM 和 8KB EPROM），外部电路有信号处理电路、总线控制及总线接口等电路。

轮速传感器产生的信号经滤波、整形、光电隔离后，送 80C51 的 INT0 输入引脚。T1 做定时器使用，对脉冲信号进行周期性测量。独立 CAN 控制器 SJA1000 与 CAN 总线收发器 82C250 组成 CAN 总线的控制和接口电路，能保证多个测控节点较快地传输数据。在轮速传感器的设计中，充分考虑了其抗干扰和稳定性，单片机的输入/输出端均采用光电隔离，用看门狗定时器（MAX813）进行超时复位，确保系统可靠工作。

任务设计

轮速传感器为磁电式，工作稳定可靠，几乎不受温度、灰尘等环境因素影响，在目前的汽车中广泛采用，如图 12-8 所示。变磁阻式轮速传感器由定子和转子组成，定子包括感应线圈和磁头（永久磁铁构成的磁极）；转子可以是齿圈或齿轮两种形式，齿轮形式的转子如图 12-8（a）所示。在安装时，磁头固定在磁板固定架上，固定架固定在轴上，齿圈通过轮毂与转鼓连为一体，轴通过车轮与内部的轴承配合，如图 12-8（b）所示。

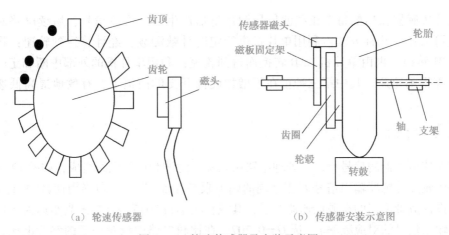

（a）轮速传感器　　　　　　　　　　（b）传感器安装示意图

图 12-8　轮速传感器及安装示意图

转子的转速与车轮的角速度成正比。转鼓带动车轮转动，传感器转子的齿顶、齿间的间隙交替地与磁极接近、离开，使定子感应线圈中的磁场周期性变化，在线圈中感应出交流正弦波信号。控制实验台使车轮运转在各种工况下，对传感器输出信号进行测量。实验结果表明：

① 变磁阻式轮速传感器产生的信号为接近零均值的正弦波信号。

② 信号幅值受气隙间隔（磁头与齿轮间的气隙，一般在 1.0mm 左右为理想值）和车轮转速的影响，气隙间隔越小，车轮转速越高，则正弦波信号的幅值越大。

③ 信号频率受齿圈的齿数和车轮转速的影响，为每秒钟经过磁头线圈的齿数，即等于线圈齿数乘以每秒钟的轮速。

轮速传感器产生的信号如图 12-9 所示。

实验模拟的是 BJ212 车型的前轮，用转鼓转速模拟车速。当控制转鼓转速为 3km/h 时，88 齿的传感器产生正弦波信号的幅值约为 1V，其频率为 31Hz；当控制转鼓转速为 100km/h 时，传感器产生的正弦波信号的幅值约为 7V，其频率为 1037Hz。受齿轮加工产生的毛刺和其他环境因素的影响，实际信号为在上述信号中叠加了一定成分的干扰信号。

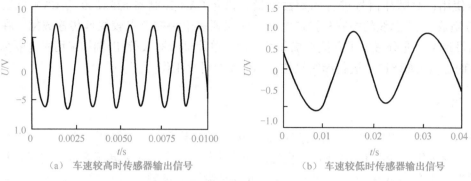

（a）车速较高时传感器输出信号　　　　　　　（b）车速较低时传感器输出信号

图 12-9　轮速传感器产生的信号

 任务实现

将轮速传感器输出的每个正弦波信号调理整形产生一个方波信号，后续电路对方波信号的处理可有以下几种方法：利用单片机进行定时计数测频，经计算得到轮速；将方波信号进行 F/U 转换，再由单片机 A/D 转换而得到轮速；利用单片机的外部中断和定时器测周期，经计算得到轮速。其中第三种可在不增加硬件开支的前提下，有效地提高低速时的测量准确度。

1. 信号处理电路

根据轮速传感器的信号特性，处理电路由限幅、滤波和比较电路组成，如图 12-10 所示。限幅电路将轮速传感器输出信号 U_i 正半周的幅值限制在 5V 以下，负半周使其输出为 -0.6V。滤波电路设计成带反馈的有源低通滤波器，其截止频率为 2075Hz（按最高车速为 200km/h 设计传感器输出信号的对应频率），选 $Q = 0.707$。在比较电路中设置一定的参考电压，与滤波器输出信号比较后输出方波信号。LM311N 输出方波的幅值为 10V，经 R_4、R_5 分压以后得幅值为 5V 的方波信号送光电隔离器。

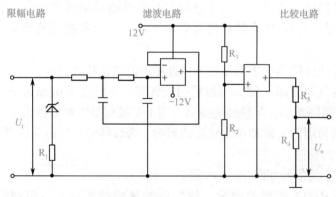

图 12-10　信号处理电路

2. 总线接口电路

总线接口电路包括传感器与 CAN 总线接口和仪表板节点与 CAN 总线接口。通过总线接口电路实现传感器和节点间的数据、控制指令和状态信息的传送。使用总线接口容易形成总线型网络的车辆局域网拓扑结构，具有结构简单、成本低、可靠性较高等特点。

传感器与 CAN 总线的接口以 CAN 控制器 SJA1000 为核心，通过 82C250 实现传感器与物理总线的接口。

CAN 总线物理层和数据链路层的所有功能由通信控制器 SJA1000 完成。SJA1000 具有编程时钟输出、可编程的数据传输速率（最高达 1Mbps）、可编程的输出驱动器组态、可组态的总线接口、用识别码信息定义总线访问优先权等特性。控制器使用方便、价格便宜，工作环境温度范围（-40~125℃）特别适合汽车及工业环境使用。82C250 作为 CAN 总线控制器和物理总线间的接口，是为汽车信息高速传输（最高为 1Mbps）设计的，它提供对 CAN 控制器的差动接收功能和对总线的差动发送能力，完全与 ISO 11898 标准兼容。在运动环境中，具有抗瞬变、抗射频和抗电磁干扰性能，内部的限流电路具有电路短路时对传送输出级进行保护的功能。

SJA1000、82C250 的信号电平与 TTL 兼容，可直接连接。为提高可靠性和抗干扰性能，在设计中，它们之间用光电隔离。SJA1000 的 RD、WR、ALE、INT 分别与 80C51 的 RD、WR、ALE、INT0 引脚相连。80C51 的 P0.0~P0.7 与 SJA1000 的 AD0~AD7 连接，80C31 和 SJA1000 用统一的 5V 电源供电，给 SJA1000 的 RX1 脚提供约 $0.5U_{cc}$ 的维持电位。82C250 的 CANH、CANL 间并接 120Ω 匹配电阻后接至物理总线，R_s 引脚接地，选择高速方式。传输介质采用屏蔽线，以提高总线的抗干扰能力。

 阶段小结

本模块是在讲完前面常用传感器工作原理后，用两个具有代表性，且集多种传感器为一体的综合应用实例，即机器人传感器和汽车用传感器进行介绍，其目的在于开阔学生的眼界，掌握传感器综合应用的工作原理。随着现代科学技术的进步，新的物理、化学与生物效应等将会被发现，新的功能材料将诞生，更多的新型传感器和综合应用也会陆续产生。由于篇幅的限制，本模块介绍的内容并不多，学生可自行进行扩展阅读。

习题与思考题

1. 简述机器人传感器的特点。
2. 机器人传感器主要有哪些种类？
3. 简述汽车用传感器的类型。
4. 汽车用传感器的特点是什么？
5. 到图书馆或上网查找资料，都有哪些设备采用多种传感器，试进行归类总结。
6. 本书到目前为止共介绍了哪些传感器，试根据不同原理进行归类总结。

参 考 文 献

[1] 刘迎春,叶湘滨. 现代新型传感器原理与应用[M]. 北京:国防工业出版社,2000.

[2] 金发庆. 传感器技术与应用(第3版)[M]. 北京:机械工业出版社,2012.

[3] 何希才. 传感器及其应用电路[M]. 北京:电子工业出版社,2001.

[4] 李喻芳. 传感技术[M]. 成都:电子科技大学出版社,1999.

[5] 沈农,董尔令. 传感器及其应用技术[M]. 北京:化学工业出版社,2002.

[6] 王化祥,张淑英. 传感器原理及应用[M]. 天津:天津大学出版社,2002.

[7] 方培先. 传感器原理与应用[M]. 北京:电子工业出版社,1991.

[8] 周光远,谢文和,薛文达. 非电量物理量测量技术[M]. 北京:国防工业出版社,1989.

[9] 刘少强,张靖. 传感器设计与应用实例[M]. 北京:中国电力出版社,2008.

[10] 周继明,江世明. 传感器原理及应用[M]. 长沙:中南大学出版社,2009.

[11] 林锦实. 检测技术及仪表[M]. 北京:机械工业出版社,2008.

[12] 梁森,王侃夫,黄杭美. 自动检测与转换技术[M]. 北京:机械工业出版社,2010.

[13] 赵负图. 新型传感器集成电路应用手册(上)[M]. 北京:人民邮电出版社,2009.

[14] 孙克军. 常用传感器应用技术问答[M]. 北京:机械工业出版社,2009.

[15] 陈书旺,张秀清,董建彬等. 传感器应用及电路设计[M]. 北京:化学出版社,2008.

[16] 郁有文,常健,程继红. 传感器原理及工程应用[M]. 西安:西安电子科技大学出版社,2004.

[17] 孙余凯,吴鸣山,项绮明. 传感技术基础与技能实训教程[M]. 北京:电子工业出版社,2006.

反侵权盗版声明

　　电子工业出版社依法对本作品享有专有出版权。任何未经权利人书面许可，复制、销售或通过信息网络传播本作品的行为，歪曲、篡改、剽窃本作品的行为，均违反《中华人民共和国著作权法》，其行为人应承担相应的民事责任和行政责任，构成犯罪的，将被依法追究刑事责任。

　　为了维护市场秩序，保护权利人的合法权益，我社将依法查处和打击侵权盗版的单位和个人。欢迎社会各界人士积极举报侵权盗版行为，本社将奖励举报有功人员，并保证举报人的信息不被泄露。

举报电话：（010）88254396；（010）88258888

传　　真：（010）88254397

E-mail：　dbqq@phei.com.cn

通信地址：北京市海淀区万寿路 173 信箱
　　　　　电子工业出版社总编办公室

邮　　编：100036